高等职业技术教育建筑设备类专业"十三五"规划教材

建筑电气控制技术

（第 2 版）

主　编　裴　涛　　王瑾烽　　张贵芳
副主编　马福军　　韩俊玲　　毛金玲
主　审　胡晓元

U0390605

武汉理工大学出版社
·武　汉·

内 容 提 要

本书系统地介绍了常用低压电器,电气控制电路的基本环节,电气图的绘制,常用施工机械的电气控制,楼宇常用设备电气控制,电气控制系统的设计、安装、调试与维修,S7-200 可编程控制器,以及西门子 MM420 变频器及其应用。

本书可作为高等职业技术院校和成人高等学校建筑电气、电气自动化、楼宇智能化及机电一体化等专业的教材或参考书,亦可供有关工程技术人员学习参考。

图书在版编目(CIP)数据

建筑电气控制技术/裴涛,王瑾烽,张贵芳主编.—2 版.—武汉:武汉理工大学出版社,2018.8

ISBN 978-7-5629-5855-0

Ⅰ.①建…　Ⅱ.①裴…　②王…　③张…　Ⅲ.①房屋建筑设备-电气控制　Ⅳ.①TU85

中国版本图书馆 CIP 数据核字(2018)第 183279 号

项目负责人:杨学忠　张淑芳　　　　　　　　责 任 编 辑:张淑芳
责 任 校 对:丁　冲　　　　　　　　　　　　封 面 设 计:芳华时代
出 版 发 行:武汉理工大学出版社
社　　　　址:武汉市洪山区珞狮路 122 号
邮　　　　编:430070
网　　　　址:http://www.wutp.com.cn
经　　　　销:各地新华书店
印　　　　刷:武汉市兴和彩色印务有限公司
开　　　　本:787×1092　1/16
印　　　　张:18.5　　　　　　插页:1
字　　　　数:468 千字
版　　　　次:2018 年 8 月第 2 版
印　　　　次:2018 年 8 月第 1 次印刷　总第 4 次印刷
印　　　　数:3000 册
定　　　　价:42.00 元

凡使用本教材的老师,可拨打 13971389897 索取电子教案。

凡购本书,如有缺页、倒页、脱页等印装质量问题,请向出版社发行部调换。

本社购书热线电话:027-87515778　87515848　87785758　87165708(传真)

高等职业技术教育建筑设备类专业规划教材
出 版 说 明

随着教学改革的不断深化和社会发展对人才的现实需求,根据教育部"高等职业教育应以服务为宗旨,以就业为导向,走产学研结合的发展道路"的办学方向和"要加强学生实践能力、技术运用能力的培养,充分反映新兴技术、新兴产业对技能培养的要求,满足经济结构战略性调整、技术结构优化升级和高科技产业迅速发展对人才培养的要求"的职业技术教育培养目标,以及职业技术教育"要逐步建立以能力培养为基础的、特色鲜明的专业教材和实训指导教材"的教材建设要求,武汉理工大学出版社经过广泛的调查研究,与全国20多所高等专科学校、高等职业技术学院的建筑设备和建筑电气工程技术方面的教育专家、学者共同探讨,于2007年组织编写了一套适应高等职业教育建筑设备相关专业人才培养和教学要求的、具有鲜明职业教育特色的实用性教材《高等职业技术教育建筑设备类专业规划教材》。

本套教材是根据教育部、住房和城乡建设部高职高专建筑设备类专业教学指导委员会制订的培养方案和各课程教学大纲组织编写的,具有如下特点:

(1)教材的编写坚持"以应用为目的,专业理论知识以必需、够用为度"的原则,着重培养学生从事工程设计、施工和管理等方面的专项能力,体现能力本位的教育思想。

(2)教材的理论体系、组织结构、编写方法,以突出实践性教学和使学生容易掌握为准则,同时全面体现本领域的新法规、新规范、新方法、新成果,与施工企业与机构的生产、工作实际紧密结合,力求达到学以致用的目的。

(3)本套教材努力使用和推广现代化教学手段,将分步组织编写、制作和出版与教材配套的案例、实训教材、模拟试题、教学大纲及电子教案。

本套教材出版后被多所院校长期使用,普遍反映内容质量良好,突出了职业教育注重能力培养的特点,符合当前职业教育的教学要求,其中多种教材被评为普通高等教育"十二五"住房和城乡建设部规划教材,《建筑给水排水工程》被评为"十二五"职业教育国家规划教材。

随着国家标准、技术规范的不断更新,近期我们也对本套教材进行了全面修订,以适应经济技术发展和职业教育对技能型应用人才培养的需要。

高等职业技术教育建筑设备类专业规划教材编委会

2014 年 12 月

第 2 版前言

随着我国国民经济的快速发展,电气控制技术在工业与民用建筑中得到越来越广泛的应用,并已渗透到建筑设备的设计、运行、制造、管理等部门。随着建筑设备自动化程度的日益提高及对建筑节能的迫切要求,需要每一位建筑电气从业者具有对建筑电气控制电路进行解读和运行分析的能力,《建筑电气控制技术》就是为满足日益增长的对于控制技术学习和培训的需求编写的。

编写本书的指导思想是:按照高等职业教育的教育标准和培养目标,结合建设行业的特点,根据建筑施工现场实际,针对应用、突出实用,以培养学生的读图能力为主线,重点训练分析、解决控制线路故障的能力。

本书出版后受到用书单位的一致好评。根据行业发展需要和教学改革的要求,我们对上版教材进行了全面修订,补充和更新了课题 7 的相关内容,增加了课题 8。修订之后全书共分为 8 个课题:课题 1 介绍常用的低压电器;课题 2 介绍电气控制的基本环节;课题 3 介绍电气图绘制基本知识;课题 4 介绍常用施工机械的电气控制知识;课题 5 介绍楼宇常用设备电气控制;课题 6 介绍电气控制系统的设计、安装、调试与维修;课题 7 介绍 S7-200 可编程控制器的基本知识;课题 8 介绍西门子 MM420 变频器及其应用。

本书力求遵循高职教育规律,紧扣工程实际,循序渐进讲述控制原理,深入浅出地阐述复杂的控制电路。

本书由辽宁建筑职业技术学院裴涛、浙江建设职业技术学院王瑾烽和湖北城建职业技术学院张贵芳担任主编,浙江建设职业技术学院马福军和辽宁建筑职业技术学院韩俊玲、毛金玲担任副主编。具体分工为:课题 1 由韩俊玲编写,课题 2、课题 4 由张贵芳编写,课题 3、课题 6 由马福军编写,课题 5 由裴涛编写,课题 7 由毛金玲编写、王瑾烽修订,课题 8 由王瑾烽编写。

四川建筑职业技术学院胡晓元担任本书的主审,提出了许多宝贵意见,在此表示感谢。

本书虽然尽量考虑各地不同需求,但很难做到各方都满意,加之作者水平有限,时间仓促,存在的错误和不足之处恳请读者批评指正。

编　者
2018 年 6 月

目　　录

课题 1 常用低压电器

知识目标

1. 了解低压电器的分类及基本结构；
2. 掌握电磁式低压电器的工作原理；
3. 掌握常用低压电器的选择依据和方法。

能力目标

1. 能够识别并区分各类低压电器；
2. 能够合理选择低压电器。

1.1 电磁式低压电器的基本知识

电力拖动控制系统一般分成两大部分：一部分是主电路，由开关、熔断器、接触器（主触点）等电器元件组成，控制电动机接通、断开线路，一般主电路的电流较大；另一部分是控制电路，由主令电器、接触器线圈、辅助触点和继电器等电器元件组成，控制电路的任务是根据操作指令，依照自动控制系统的规律和具体的工艺要求对主电路系统进行控制，一般控制电路的电流较小，但电路中使用的低压控制电器种类较多，线路也较主电路复杂。

低压电器的定义为：根据使用要求及控制信号，通过一个或多个器件组合，能手动或自动分合额定电压在直流 1200 V、交流 1500 V 及以下的电路，以实现电路中被控制对象的控制调节、变换、检测、保护等作用的基本器件称为低压电器。采用电磁原理构成的低压电器元件，称为电磁式低压电器；利用集成电路或电子元件构成的低压电器元件，称为电子式低压电器；利用现代控制原理构成的低压电器元件或装置，称为自动化电器、智能化电器或可通信电器。根据电器的控制原理、结构原理及用途，低压电器又可分为终端组合式电器、智能化电器和模数化电器等。

从作用上来讲，低压电器是指在低压供电系统中能够依据操作指令或外界现场信号的要求，手动或自动地改变电路的状况、参数，用以实现对电路或被控对象的控制、保护、测量、指示、调节和转换等的电气器械。低压电器的作用有：

（1）控制作用　如电梯轿厢的上下移动、快慢速自动切换与自动平层动作的完成。

（2）检测作用　利用仪表及与之相适应的电器，对设备、电网或其他非电参数进行测量，如电压、电流、功率、转速、温度、湿度等。

（3）保护作用　能根据设备的特点，对设备、环境以及人身实行自动保护，如电机的过热保护以及漏电保护等。

（4）转换作用　在用电设备之间转换或对低压电器、控制电路分时投入运行，以实现功能切换，如励磁装置手动与自动的转换，供电系统的市电与自备电源的切换等。

（5）指示作用　利用低压电器的控制、保护等功能，检测出设备运行状况与电气电路工作情况，如绝缘监测、保护掉牌指示等。

（6）调节作用　低压电器可对一些电量和非电量进行调整，以满足用户的要求，如柴油机油门的调整、房间温湿度的调节、建筑物照度的自动调节等。

当然，低压电器的作用远不止这些，随着科学技术的发展以及新器件、新设备的不断出现，低压电器也会开发出更多新功能。

1.1.1　低压电器及其分类

低压电器种类繁多，功能多样，构造各异，用途广泛，工作原理各不相同，常用低压电器的分类方法也很多。

1. 按用途或控制对象分类

（1）配电电器：主要用于低压配电系统中。要求系统发生故障时准确动作、可靠工作，在规定条件下具有相应的动稳定性与热稳定性，使电器不会被损坏。常用的配电电器有刀开关、转换开关、熔断器、断路器等。

（2）控制电器：主要用于电气传动系统中。要求寿命长、体积小、质量轻且动作迅速、准确、可靠。常用的控制电器有接触器、继电器、起动器、主令电器、电磁铁等。

2. 按动作方式分类

（1）自动电器：依靠自身参数的变化或外来信号的作用，自动完成接通或分断等动作，如接触器、继电器等。

（2）手动电器：用手动操作来进行切换的电器，如刀开关、转换开关、按钮等。

3. 按触点类型分类

（1）有触点电器：利用触点的接通和分断来切换电路，如接触器、刀开关、按钮等。

（2）无触点电器：无可分离的触点。主要利用电子元件的开关效应，即导通和截止来实现电路的通、断控制，如接近开关、霍尔开关、电子式时间继电器、固态继电器等。

4. 按工作原理分类

（1）电磁式电器：根据电磁感应原理动作的电器，如接触器、继电器、电磁铁等。

（2）非电量控制电器：依靠外力或非电量信号（如速度、压力、温度等）的变化而动作的电器，如转换开关、行程开关、速度继电器、压力继电器、温度继电器等。

5. 按低压电器型号分类

为了便于了解文字符号和各种低压电器的特点，采用我国《国产低压电器产品型号编制办法》(JB 2930—81.10)的分类方法，将低压电器分为 13 个大类。每个大类用一位汉语拼音字母作为该产品型号的首字母，第二位汉语拼音字母表示该类电器的各种形式。

（1）刀开关 H，例如 HS 为双投式刀开关（刀型转换开关），HZ 为组合开关。

（2）熔断器 R，例如 RC 为瓷插式熔断器，RM 为密封式熔断器。

（3）断路器 D，例如 DW 为万能式断路器，DZ 为塑壳式断路器。

（4）控制器 K，例如 KT 为凸轮控制器，KG 为鼓型控制器。

（5）接触器 C，例如 CJ 为交流接触器，CZ 为直流接触器。

（6）起动器 Q，例如 QJ 为自耦变压器降压起动器，QX 为星三角起动器。

（7）控制继电器 J，例如 JR 为热继电器，JS 为时间继电器。

(8) 主令电器 L,例如 LA 为按钮,LX 为行程开关。

(9) 电阻器 Z,例如 ZG 为管型电阻器,ZT 为铸铁电阻器。

(10) 变阻器 B,例如 BP 为频敏变阻器,BT 为起动调速变阻器。

(11) 调整器 T,例如 TD 为单相调压器,TS 为三相调压器。

(12) 电磁铁 M,例如 MY 为液压电磁铁,MZ 为制动电磁铁。

(13) 其他 A,例如 AD 为信号灯,AL 为电铃。

在选用低压电器时常根据型号来进行选用,所以本书按型号分类对上述低压电器的分类进行说明。

1.1.2 电磁式低压电器的基本结构和工作原理

电磁式低压电器是利用电磁现象完成电气电路或非电对象的控制、切换、检测、指示和保护等功能。电磁式低压电器由电磁机构、触头系统和灭弧系统组成。

1.1.2.1 电磁机构

1. 电磁吸力

电磁吸力可以用下式表示:

$$F = \frac{\mu_0 S}{2\delta^2} I^2 N \tag{1.1}$$

式中　I——线圈中通过的电流,A;

　　　N——线圈匝数,匝;

　　　S——气隙截面积,m^2;

　　　δ——气隙宽度,m;

　　　F——电磁吸力,N;

　　　μ_0——真空磁导率,$\mu_0 = 4\pi \times 10^{-7}$ H/m。

2. 直流电磁机构的电磁吸力特性

对于直流电磁机构,因为外加的电压和线圈电阻不变,则流过线圈的电流为常数,与磁路的气隙大小无关,所以,电磁吸力与气隙的平方成反比,因此吸力特性为二次曲线,如图 1.1 所示。

3. 交流电磁机构的电磁吸力特性

对于具有电压线圈的交流电磁机构,其吸力特性与直流电磁机构有所不同。设外加电压不变,线圈的阻抗主要取决于线圈的感抗,电阻可忽略,电阻压降也可忽略。当线圈的外加交流电压不变时,线圈的阻抗随着气隙的改变而改变,所以线圈中的电流也改变。气隙大时感抗小,线圈电流大;反之则小。当气隙变化时,电流 I 与气隙 δ 呈线性关系,如图 1.2 所示。

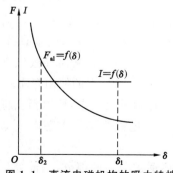

图 1.1　直流电磁机构的吸力特性

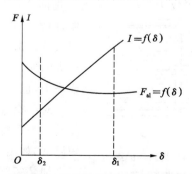

图 1.2　交流电磁机构的吸力特性

从上面的分析可以看出,直流电磁机构的吸力与气隙的平方成反比,而交流电磁机构的吸力与气隙的大小无关。因此,直流电磁机构的吸力特性比交流电磁机构的吸力特性要陡。

4. 电磁机构的反力特性

在不计电磁机构运动部件重力的情况下,电磁机构的反力主要由释放弹簧和触点弹簧的反力构成,用 F 表示。由于弹簧的作用力与其长度呈线性关系,所以反力特性曲线都是直线

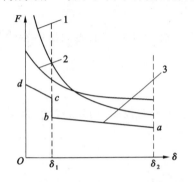

图 1.3　电磁机构的吸力特性与反力特性

1—直流电磁机构的吸力特性;
2—交流电磁机构的吸力特性;3—反力特性

段,如图 1.3 中的曲线 3 所示 δ_2 为气隙的最大值,此时对应的动、静触点之间的距离称为触点断开距离,简称开距(也叫触点行程)。在衔铁闭合过程中,当气隙由 δ_2 开始减小时,反力逐渐增大,如曲线 3 中的 ab 段所示,这一段为释放弹簧的反力变化。到达气隙 δ_1 位置时,动、静触点刚刚接触,由于触点弹簧预先被压缩了一段,因而当动、静触点刚刚接触时,由触点弹簧产生一个压力,称为初压力,此时初压力作用到衔铁上,反力突增,曲线突变,如曲线 3 中的 bc 段所示,这一段为触点弹簧的初压力。当气隙由 δ_1 再减小时,释放弹簧与触点弹簧同时起作用,使反力变化增大。气隙越小触点压得越紧,反力越大,线段较 $\delta_1 \sim \delta_2$ 段陡,如曲线 3 的 cd 段所示。触点弹簧压缩的距离称为触点的超行程,即从动触点刚接触到静触点开始,而后动触点继续向前运动压紧的距离。触点完全闭合后动触点已不再向前运动时的触点压力称为终压力。

从上面的分析可以看出,气隙减少的过程就是触点闭合的过程。开距、超行程、初压力、终压力是触点的四个基本参数。开距是为保证断开电弧和在规定的试验电压下不被击穿;超行程是保证触点可靠接触的必需过程;初压力主要是限制并防止触点在刚接触时所发生的机械振动;终压力是保证在闭合状态下触点之间的电阻较小,使触点温度不超过允许值。

调整释放弹簧的松紧可以改变反力特性曲线的位置。若将释放弹簧扭紧,则反力特性曲线上移;若将释放弹簧放松,则反力特性曲线平行下移。

5. 电磁机构的吸力特性与反力特性的配合

吸力特性与反力特性合理配合,可保证衔铁在产生可靠吸合动作的前提下,尽量减少衔铁和铁芯柱端面间的机械磨损和触点的电磨损。为此,反力特性曲线应在吸力特性曲线的下方且彼此靠近,如图 1.3 所示。如果反力特性曲线在吸力特性曲线的上方,这时衔铁无法产生闭合动作,尤其是对于交流电磁机构,由于衔铁无法吸合使线圈电流过大会导致线圈过热乃至烧坏。如果反力过小,则反力特性曲线远离吸力特性曲线的下方,这时衔铁虽然能产生闭合动

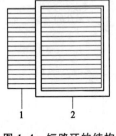

图 1.4　短路环的结构

1—铁芯;2—短路环

作,但由于吸力过大,使衔铁闭合时的运动速度过大,因而会产生很大的冲击力,使衔铁与铁芯柱端面造成严重的机械磨损。此外,过大的冲击力有可能使触点产生弹跳现象,从而导致触点的熔焊或烧损,也就会引起严重的电磨损,降低触点的使用寿命。

对于交流电磁机构,由于通过的是交流电,所以衔铁将会产生振动。为了解决这一问题,在交流电磁机构的磁芯端面上都加装短路环,如图 1.4 所示。

加装短路环后,铁芯中的磁通被分为两部分,一部分是不通过

短路环的磁通,另一部分是通过短路环的磁通。由于主磁通是交变的,因此短路环中也将感应出交变的电动势,产生交变的电流,该电流产生的磁通将阻碍交变磁通的变化。综合作用的结果,使得穿过短路环的磁通滞后主磁通一个角度。

此时电磁吸力由两部分组成,一部分是由主磁通产生的吸力,另一部分是由短路环的磁通产生的吸力,二者均为脉动吸力,但相差一个相角。由于两个力没有同时为零的时刻,因而其合力也没有为零的时刻。如果配合适当,合力将始终大于弹簧的弹力,衔铁将克服弹簧的弹力而稳定地吸合,这就消除了由于采用交流电源而使电磁机构产生的抖动与噪声。

1.1.2.2 触头及灭弧系统

1. 触头的形式

触头又称为触点,是用于切断或接通电器回路的部件。由于需要对电流进行切断和接通,其导电性能和使用寿命将是考虑的主要因素。在回路接通时,触头应该接触紧密,良好导电;回路切断时则应可靠地切断电路,保证有足够的绝缘间隙。影响触头正常工作的主要因素是接触电阻,接触电阻较大时,电流通过时发热过大,会造成触头氧化,严重时导致骨架烧坏甚至触头熔焊。为了保证不同使用场合需要,电磁式电器的触头设计为三种形式,如图 1.5 所示。

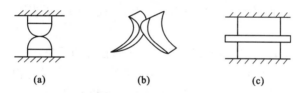

图 1.5 电磁式电器的触头

(a) 点接触式;(b) 线接触式;(c) 面接触式

2. 触头的接触电阻

触头是电器的主要执行部分,起接通和分断电路的作用。在有触头的电器元件中,电器元件的基本功能是靠触头来执行的,因此要求触头导电、导热性能良好。通常用铜、银、镍及其合金材料制成,有时也在铜触头表面电镀锡、银或镍。铜的表面容易氧化而生成一层氧化铜,它将增大触头的接触电阻,使触头的损耗增大,温度上升。所以,有些特殊用途的电器如微型继电器和小容量的电器,其触头常采用银质材料,这不仅在于其导电和导热性能均优于铜质触头,更主要的是其氧化膜电阻率很低,仅是纯铜的十几分之一,甚至还小,而且要在较高的温度下才会形成,同时又容易粉化,因此,银质触头具有较低而稳定的接触电阻。对于大中容量的低压电器,在结构设计上,触头采用滚动接触,可将氧化膜去掉,这种结构的触头一般常采用铜质材料。

触头之间的接触电阻包括膜电阻和收缩电阻。膜电阻是触头接触表面在大气中自然氧化而生成的氧化膜造成的。氧化膜的电阻要比触头本身的电阻大几十到几千倍,导电性能极差,甚至不导电,并受环境的影响较大。收缩电阻是由于触头的接触表面不是十分光滑,在接触时,实际接触的面积总是小于触头原有可接触面积,这样有效导电截面减小。当电流流过时,就会产生收缩现象,从而使电阻增加及接触区的导电性能变差。由于这种原因增加的电阻称为收缩电阻。如果触头之间的接触电阻较大,会在电流流过触头时造成较大的电压降落,这对弱电控制系统影响较严重。另外,电流流过触头时电阻损耗大,将使触头发热而致温度升高,导致触头表面的膜电阻进一步增加及相邻绝缘材料的老化,严重时可使触头熔焊,造成电气系统发生事故,因此,对各种电器的触头都规定了最高环境温度和允许温升。除此之外,触头在运行时还存在磨损现象,包括电磨损和机械磨损。电磨损是由于在通断过程中触头间的放电作用使触头材料发生物理性能和化学性能变化而引起的,它是引起触头材料损耗的主要原因之一,电磨损的程度取决于放电时间内通过触头间隙的电荷量的多少及触头材料性质等。机械磨损是由于机械作用使触头材料发生磨损和消耗,机械磨损的程度取决于材料硬度、触头压力及触头的滑动方式等。为了使接触电阻尽可能减小,一是要选用导电性和耐磨性好的金属材料做触头,使触头本身的电阻尽量减小;二是要使触头接触得紧密一些。另外,在使用过程中尽量保持触头清洁,在有条件的情况下应定期清扫触头表面。

3. 电弧的熄灭

在弧柱中气体不断游离的同时,还进行着一种与游离现象相反的过程,即带电质点自由电子和正离子不断中和为中性质点的"去游离"过程。去游离使带电质点大大减少,它是电弧能否熄灭的主要因素。当去游离作用大于游离作用时,则电弧电流逐渐减小,直至熄灭。

电弧的去游离过程包括复合和扩散两种形式。

(1)复合　介质中正负带电质点接近时互相吸引而彼此中和成为中性质点的现象,称为复合。由于弧柱中自由电子的运动速度约为离子运动速度的1000倍,所以正、负离子之间的复合要比电子和正离子之间的复合容易得多。通常,动能小的电子先附在中性质点上,形成负离子,再与正离子复合。

(2)扩散　由于热运动,弧柱中的带电质点逸出弧柱外的现象,称为扩散。扩散现象会使弧柱中的带电质点减少,有助于电弧的熄灭。电弧中发生扩散现象是由于电弧与周围介质的温度相差很大以及弧柱内与周围介质中的带电质点浓度相差很大的缘故。

4. 开关电器常用的灭弧方法

(1)快速分断　利用强力储能弹簧迅速作用释放能量,使触头快速分断,迅速拉长电弧,以减少碰撞游离的作用时间。

(2)吹弧　在灭弧室中,利用压缩空气、六氟化硫(SF$_6$)气体或高压绝缘油猛烈喷吹电弧,将电弧拉长和冷却,从而熄灭电弧。吹弧的方式有纵吹、横吹和纵横吹。图1.6所示为纵吹和横吹的气体吹弧。该方法广泛应用于高压断路器中。

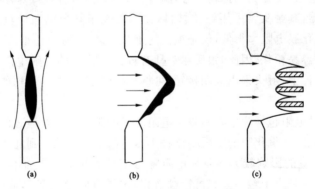

图1.6　气体吹弧示意图
(a)纵吹;(b)横吹;(c)带隔板的横吹

(3)使电弧在周围介质中迅速移动　这样也能得到拉长电弧或吹弧同样的效果。使电弧在周围介质中移动的方法有电动力、磁力和磁吹动三种。该方法常用于低压开关电器中。

(4)采用多断口灭弧　在开关电器的每相内制成两个或多个断口,如图1.7所示。由于断口的增加,相当于将一个电弧在灭弧室中分成几个串联的短弧,使每个断口上的电弧电压降低,有利于电弧的熄灭。同时,也使开关电器的足以灭弧的触头行程减小,缩短了熄弧时间,并且减小了开关电器的尺寸。

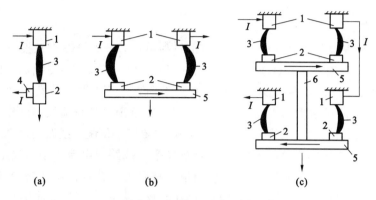

图 1.7　多断口灭弧示意图

(a) 一个断口;(b) 两个断口;(c) 四个断口

1—静触头;2—动触头;3—电弧室;4—滑动触头;5—触头桥;6—绝缘拉杆

(5) 在固体介质的狭缝或狭沟中灭弧　低压开关电器中广泛采用固体介质构成的狭缝或狭沟灭弧装置。电弧在狭缝或狭沟中产生,其高温将使固体介质分解,产生大量气体,形成高气压区,从而提高了带电质点的浓度,增加了复合的机会。同时,电弧与固体介质紧密接触,附在固体介质表面的带电质点强烈地复合和冷却,热游离作用降低,去游离作用显著增强,于是电弧熄灭。

(6) 将长电弧分割成若干个短电弧　如图 1.8 所示,在低压开关电器触头之间产生的电弧进入与电弧垂直的金属栅片内以后,将一个长电弧分割成一串短电弧。在交流电路中,当电弧电流过零时,每一短电弧同时熄灭,其相应的阴极附近起始介质电强度立即达 150～250 V,若所有电弧阴极的介质电强度的总和永远大于触头间的外加电压,电弧就不再重燃。这种方法常用于低压交流开关中。

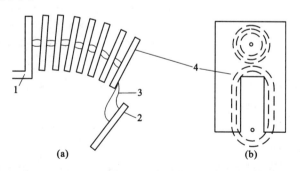

图 1.8　长弧切短

(a) 金属片灭弧;(b) 缺口钢片

1—静触点;2—动触点;3—电弧;4—金属栅片

在电气设备中,一种设备常使用多种灭弧方法。

1.2　开 关 电 器

1.2.1　刀开关

刀开关是一种手动电器,常用的刀开关有 HD 型单投刀开关、HS 型双投刀开关、HR 型熔断器式刀开关、HZ 型组合开关、HK 型闸刀开关、HY 型倒顺开关、HH 型铁壳开关等。

HD 型单投刀开关、HS 型双投刀开关、HR 型熔断器式刀开关主要用于成套配电装置中作为隔离开关,装有灭弧装置的刀开关也可以控制一定范围内的负荷线路。作为隔离开关的刀开关的容量比较大,其额定电流为 100~1500 A,主要用于供配电线路的电源隔离。隔离开关没有灭弧装置,不能操作带负荷的线路,只能操作空载线路或电流很小的线路,如小型空载变压器、电压互感器等。操作时应注意,停电时应将线路的负荷电流用断路器、负荷开关等开关电器切断后再将隔离开关断开,送电时操作顺序相反。隔离开关断开时有明显的断开点,有利于检修人员的停电检修工作。隔离刀开关由于控制负荷能力很小,也没有保护线路的功能,所以通常不能单独使用,一般要和能切断负荷电流和故障电流的电器(如熔断器、断路器和负荷开关等)一起使用。

HZ 型组合开关、HK 型闸刀开关一般用作电气设备及照明线路的电源开关。

HY 型倒顺开关、HH 型铁壳开关装有灭弧装置,一般可用于电气设备的起动、停止控制。

1. HD 型单投刀开关

HD 型单投刀开关按极数分为 1 极、2 极、3 极,其结构及图形符号如图 1.9 所示。其中图 1.9(a)为直接手动操作;图 1.9(b)为手柄操作;图 1.9(c)~(h)为刀开关的图形符号和文字符号。其中图 1.9(c)为一般图形符号,图 1.9(d)为手动符号,图 1.9(e)为三极单投刀开关符号。当刀开关用作隔离开关时,其图形符号上加一横杠,如图 1.9(f)~(h)所示。

单投刀开关的型号含义如下:

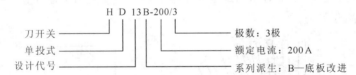

11—中央手柄式;

12—侧方正面杠杆操作机构式;

13—中央正面杠杆操作机构式;

14—侧面手柄式。

2. HS 型双投刀开关

HS 型双投刀开关也称转换开关,其作用与单投刀开关类似,常用于双电源的切换或双供电线路的切换等,如图 1.10 所示。由于双投刀开关具有机械互锁的结构特点,因此可以防止双电源的并联运行和两条供电线路同时供电。

3. HR 型熔断器式刀开关

HR 型熔断器式刀开关也称刀熔开关,它实际上是将刀开关和熔断器组合成一体的电器,如图 1.11所示。刀熔开关操作方便,并简化了供电线路,在供配电线路上应用很广泛。刀熔开关可以切断故障电流,但不能切断正常的工作电流,所以一般应在无正常工作电流的情况下进行操作。

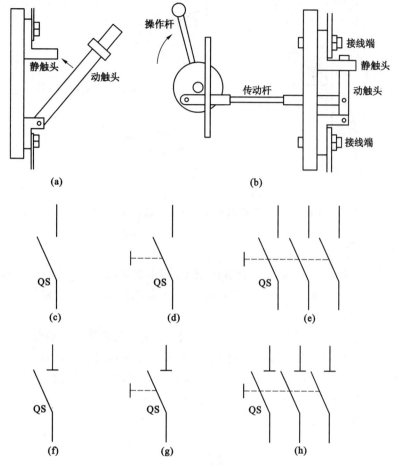

图 1.9 HD 型单投刀开关示意图及图形符号

(a) 直接手动操作;(b) 手柄操作;(c) 一般图形符号;(d) 手动符号;(e) 三极单投刀开关符号

(f) 一般隔离开关符号;(g) 手动隔离开关符号;(h) 三极单投刀隔离开关符号

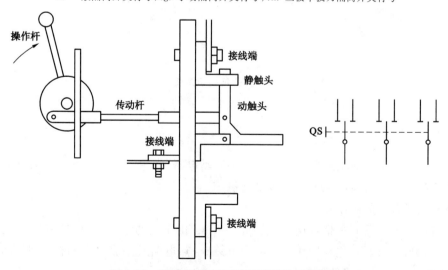

图 1.10 HS 型双投刀开关示意图及图形符号

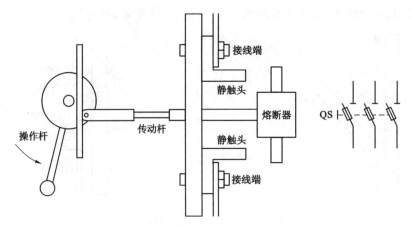

图 1.11 HR 型熔断器式刀开关示意图及图形符号

1.2.2 组合开关

组合开关又称转换开关,它的控制容量比较小,结构紧凑,常用于空间比较狭小的场所,如机床和配电箱等。组合开关一般用于电气设备的非频繁操作、切换电源和负载以及控制小容量感应电动机和小型电器。

组合开关由动触头、静触头、绝缘连杆、转轴、手柄、定位机构和外壳等部分组成。其动、静触头分别叠装于数层绝缘壳内,当转动手柄时,每层的动触片随转轴一起转动。

常用的产品有 HZ5、HZ10 和 HZ15 系列。HZ5 系列是类似万能转换开关的产品,其结构与一般转换开关有所不同。组合开关有单极、双极和多极之分。

组合开关的结构及图形符号如图 1.12 所示。

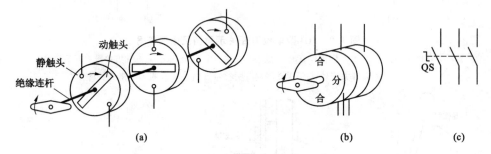

图 1.12 组合开关的结构示意图和图形符号

(a) 内部结构示意图;(b) 外形示意图;(c) 图形符号

1.2.3 负荷开关

开启式负荷开关和封闭式负荷开关是一种手动电器,常用于电气设备中作隔离电源用,有时也用于直接起动小容量的鼠笼型异步电动机。

1. HK 型开启式负荷开关

HK 型开启式负荷开关俗称闸刀或胶壳刀开关,由于它的结构简单、价格便宜、使用维修方便,所以得到广泛应用,主要用作电气照明电路、电热电路及小容量电动机电路的不频繁控制开关,也可用作分支电路的配电开关。

胶底瓷盖刀开关由熔丝、触刀、触点座和底座组成,如图1.13(a)所示。此种刀开关装有熔丝,可起短路保护作用。

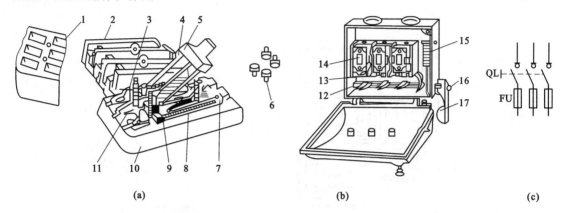

图1.13 负荷开关

(a) 开启式负荷开关;(b) 封闭式负荷开关;(c) 图形文字符号

1—上胶盖;2—下胶盖;3—插座;4,12—触刀;5—操作手柄;6—固定螺母;7—进线端;8—熔丝;

9—触点座;10—底座;11—出线端;13—插座;14—熔断器;15—速断弹簧;16—转轴;17—操作手柄

闸刀开关在安装时手柄要向上,不得倒装或平装,以避免由于重力作用自动下落而引起误动合闸。接线时,应将电源线接在上端,负载线接在下端,这样拉闸后刀开关的刀片与电源隔离,既便于更换熔丝,又可防止可能发生的意外事故。

2.HH型封闭式负荷开关

HH型封闭式负荷开关俗称铁壳开关,主要由钢板外壳、触刀开关、操作机构、熔断器等组成,如图1.13(b)所示。刀开关带有灭弧装置,能够通断负荷电流,熔断器用于切断短路电流。一般用于小型电力排灌、电热器、电气照明线路的配电设备中不频繁地接通与分断电路,也可以直接用于异步电动机的非频繁全压起动控制。

铁壳开关的操作结构有两个特点:一是采用储能合闸方式,即利用一根弹簧以执行合闸和分闸的功能,使开关的闭合和分断时的速度与操作速度无关。它既有助于改善开关的动作性能和灭弧性能,又能防止触点停滞在中间位置。二是设有联锁装置,以保证开关合闸后便不能打开箱盖,而在箱盖打开后不能再合开关,起到安全保护作用。

HK型开启式负荷开关和HH型封闭式负荷开关都是由负荷开关和熔断器组成,其图形符号也是由手动负荷开关QL和熔断器FU组成,如图1.13(c)所示。

1.2.4 低压断路器

低压断路器又称自动空气开关,适用于不频繁地接通和切断电路或起动、停止电动机,并能在电路发生过负荷、短路和欠电压等情况下自动切断电路,它是低压交、直流配电系统中重要的控制和保护电器。

下面以塑壳断路器为例简单介绍断路器的结构、工作原理、使用与选用方法。

1.2.4.1 断路器的结构和工作原理

低压断路器主要由触头系统、灭弧装置、保护装置和传动机构等组成。保护装置和传动机构组成脱扣器,主要有过流脱扣器、欠压脱扣器和热脱扣器等。

图1.14所示是断路器工作原理及图形符号。断路器开关是靠操作机构手动或电动合闸

的,触头闭合后,自由脱扣机构将触头锁在合闸位置上。当电路发生上述故障时,通过各自的脱扣器使自由脱扣机构动作,自动跳闸以实现保护作用。

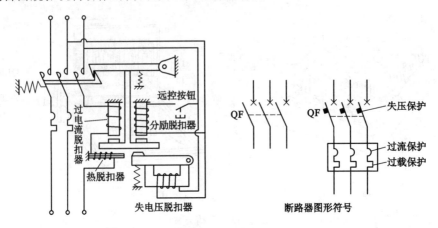

图 1.14　断路器工作原理示意图及图形符号

过电流脱扣器用于线路的短路和过电流保护。当线路的电流大于整定的电流值时,过电流脱扣器所产生的电磁力使挂钩脱扣,动触点在弹簧的拉力下迅速断开,实现短路器的跳闸功能。

由加热元件和热膨胀系数不同的双金属片组成热脱扣器。当线路发生过负荷时,发热元件所产生的热量使双金属片向上弯曲,推动杠杆,顶开搭钩,使主触头断开,从而达到过负荷保护的目的。

失压(欠电压)脱扣器用于失压保护。如图 1.14 所示,失压脱扣器的线圈直接接在电源上,处于吸合状态,断路器可以正常合闸。当停电或电压很低时,失压脱扣器的吸力小于弹簧的反力,弹簧使动铁芯向上使挂钩脱扣,实现短路器的跳闸功能。

分励脱扣器用于远距离控制分断电路。当在远方按下按钮时,分励脱扣器得电产生电磁力,使其脱扣跳闸。

不同断路器的保护是不同的,使用时应根据需要选用。在图形符号中也可以标注其保护方式,如图 1.14 所示,断路器图形符号中标注了失压、过负荷、过电流三种保护方式。

1.2.4.2　常用低压断路器的类型

常用低压断路器按结构分有框架式和塑料外壳式两种类型。框架式自动开关原称万能式自动开关,塑料外壳式自动开关原称装置式自动开关,按动作速度分为一般型和快速型两大类。其型号含义如下:

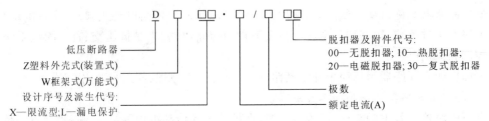

1. 框架式自动开关

框架式自动开关为敞开式,一般大容量自动开关多为此结构,主要用于低压配电系统中作为过载、短路及欠电压保护之用,在操作上可以通过各种传动机构实现手动或自动。此外,框架式自动开关还有数量较多的辅助触头,便于实现联锁和辅助电路的控制,广泛用于变配电所、发电厂及其他主要的场合。

图 1.15 所示为 DW10 型万能式低压断路器外形结构图。

所有的组件如触头系统、脱扣器、保护装置均装在一个框架式底座上,传动部分由四连杆及自动脱扣机构组成,以保证开关的自动脱扣机构瞬时断开。开关合闸时,自动脱扣机构被锁住,开关处于合闸位置。当有故障时,开关带有瞬时动作的电磁式过流脱扣器和分励脱扣器使开关自动跳闸。

表 1.1 给出了 DW 系列自动开关的主要技术参数。

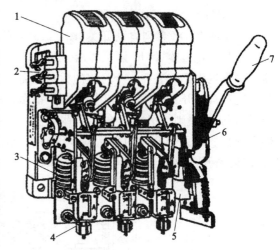

图 1.15 DW10 型万能式低压断路器外形结构图
1—灭弧罩(内有主触头);2—辅助触头;
3—过流脱扣器;4—脱扣电流调节螺母;
5—失压脱扣器;6—自由脱扣器;7—操作手柄

表 1.1 DW 系列自动开关的主要技术参数

型号	额定电流(A)	短路通断能力						过电流脱扣器动作电流范围	机械寿命/电寿命(次)	备注
		交流			直流					
		电压(V)	电流(A)	功率因数	电压(V)	电流(A)	时间常数(s)			
DW10	200	380	10	0.4	440	10	0.01	100～200	10000/5000	
	400		15			15		100～400		
	600		15			15		400～600	10000/5000	
	1000		20			20		400～1000		
	1500		20			20		1000～1500	20000/10000	
	2500		30			30		1000～2500	5000/2500	
	4000		40			40		2000～4000	2000/1000	
DW15	200	380/660	20/10	0.3/0.8				100～200	20000/10000	热磁脱扣或半导体脱扣630 A 以下等级可带电磁铁操作和有抽屉式,1000 A 以上可带电动机操作
	400	380/660/1140	25/15/10	0.45/0.3/0.3				200～400	10000/5000	
	630		30/20/12	0.3				300～600	10000/5000	
	1000	380	40/30	0.3				100～1000	5000/500	
	1500	380		0.3				1500	5000/500	
	2500	380	60/30	0.25				1500～2500	5000/500	
	4000	380		0.25				2500～4000	4000/500	

2. 塑料外壳式低压断路器

常见的有 DZ 系列自动开关,图 1.16 所示为 DZ20 系列塑料外壳式低压断路器结构图。其特点是结构紧凑、体积小、质量轻、安全可靠,适用于独立安装。它是将触头、灭弧系统、脱扣器及操作机构都安装在一个封闭的塑料外壳内,只有板前引出的接线导板和操作手柄露在壳外。这种自动开关的体积要比框架式小得多,其绝缘基座和盖都采用绝缘性能良好的热固性塑料压制,触头则使用导电性能好、耐高温又耐磨的合金材料制作,在通过大电流时不会发生熔焊现象。该系列开关的灭弧室多用去离子栅片式,操作机构则为四连杆式,操作时瞬时闭合、瞬时断开,与操作者的操作速度无关。

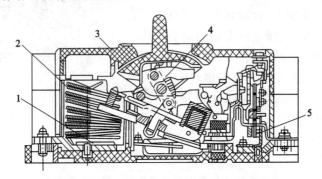

图 1.16　DZ20-250 塑料外壳式低压断路器结构图
1—触头;2—灭弧罩;3—自由脱扣器;4—外壳;5—脱扣器

DZ 系列自动开关的保护装置一般装有复式脱扣器,同时具有电磁脱扣器和热脱扣器。由于内部空间有限,失压脱扣器和分励脱扣器仅装其中一种,而且额定电流较框架式自动开关要小,除用来保护容量不大的用电设备外,还可作为绝缘导线的保护及照明电路的控制开关。表 1.2 给出了 DZ 系列自动开关的主要技术参数。

表 1.2　DZ 系列自动开关的主要技术参数

型　号	额定电流(A)	短路通断能力						过电流脱扣器动作电流范围	机械寿命/电寿命(次)	备　注
		交　流			直　流					
		电压(V)	电流(A)	功率因数	电压(V)	电流(A)	时间常数(s)			
DZ20Y-100	100	380	18	0.30	220	10		16、20、32、40、50、63、80、100	8000/4000	Y——一般型 J——较高型 G——最高型
DZ20J-100			35	0.25		15				
DZ20G-100			75	0.20		20				
DZ20Y-200	200	380	25	0.25	220	20	0.01	125、160、180、200	8000/2000	
DZ20J-200			35	0.25		20				
DZ20G-200			70	0.20		25				
DZ20Y-400	400	380	30	0.25	380	20	0.01	200、250、315、350、400	5000/1000	
DZ20J-400			42	0.25		25				
DZ20G-400			80	0.20		30				
DZ20J-630			65	0.20		30				

1.2.4.3 低压断路器的选择原则

（1）断路器的类型应根据使用场合和保护要求来选择。如一般选用塑壳式；短路电流很大时选用限流型；额定电流比较大或有选择性保护要求时选用框架式；控制和保护含有半导体器件的直流电路时应选用直流快速断路器等。

（2）断路器额定电压、额定电流应分别大于或等于线路、设备的正常工作电压和工作电流。

（3）断路器极限通断能力大于或等于电路最大短路电流。

（4）欠电压脱扣器额定电压等于线路额定电压。

（5）过电流脱扣器的额定电流大于或等于线路的最大负载电流。

1.3 主令电器

在电气控制系统中，用于发送控制指令的电气设备称为主令电器。常用的主令电器有按钮、行程开关、接近开关、万能转换开关、主令控制器等。

1.3.1 按钮

按钮又称控制按钮，是发出控制指令和信号的电器开关，是一种手动且一般可以自动复位的主令电器，用于对电磁起动器、接触器、继电器及其他电气线路发出控制信号指令。

按钮的外形如图 1.17 所示，结构如图 1.18 所示。

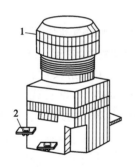
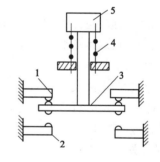

图 1.17　按钮的外形图　　　　　　　图 1.18　按钮的结构示意图

1—按钮帽；2—接线柱　　　　　1—常闭静触点；2—常开静触点；3—动触点；

4—复位弹簧；5—按钮帽

按钮由按钮帽、复位弹簧、动触点、动断静触点、动合静触点和外壳等组成，通常制成具有动合触点和动断触点的复式结构。指示灯式按钮内可装入信号灯显示信号。

按钮的结构形式有多种，适用于不同的场合。如紧急式装有凸出的蘑菇形钮帽，以便于紧急操作；旋钮式用于旋转操作；指示灯式在透明的按钮内装入信号灯，用作信号显示；钥匙式为了安全起见，须用钥匙插入方可旋转操作等。为了标明各个按钮的作用，避免误操作，通常将钮帽做成不同的颜色以示区别，其颜色有红、绿、黑、黄、蓝、白等。一般以红色表示停止按钮，绿色表示起动按钮。

目前使用较多的是 LA18、LA19、LA25、LAY3、LAY5、LAY9 等系列产品。其中 LAY3 系列是引进产品，产品符合 IEC337 标准。LAY5 系列是仿法国施耐德电气公司产品，LAY9 系列是综合日本和泉公司、德国西门子公司等产品的优点而设计制作，符合 IEC337 标准。

按钮的型号及其含义如下：

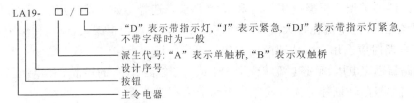

按钮的文字符号为"SB"，图形符号如图 1.19 所示。

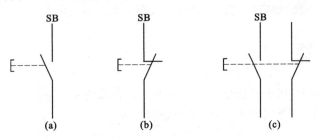

图 1.19　按钮的图形符号

(a) 常开触点；(b) 常闭触点；(c) 复合触点

按钮主要根据需要的触点对数、动作要求、是否需要带指示灯、使用场合以及颜色等要求来选用。

1.3.2　行程开关

行程开关（又称限位开关）的工作原理与按钮相似，只是其触头的动作不是由人进行手动操作，而是利用机械的运动部件来操作，例如靠挡铁的碰撞而使触头动作。当机械的部件运动到某一位置时，与部件连接在一起的挡铁碰压行程开关，行程开关的触头动作，将机械信号转变为电信号，对控制电路发出接通、断开或变换某些电路参数的指令，以实现自动控制。为了适应各种条件下的操作，行程开关有很多构造形式，常用的有直动式（按钮式）和旋转式（滚轮式），滚轮又分为单轮和双轮两种。

1. 行程开关的结构

常用的行程开关有 LX19 和 JLXK1 等系列。各系列行程开关的基本结构相同，区别仅在于行程开关的传动装置和动作速度不同。JLXK1 系列行程开关的外形如图 1.20 所示。

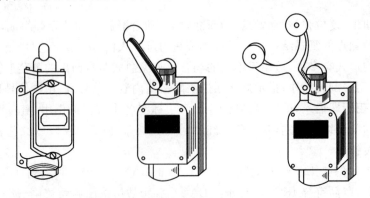

图 1.20　行程开关外形图

　　当运动机械的挡铁撞到行程开关的滚轮上时,传动杠杆便同转轴一起转动,使滚轮撞到撞块,当撞块被压到一定位置时,推动微动开关快速动作,其常闭触头断开、常开触头闭合;滚轮上的挡铁移开后,复位弹簧就使行程开关各部分复位。这种单轮旋转式行程开关不能自动复位,依靠运动机械反向移动时,挡铁碰撞另一侧的滚轮将其复位。

　　行程开关一般都具有快速换接动作机构,它的触头瞬时动作,这样可以保证动作的可靠性和准确性,还可以减少电弧对触头的烧灼。

　　挡铁碰撞顶杆时,顶杆向下压迫触头弹簧,当到达一定位置时,触头弹簧的弹力改变方向,由原来向下的力变为向上的力,因此动触头向上跳,使常闭触头断开,常开触头闭合,完成了快速切换动作。当挡铁离开顶杆时,顶杆在弹簧的作用下上移,动触头向下跳,使触头复位。

　　2. 行程开关的型号

　　行程开关的文字符号为"SQ",图形符号如图 1.21 所示。

　　行程开关的选用:依据机械位置对开关形式的要求和控制线路对触点的数量要求以及电流、电压等级来确定其型号。

　　行程开关型号的意义如下:

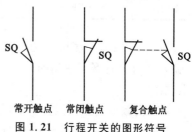

图 1.21　行程开关的图形符号

| 常开触点 | 常闭触点 | 复合触点 |

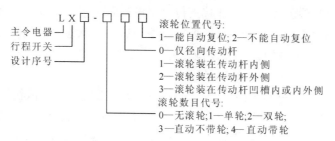

1.3.3　接近开关

　　接近开关又称接近传感器,可以在不与目标物实际接触的情况下检测靠近传感器的金属目标物。根据操作原理,接近传感器大致可以分为利用电磁感应的高频振荡型、使用磁铁的磁力型和利用电容变化的电容型三类。

　　接近传感器具有以下特性:非接触检测,避免了对传感器自身和目标物的损坏;无触点输出,操作寿命长;即使在有水或油喷溅的苛刻环境中也能稳定检测;反应速度快;小型感测头,安装灵活。

　　1. 接近开关类型

　　(1) 接近开关按配置可分为独立型和内置放大/分离型,如表 1.3 所示。

表 1.3　接近开关分类

类型	独立型	内置放大/分离型
特性	连接直流电源后即可操作	小感测头,长感测距离
内部原理图	振荡电路 → 振幅检测电路 → 输出电路　感测线圈	感测头　振荡电路 → 振幅检测电路 → 输出电路　感测线圈　同轴线缆

续表 1.3

类型	独立型		内置放大/分离型	
特点	接线简单、接线头灵活方便		高精度、低应差、易改变检测距离（引线长短）	
外观图				
	3 线	2 线	内置型	分离型
电源	直流	直流/交流	直流	直流
输出	NPN/PNP SCR	NPN/PNP SCR	NPN/PNP SCR	NPN/PNP SCR

（2）按检测方法可分为通用型、所有金属型和有色金属型。通用型主要检测黑色金属（铁）；所有金属型可在相同的检测距离内检测任何金属；有色金属型主要检测铝一类的有色金属。

2. 高频振荡型接近传感器的工作原理

电感式接近传感器由高频振荡、检波、放大、触发及输出电路等组成。振荡器在传感器检测面产生一个交变电磁场，当金属物体接近传感器检测面时，金属中产生的涡流吸收了振荡器的能量，使振荡减弱以至停振。振荡器的振荡及停振这两种状态转换为电信号通过整形放大转换成二进制的开关信号，经功率放大后输出。

（1）通用型接近传感器工作原理

如图 1.22 所示，振荡电路中的线圈 L 产生一个高频磁场。当目标物接近磁场时，由于电磁感应在目标物中产生一个感应电流（涡电流）。随着目标物接近传感器，感应电流增强，引起振荡电路中的负载加大。然后，振荡减弱直至停止。传感器利用振幅检测电路检测到振荡状态的变化，并输出检测信号。

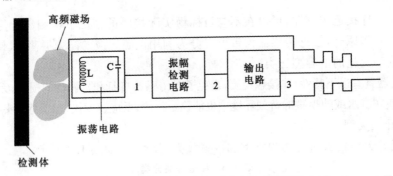

图 1.22　通用型接近传感器工作原理图

振幅变化的程度随目标物金属种类的不同而不同，因此检测距离也随目标物金属的种类不同而不同。

所有金属型传感器基本上属于高频振荡型。和普通型一样，它也有一个振荡电路，电路中因感应电流在目标物内流动引起的能量损失影响到振荡频率。目标物接近传感器时，不论目标物金属种类如何，振荡频率都会提高。传感器检测到这个变化并输出检测信号。

（2）有色金属型传感器工作原理

如图 1.23 所示，有色金属传感器基本上属于高频振荡型，它有一个振荡电路，电路中因感

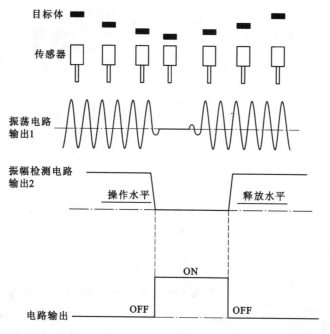

图 1.23 有色金属型传感器工作原理图

应电流在目标物内流动引起的能量损失影响到振荡频率的变化。当铝或铜之类的有色金属目标物接近传感器时,振荡频率增高;当铁一类的黑色金属目标物接近传感器时,振荡频率降低。如果振荡频率高于参考频率,传感器输出信号。

1.3.4 万能转换开关

万能转换开关由手柄、带号码牌的触头盒等构成,有的还带有信号灯。它具有多个挡位、多对触头,可供机床控制电路中进行换接之用,在操作不太频繁时可用于小容量电机的起动、改变转向,也可用于测量仪表等。其外形如图 1.24 所示。

万能转换开关结构如图 1.25 所示,图中间带口的圆为可转动部分,每对触头在对着凹口时导通。实际中的万能开关不止图中一层,而是由多层相同的部分组成;触头不一定正好是三对,转轮也不一定只有一个口。

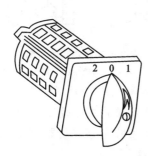

图 1.24 万能转换开关外形图

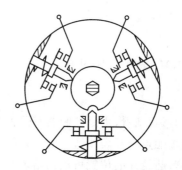

图 1.25 万能转换开关结构图

万能转换开关型号说明：

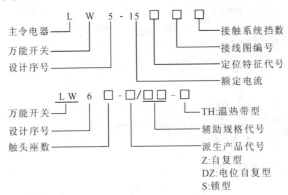

万能转换开关文字符号为"QS"，其图形符号如图 1.26 所示。

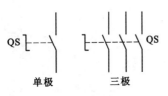

图 1.26 万能转换开关的图形及文字符号

1.3.5 主令控制器

主令控制器是用来频繁地切换复杂的多回路控制电路的主令电器。它操作轻便，允许每小时通电次数多，触点为双断点桥式结构，适用于按顺序操作的多个控制回路，在起重设备上普遍使用。其外形如图 1.27 所示。

主令控制器一般由触点系统、凸轮、定位机构、转轴、面板、接线柱及支承件等组成。图 1.28 为主令控制器结构示意图，图中凸轮块固定于方轴上，静触点由桥式动触点的动作来完成闭合与断开。当操作者用手柄转动凸轮块的方轴时，凸轮块推压小轮带动支杆向外张开，将被操作的回路断电，在其他情况下触点是闭合的。根据每块凸轮块的形状不同，可使触点按一定的顺序闭合与断开，这样，只要安装一层层不同形状的凸轮块即可实现控制回路顺序地接通与断开。

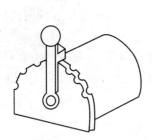

图 1.27 主令控制器外形图

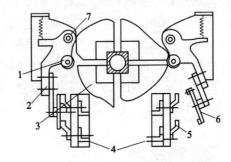

图 1.28 主令控制器结构示意图
1—小轮；2—支杆；3—凸轮块；4—接线柱；
5—固定触点；6—动触点；7—转动轴

从结构形式来看，主令控制器有两种类型：一种是凸轮非调整式主令控制器，其凸轮不能调整，只能按触点分合表作适当的排列组合；另一种是凸轮调整式主令控制器，它的凸轮片上开有孔和槽，凸轮片的位置可根据给定的触点分合表进行调整。

目前常用的主令电器有 LK1、LK4、LK5 和 LK18 系列。其中 LK4 系列属于调整式主令控制器，即闭合顺序可根据不同要求进行任意调节。

主令控制器的型号及其含义如下：

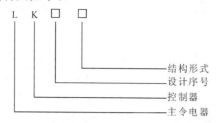

主令控制器的文字符号为"SQ"，图形符号如图 1.29 所示，图形符号中每一横线代表一路触点，而用竖细虚线代表手柄位置。哪一路接通就在代表该位置的虚线上的触点下面用黑点"·"表示。触点通断也可用闭合表来表示，如表 1.4 所示，表中的"×"表示触点闭合，空白表示触点分断。例如，在表 1.4 中，当主令控制器的手柄置于 I 位时，触点 1、3 接通，其他触点断开；当手柄置于 II 位时，触点 2、4、5、6 接通，其他触点断开。

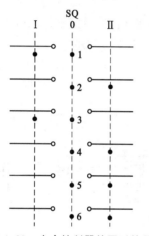

图 1.29 主令控制器的图形符号

表 1.4 主令控制器闭合表

手柄 触点	I	0	II
1	×	×	
2		×	×
3	×		
4		×	×
5		×	×
6		×	×

1.4 低压熔断器

低压熔断器在电路中主要起短路保护作用，用于保护线路。熔断器的熔体串接于被保护的电路中，熔断器以其自身产生的热量使熔体熔断，从而自动切断电路，实现短路保护及过载保护。熔断器具有结构简单、体积小、质量轻、使用维护方便、价格低廉、分断能力较强、限流能力良好等优点，因此在电路中得到广泛应用。

低压熔断器由熔体和安装熔体的绝缘底座（或称熔管）组成。熔体由易熔金属材料铅、锌、锡、铜、银及其合金制成，形状常为丝状或网状。由铅锡合金和锌等低熔点金属制成的熔体不易灭弧，多用于小电流电路；由铜、银等高熔点金属制成的熔体易于灭弧，多用于大电流电路。

低压熔断器串接于被保护电路中，电流通过熔体时产生的热量与电流平方和电流通过的时间成正比，电流越大，则熔体熔断时间越短，这种特性称为熔断器的反时限保护特性或安秒特性，如图 1.30 所示。图中 I_N 为熔断器额定电流，熔体允许长期通过额定电流而不熔断。

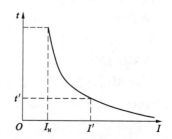

图 1.30 熔断器的反时限保护特性

1.4.1　低压熔断器的主要参数

熔断器的主要技术参数包括额定电压、熔体额定电流、熔断器额定电流、极限分断能力等。额定电压是指保证熔断器能长期正常工作的电压。熔体额定电流是指熔体长期通过而不会熔断的电流。熔断器额定电流是指保证熔断器能长期正常工作的电流。极限分断能力是指熔断器在额定电压下所能开断的最大短路电流。在电路中出现的最大电流一般是指短路电流值,所以,极限分断能力也反映了熔断器分断短路电流的能力。

1.4.2　常用的低压熔断器

低压熔断器种类很多,按结构分为开启式、半封闭式和封闭式;按有无填料分为有填料式和无填料式;按用途分为工业用熔断器、保护半导体器件熔断器和自复式熔断器等。

1. 瓷插式熔断器

瓷插式熔断器如图 1.31(a)所示。常用的产品有 RC1A 系列,主要用于低压分支电路的短路保护,因其分断能力较小,多用于照明电路和小型动力电路中。

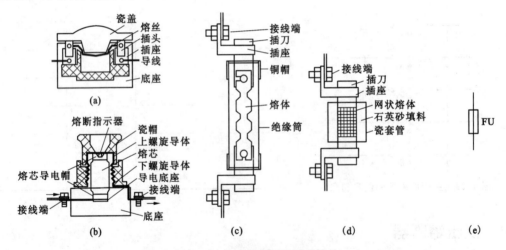

图 1.31　熔断器类型及图形符号

(a) RC1 型瓷插式熔断器;(b) RL1 型螺旋式熔断器;
(c) RM10 型密封管式熔断器;(d) RT 型有填料式熔断器;(e) 熔断器图形符号

2. 螺旋式熔断器

螺旋式熔断器如图 1.31(b)所示。熔芯内装有熔丝,并填充石英砂,用于熄灭电弧,分断能力强。熔体上的上端盖有一熔断指示器,一旦熔体熔断,指示器马上弹出,可透过瓷帽上的玻璃孔观察到。常用产品有 RL6、RL7 和 RLS2 等系列,其中 RL6 和 RL7 多用于机床配电电路中,RLS2 为快速熔断器,主要用于保护半导体元件。

3. RM10 型密封管式熔断器

RM10 型密封管式熔断器为无填料管式熔断器,如图 1.31(c)所示,主要用于供配电系统作为线路的短路保护及过载保护。它采用变截面片状熔体和密封纤维管,由于熔体较窄处的电阻小,在短路电流通过时产生的热量最大而先熔断,因而可产生多个熔断点使电弧分散,以利于灭弧。短路时,其电弧燃烧,密封纤维管产生高压气体以便将电弧迅速熄灭。

4.RT 型有填料密封管式熔断器

图 1.31(d)所示为 RT 型有填料密封管式熔断器。熔断器中装有石英砂,用来冷却和熄灭电弧。熔体为网状,短路时可使电弧分散,由石英砂将电弧冷却熄灭,可将电弧在短路电流达到最大值之前迅速熄灭,以限制短路电流。此为限流式熔断器,常用于大容量电力网或配电设备中。常用产品有 RT12、RT14、RT15 和 RS3 等系列,RS2 系列为快速熔断器,主要用于保护半导体元件。

1.5 接 触 器

接触器是用来频繁接通或切断较大负载电流电路的一种电磁式控制电器,其主要控制对象是电动机或其他电气设备。接触器的特点是控制容量大、操作频率高、使用寿命长、工作可靠、性能稳定、维护简便,是一种用途非常广泛的电器,具有比工作电流大数倍乃至十几倍的接通和分断能力,但不能用于分断短路电流。

按主触头通断电流的种类,接触器可分为直流接触器和交流接触器两种。接触器线圈电流的种类一般与主触头相同,但有时交流接触器也可以采用直流控制线圈或直流接触器采用交流控制线圈。

1.5.1 常用接触器基本结构、工作原理

交流接触器的结构如图 1.32 所示,它是由电磁机构、触点系统、灭弧装置和其他部件四部分组成。

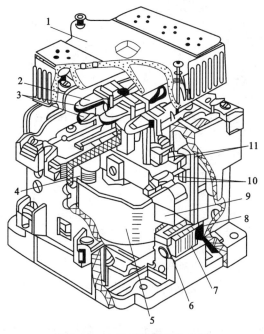

图 1.32 交流接触器的结构图

1—灭弧罩;2—弹簧片;3—主触点;4—反作用弹簧;5—线圈;6—短路环;
7—静铁芯;8—弹簧;9—动铁芯;10—辅助常开触点;11—辅助常闭触点

（1）电磁机构　电磁机构由线圈、动铁芯（衔铁）和静铁芯组成。CJ0、CJ10 系列交流接触器大多采用衔铁直线运动的双 E 型直动式电磁机构，而 CJ12、CJ12B 系列交流接触器采用衔铁绕轴转动的拍合式电磁机构。

（2）触点系统　包括主触点和辅助触点。主触点通常为三对常开触点，用于接通或切断主电路。辅助触点一般有常开、常闭各两对，在控制电路中起电气自锁或互锁作用。

（3）灭弧装置　当触点断开大电流时，在动、静触点间产生强烈电弧，必须采用灭弧装置使电弧迅速熄灭，因此容量在 10 A 以上的接触器都有灭弧装置。

（4）其他部件　包括反作用弹簧、触点压力弹簧、传动机构和外壳等。

交流接触器的结构原理如图 1.33(a)所示。当线圈通电后，静铁芯产生电磁吸力将衔铁吸合，衔铁带动触点系统动作，使常闭触点断开，常开触点闭合。当线圈断电时，电磁吸力消失，衔铁在反作用弹簧力的作用下释放，触点系统随之复位。

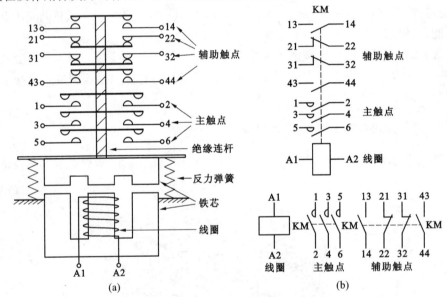

图 1.33　交流接触器的结构原理及图形符号

(a)结构原理；(b)图形符号

接触器的型号及其含义如下：

如 CJ10-20，其中 CJ 表示交流接触器，10 表示设计序号，20 表示主触点额定电流为 20 A。

交流接触器的选择主要考虑主触点的额定电压、额定电流、辅助触点的数量与种类、吸引线圈的电压等级、操作频率等。

接触器的额定电压是指主触点的额定电压。交流接触器的额定电压一般为 500 V 或 380 V 两种，应大于或等于负载回路的电压。

接触器的额定电流是指主触点的额定电流，有 5 A、10 A、20 A、40 A、60 A、100 A 和 150 A 等几种，应大于或等于被控回路的额定电流。对于电动机负载，可按下面经验公式计算：

$$I_{\mathrm{C}} = \frac{P_{\mathrm{N}}}{KU_{\mathrm{N}}} \qquad\qquad (1.2)$$

式中　I_{C}——接触器主触点电流,A;

　　　P_{N}——电动机的额定功率,kW;

　　　U_{N}——电动机的额定电压,V;

　　　K——经验系数,一般取 1~1.4。

接触器吸引线圈的额定电压从安全角度考虑应选择低一些,如 127 V。但当控制线路比较简单,所用电器不多时,为了节省变压器,可选 380 V 或 220 V。

接触器的触点数量和种类应满足主电路和控制线路的需要。

接触器的文字符号为"KM",图形符号如图 1.34 所示。

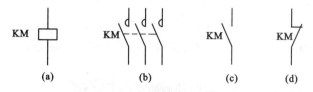

图 1.34　接触器的图形符号

(a) 线圈;(b) 主触点;(c) 常开触点;(d) 常闭触点

1.5.2　接触器的参数和主要技术数据

(1)额定电压　接触器的额定电压是指主触头的额定电压。交流有 220 V、380 V 和 660 V,在特殊场合应用的额定电压高达 1140 V,直流主要有 110 V、220 V 和 440 V。

(2)额定电流　接触器的额定电流是指主触头的额定工作电流。它是在一定的条件(额定电压、使用类别和操作频率等)下规定的,目前常用的电流等级为 10~800 A。

(3)吸引线圈的额定电压　交流有 36 V、127 V、220 V 和 380 V,直流有 24 V、48 V、220 V 和 440 V。

(4)机械寿命和电气寿命　接触器是频繁操作电器,应有较高的机械和电气寿命,这是产品质量的重要指标。

(5)额定操作频率　接触器的额定操作频率是指每小时允许的操作次数,一般为 300 次/h、600 次/h 和 1200 次/h。

(6)动作值　动作值是指接触器的吸合电压和释放电压。规定接触器的吸合电压大于线圈额定电压的 85% 时应可靠吸合,释放电压不高于线圈额定电压的 70%。

常用的交流接触器有 CJ10、CJ12、CJ10X、CJ20、CJX1、CJX2、3TB 和 3TD 等系列。

CJ10 系列接触器的技术数据列于表 1.5 中。

表 1.5　CJ10 系列接触器的技术数据

型号	触点额定电压 (V)	主触点额定电流 (A)	辅助触点额定电流(A)	额定操作频率 (次/h)	可控制电动机功率(kW)	
					220 V	380 V
CJ10-5		5			1.2	2.2
CJ10-10	500	10	5	600	2.5	4
CJ10-20		20			5.5	10

续表 1.5

型号	触点额定电压 (V)	主触点额定电流 (A)	辅助触点额定电流(A)	额定操作频率 (次/h)	可控制电动机功率(kW)	
					220 V	380 V
CJ10-40		40			11	20
CJ10-60	500	60	5	600	17	30
CJ10-100		100			30	50
CJ10-150		150			43	75

1.5.3　接触器的选择及使用注意事项

1. 接触器的选择

选择接触器的依据主要是接触器的工作条件,重点考虑以下因素:

(1)接触器的类型应符合要求,控制交流负载应选用交流接触器,控制直流负载则选用直流接触器。

(2)接触器吸引线圈的额定电压应与控制回路电压相一致。

(3)接触器的使用类别应与负载性质相一致。应先将负载按上述接触器使用类别进行划分,再根据工作类别选择接触器系列。

(4)接触器主触头的额定工作电流应大于或等于负载电路的电流。应注意,当所选择的接触器的使用类别与负载不一致时,若接触器的类别比负载类别低,接触器应降低一级容量使用。

(5)接触器主触头的额定工作电压应大于或等于负载电路的电压。

(6)接触器主触头、辅助触头的数量必须满足控制要求。

2. 使用注意事项

(1)接触器的串并联使用

有许多用电设备是单相负载,因此,可将多极接触器的几个极并联使用,如电阻炉、电焊变压器等。当用几个极并联起来使用时,可以选用较小容量的接触器。但必须注意,并联后接触器的约定发热电流并不完全与并联的极数成正比,这是由于几个极动、静触头回路的电阻值不一定完全相等,以致使流过几个极的电流不是平均分配。所以,两极并联后电流只可增加到1.8倍,三极并联后电流只可增加到2~2.4倍。

另外,需要指出,由于并联后的各极触头不可能同时接通和断开,因此不能提高接通和分断能力。有时可将接触器的几个极串联起来使用,由于触头断口的增多可以将电弧分割成许多段,提高了灭弧能力,加速电弧的熄灭,所以几个极串联后可以提高其工作电压,但不能超过接触器的额定绝缘电压。串联后接触器的约定发热电流和额定工作电流不会改变。

(2)电源频率的影响

对于主电路而言,频率的变化影响集肤效应。频率高时集肤效应增大,对大多数的产品来说50 Hz与60 Hz对导电回路的温升影响不是很大。但对于吸引线圈而言就需要予以注意,50 Hz的吸引线圈用于60 Hz时电磁线圈的磁通将减少,吸力也将有所减少,是否能用要看其设计的裕度。一般情况下,用户最好按其标定值使用,按使用的操作电源频率订货。

（3）操作频率的影响

接触器每小时操作循环数对触头的烧损影响很大，选用时应予以注意。接触器的技术参数中给出了适用的操作频率。当用电设备的实际操作频率高于给定数值时，接触器必需降容使用。

1.6 继 电 器

继电器是一种根据某种输入信号的变化而接通或断开控制电路，实现控制目的的电器。继电器的输入信号可以是电流、电压等电学量，也可以是温度、速度、时间、压力等非电量，而输出通常是触点的动作。

继电器的种类很多，可按如下方式进行分类：

（1）按动作原理可分为电磁式、感应式、电动式、晶体管式、整流式、集成电路式和微机式等；

（2）按反应的物理量可分为电流继电器、电压继电器、功率继电器、阻抗继电器、周波继电器、瓦斯继电器和温度继电器等；

（3）按继电器在控制线路中的作用可分为起动继电器、时间继电器、信号继电器和中间继电器等；

（4）按所反应的物理量的变化情况可分为反应过量的继电器（如过电流继电器、过电压继电器）和反应欠量的继电器（如低电压继电器）。

1.6.1 电磁式继电器

在控制电路中用的继电器大多数是电磁式继电器。这种继电器具有结构简单，价格低廉，使用维护方便，触点容量小（一般在 5 A 以下），触点数量多且无主、辅之分，无灭弧装置，体积小，动作迅速、准确，控制灵敏、可靠等特点，广泛地应用于低压控制系统中。常用的电磁式继电器有电流继电器、电压继电器、中间继电器以及各种小型通用继电器等。

电磁式继电器的结构和工作原理与接触器相似，主要由电磁机构和触点组成。电磁式继电器也有直流和交流两种，图 1.35 为直流电磁式继电器结构示意图。在线圈两端加上电压或通入电流，产生电磁力。当电磁力大于弹簧反力时，吸动衔铁使常开常闭接点动作；当线圈的电压或电流下降或消失时衔铁释放，接点复位。

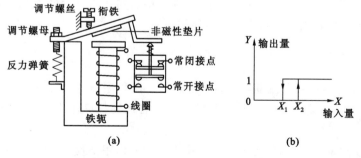

图 1.35 直流电磁式继电器结构示意图

（a）直流电磁式继电器示意图；（b）继电器输入-输出特性

1. 电磁式继电器的整定

继电器的吸动值和释放值可以根据保护要求在一定范围内调整,现以图 1.35 所示的直流电磁式继电器为例予以说明。

(1) 转动调节螺母,调整反力弹簧的松紧程度可以调整动作电流(电压)。弹簧反力越大,动作电流(电压)就越大;反之就越小。

(2) 改变非磁性垫片的厚度。非磁性垫片越厚,衔铁吸合后磁路的气隙和磁阻就越大,释放电流(电压)也就越大;反之就越小,而吸引值不变。

(3) 调节螺丝可以改变初始气隙的大小。在反作用弹簧力和非磁性垫片厚度一定时,初始气隙越大,吸引电流(电压)就越大;反之就越小,而释放值不变。

2. 电磁式继电器的特性

继电器的主要特性是输入-输出特性,又称为继电特性,如图 1.35(b)所示。

当继电器输入量 X 由 0 增加至 X_1 之前,输出量 Y 为 0。当输入量增加到 X_2 时,继电器吸合,输出量 Y 为 1,表示继电器线圈得电,常开接点闭合,常闭接点断开。当输入量继续增大时,继电器动作状态不变。

当输出量 Y 为 1 的状态下,输入量 X 减小,当小于 X_2 时 Y 值仍不变,当 X 再继续减小至小于 X_1 时,继电器释放,输出量 Y 变为 0,X 再减小,Y 值仍为 0。

在继电特性曲线中,X_2 称为继电器吸合值,X_1 称为继电器释放值。$k = X_1/X_2$ 称为继电器的返回系数,它是继电器的重要参数之一。

返回系数 k 值可以调节,不同场合对 k 值的要求不同。例如一般控制继电器要求 k 值低些,在 0.1~0.4 之间,这样继电器吸合后输入量波动较大时不致引起误动作。保护继电器要求 k 值高些,一般在 0.85~0.9 之间。k 值是反映吸力特性与反力特性配合紧密程度的一个参数。一般 k 值越大,继电器灵敏度越高;k 值越小,灵敏度越低。

图 1.36 中间继电器的外形图

1.6.2 中间继电器

中间继电器有多个接点,且接点容量较大。在继电保护中,常利用中间继电器去同时接通、断开多个独立回路。中间继电器的外形如图 1.36 所示。

DZ-10 系列中间继电器的工作原理和 CJ10 接触器工作原理相似,具有四对常开触点和四对常闭触点,瞬时动作,其动作时间不大于 0.05 s,接点的开断容量可达 110 V·A,在控制线路中被大量使用。

1.6.3 电流继电器

图 1.37 为 DL-10 系列电流继电器结构示意图。在 C 型铁芯上绕有匝数较少且相等的两个线圈,线圈可串联,也可并联。Z 形舌片的轴上装有螺旋状反作用弹簧,其外端连在整定值调整把手上。

当继电器线圈未通电时,Z 形舌片在反作用弹簧的作用下使动接点与静接点断开。当线圈中通过电流时,在铁芯中就会产生磁通 Φ,该磁通经过铁芯、气隙及 Z 形舌片构成闭合磁路。此时,Z 形舌片受到电磁力矩的作用,当电流足够大时,电磁力矩克服弹簧反作用力矩,使 Z 形舌片沿顺时针方向旋转,从而带动动接点与静接点闭合。

使电流继电器动作所需的最小电流称为继电器的动作电流,用 $I_{op.K}$ 表示。

继电器动作后,当电流减小到某一数值时,继电器 Z 形舌片所受到的电磁力矩小于弹簧的反作用力矩而返回到起始位置。使继电器返回到起始位置所需的最大电流称为继电器的返回电流,用 $I_{re.K}$ 表示。

电流继电器的返回电流 $I_{re.K}$ 与动作电流 $I_{op.K}$ 之比称为返回系数,用 K_{re} 表示,即

$$K_{re} = \frac{I_{re \cdot K}}{I_{op \cdot K}} \quad (1.4)$$

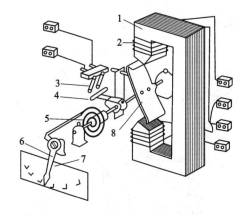

图 1.37　DL-10 型电流继电器结构示意图

1—铁芯;2—线圈;3—静触点;4—动触点;
5—反作用弹簧;6—整定值调整把手;
7—刻度盘;8—Z 形舌片

显然,电流继电器的返回系数小于 1。返回系数愈高,说明继电器的质量愈好。DL-10 系列电流继电器的返回系数一般在 0.85 以上。

DL-10 系列继电器有 DL-11、DL-12、DL-13 三种,它们的内部接线如图 1.38 所示。DL-20C 和 DL-30 系列为组合式电流继电器,是改进后的新产品,其工作原理与 DL-10 系列相同,只是对电磁铁和接点系统做了某些改进,体积稍小些,它们在成套保护屏上应用较多。

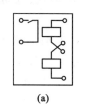 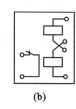 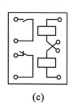

(a)　　　　(b)　　　　(c)

图 1.38　DL-10 型电磁式电流继电器的内部接线

(a) DL-11 型;(b) DL-12 型;(c) DL-13 型

1.6.4　电压继电器

电压继电器的输入量是电路的电压,它根据输入电压大小而动作。与电流继电器类似,电压继电器分为欠电压继电器和过电压继电器两种。过电压继电器动作电压范围为 $(105\% \sim 120\%)U_N$;欠电压继电器吸合电压动作范围为 $(20\% \sim 50\%)U_N$,释放电压调整范围为 $(7\% \sim 20\%)U_N$;零电压继电器当电压降低至 $(5\% \sim 25\%)U_N$ 时动作。它们分别起过压、欠压、零压保护。电压继电器工作时并联在电路中,因此线圈匝数多、导线细、阻抗大,反映电路中电压的变化,用于电路的电压保护。

电压继电器常用在电力系统继电保护中,在低压控制电路中使用较少。

电压继电器作为保护电器时,其图形符号如图 1.39 所示。

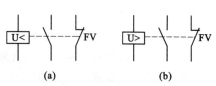

图 1.39　电压继电器的图形符号

(a) 欠电压继电器;(b) 过电压继电器

1.6.5 时间继电器

时间继电器是按照所整定的时间间隔的长短来切
换电路的自动电器。它的种类很多,常用的有空气式(气囊式)、电动式、电子式等。时间继电器的外形如图 1.40 所示。

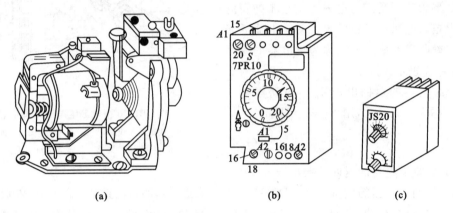

图 1.40 时间继电器外形图
(a) JS7 系列;(b) 7PR 系列;(c) JS20 系列晶体管式

时间继电器的种类很多,按动作原理可分为电磁式、空气阻尼式、电动机式、电子式;按延时方式可分为通电延时型与断电延时型两种。

通电延时型是指时间继电器接收到电信号后,等待一段时间,时间继电器的触头延时动作(即动合触头闭合,动断触头断开);当电信号取消(断电),其触头立即复原(即动合触头断开,动断触头闭合)。而断电延时型是指时间继电器接收到电信号后,其触头立即动作;当电信号取消(断电)后,等待一段时间,其触头延时复原。

1.6.5.1 空气阻尼式时间继电器

图 1.41 为 JS7-A 型空气式时间继电器结构示意图,它是利用空气的阻尼作用而获得动作延时的,主要由电磁系统、触点、气室和传动机构组成。当吸引线圈通电时,动铁芯就被吸下,使铁芯与活塞杆之间有一段距离;在释放弹簧的作用下,活塞杆就向下移动。由于在活塞上固定有一层橡皮膜,因此当活塞向下移动时,橡皮膜上方空气变稀薄,压力减小,而下方的压力加大,限制了活塞杆下移的速度。只有当空气从进气孔进入时,活塞杆才继续下移,直至压下杠杆,使微动开关动作。可见,从线圈通电开始到触点(微动开关)动作需要经过一段时间,此即继电器的延时时间。旋转调节螺钉,改变进气孔的大小,就可以调节延时时间的长短。线圈断电后复位弹簧使橡皮膜上升,空气从单向排气孔迅速排出,不产生延时作用。这类时间继电器称为通电延时式继电器,它有两对通电延时的触点,一对是动合触点,一对是动断触点,此外还可装设一个具有两对瞬时动作触点的微动开关。该空气式时间继电器经过适当改装后还可成为断电延时式继电器,即通电时它的触点动作,而断电后要经过一段时间它的触点才能复位。时间继电器的图形符号如图 1.42 所示。

表 1.6 列出了 JS7-A 型空气式时间继电器的主要技术数据。

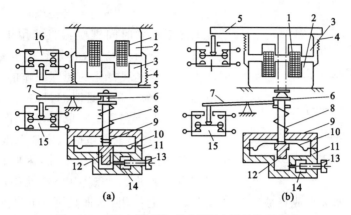

图 1.41 JS7-A 型空气式时间继电器结构示意图

（a）通电延时型；（b）断电延时型

1—线圈；2—铁芯；3—衔铁；4—复位弹簧；5—推板；6—活塞杆；7—杠杆；8—塔形弹簧；

9—弱弹簧；10—橡皮膜；11—空气室壁；12—活塞；13—调节螺杆；14—进气孔；15—微动开关

图 1.42 时间继电器的图形符号

表 1.6 JS7-A 型系列时间继电器的技术数据

型号	瞬动触头数量		延时触头数量				触头额定电压（V）	触头额定电流（A）	线圈电压（V）	延时范围（s）	额定操作频率（次/h）
			通电延时		断电延时						
	常开	常闭	常开	常闭	常开	常闭					
JS7-1A			1	1			380	5	AC：24、36、110、127、220、380	0.4～60 及 0.4～180	600
JS7-2A	1	1	1	1							
JS7-3A					1	1					
JS7-4A	1	1			1	1					
JS23-1	4	0	1	1			AC 380 DC 220	AC 380 时 0.79 A DC 220 时 0.27 A	AC：110、220、380	0.2～30 及 10～180	1200
JS23-2	3	1	1	1							
JS23-3	2	2	1	1							
JS23-4	4	0			1	1					
JS23-5	3	1			1	1					
JS23-6	2	2			1	1					

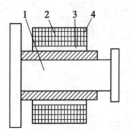

图 1.43　带有阻尼铜套的铁芯示意图
1—铁芯；2—阻尼铜套；3—绝缘层；4—线圈

1.6.5.2　电磁阻尼式时间继电器

电磁阻尼式时间继电器只能用于直流、延时时间较短且断电延时的场合，它是利用电磁系统在电磁线圈断电后磁通延缓变化的原理工作的。其结构与电压继电器相似，为了达到延时的目的，在继电器电磁系统中的铁芯柱上装有一个阻尼铜套，如图 1.43 所示。由楞次定律知，在继电器电磁线圈通电或断电的过程中，由于铁芯中的磁通将发生变化，因此在阻尼铜套内产生感应电动势并产生感应电流，此感应电流阻碍磁路中磁通的变化，对原吸合或释放磁通的变化起阻尼作用，从而延迟了衔铁的吸合和释放时间。当衔铁处于打开位置时，由于气隙大，磁阻大，磁通小，因此阻尼铜套的作用相对较小，阻尼作用不明显，一般延时时间只有 0.1～0.5 s。而当衔铁处于闭合位置时，磁阻小，磁通大，阻尼铜套的作用明显，一般延时时间可达 0.3～5 s。故电磁阻尼式时间继电器只有断电延时方式。

电磁阻尼式时间继电器具有结构简单、运行可靠、寿命长、允许通电次数多等优点，但也存在延时时间短、延时不准确等缺点。通过改变安装在衔铁上的非磁性垫片的厚度及反力弹簧的松紧程度，可以调节延时时间的长短。非磁性垫片的厚度增加，使得衔铁闭合后的气隙增大，磁路的磁阻增大，磁通减小，这样延时时间变短；反之，减小非磁性垫片的厚度，可以使延时时间变长。反力弹簧调松，延时时间变长；反力弹簧调紧，延时时间变短。

1.6.5.3　电动机式时间继电器

电动机式时间继电器是由微型同步电动机拖动减速齿轮组，经减速齿轮带动触头经过一定的延时后动作的时间继电器。其延时范围可达 0.4 s～72 h，既有通电延时型，也有断电延时型，延时精度高，调节方便，但结构复杂，价格较贵，一般用于要求准确延时的场合。

其中常用的电动机式时间继电器国产的有 JSⅡ、JS17、JSD1 等系列。

表 1.7 列出了 JSD1-□M 系列电动机式时间继电器的主要技术数据。

表 1.7　JSD1-□M 系列电动机式时间继电器的主要技术数据

型号	延时范围 (s)	额定控制容量(V·A) 交流 380	操作频率 (次/h)	延时误差	整定误差	复位时间 (s)
JSD-1M	2～30		1200			
JSD-2M	2～120	100	600	≤1%	≤1%	≤2
JSD-3M	20～600		120			

JSD1-□M 系列电动机式时间继电器结构如图 1.44 所示。其工作原理如下：当同步电动机接线端子 1、2 接通电源时，电动机的轴向左作轴向运动，瞬动触头 3、4 打开，3、5 闭合。与此同时，电动机带动减速齿轮旋转，经过一段时间，由轮系带动的杠杆推动微动开关动作，延时触头 6、7 打开，7、8 闭合。当同步电动机接线端子 1、2 断电时，齿轮在扭转弹簧的作用下实现复位。

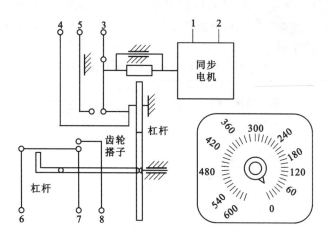

图 1.44　JSD1-□M 系列电动机式时间继电器

1.6.6　热继电器

1.6.6.1　热继电器的原理与结构

热继电器是利用电流的热效应原理来保护电动机,使之免受长期过载的危害。电动机过载时间过长,绕组温升超过允许值时,将会加剧绕组绝缘的老化,缩短电动机的使用年限,严重时会使电动机绕组烧毁。热继电器的外形如图 1.45 所示。

图 1.46(a)是双金属片式热继电器的结构示意图,图 1.46(b)是其图形符号。由图可见,热继电器主要由双金属片、热元件、复位按钮、传动杆、拉簧、调节旋钮、复位螺丝、触点和接线端子等组成。

图 1.45　热继电器的外形图

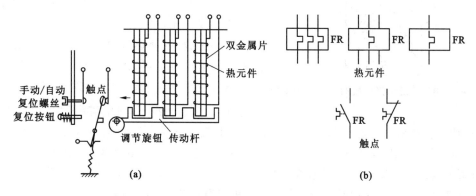

图 1.46　热继电器结构示意图及图形符号

(a) 结构示意图;(b) 图形符号

热继电器由于有热惯性,当电路短路时不能立即动作将电路立即断开,因此不能作为短路保护。同理,在电动机起动或短时过载时,热继电器也不会动作,这可避免电动机不必要的停车。

常用热继电器有 JR0 及 JR10 系列。表 1.8 是 JR0～40 型热继电器的技术数据。它的额定电压为 500 V,额定电流为 40 A,它可以配用 0.64～40 A 范围内 10 种电流等级的热元件。每一种电流等级的热元件都有一定的电流调节范围,一般应调节到与电动机额定电流相等,以便更好地起到过载保护作用。

表 1.8　JR0～40 型热继电器的技术数据

型号	额定电流(A)	热元件等级	
		额定电流(A)	电流调节范围(A)
JR0～40	40	0.64	0.4～0.64
		1	0.64～1
		1.6	1～1.6
		2.5	1.6～2.5
		4	2.5～4
		6.4	4～6.4
		10	6.4～10
		16	10～16
		25	16～25
		40	25～40

　　热继电器的选择主要根据电动机的额定电流来确定热继电器的型号及热元件的额定电流。例如电动机额定电流为 14.6 A,额定电压 380 V,若选用 JR0～40 型热继电器,热元件电流等级为 16 A,由表 1.8 可知,电流调节范围为 10～16 A,因此可将其电流整定为 14.6 A。

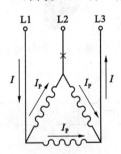

图 1.47　电动机三角形连接时一相断相情况

　　三相异步电动机运行时,若发生一相断路,其各相绕组电流的变化情况将与绕组的接法有关。热继电器的动作电流是根据电动机的线电流来整定的。对于星形连接的电动机,由于相电流等于线电流,当电源一相断路时,其他两相的电流将过载,可使热继电器动作,因此对于星形连接的电动机可以采用普通的两相或三相热继电器进行长期过载保护。而对于三角形连接的电动机,正常情况下,线电流为相电流的 $\sqrt{3}$ 倍;当发生一相断线(断相)(如图 1.47)时,未断相的线电流等于相电流的 1.5 倍,即在相同负载下(各相电流相等)断相后的线电流比正常工作时的线电流小,当发生过载时(相电流超过其额定值),有可能其线电流还没有达到热继电器的动作电流,热继电器不会动作。因此,对于三角形连接的电动机进行断相保护时,必须采用具有断相保护功能的热继电器,如 JR16、JR20 等系列的热继电器。

1.6.6.2　热继电器的原理与结构

　　有断相保护功能的热继电器与普通的热继电器相比,主要区别在于导板改成了差动机构,如图 1.48 所示。差动机构由上导板 2、下导板 4 及装有顶头 6 的杠杆组成,它们之间均用转轴连接。图 1.48(a)表示通电前机构各部件的位置,图 1.48(b)为正常通电时机构各部件的位置。当电流在额定电流及以下时,三个热元件均正常发热,使三相主双金属片 3 同时向左产生微小弯曲,推动上、下导板同时向左平移一小段距离,但顶头 6 尚未碰到补偿双金属片 1,因此热继电器不动作。当电动机均衡过载时,三相主双金属片弯曲程度加大[图 1.48(c)],推动上、下导板同时向左平移距离加大,通过杠杆 5 使得顶头 6 碰到补偿双金属片 1,使继电器动作。图 1.48(d)为一相断开时的情况,此时接入断相的双金属片因断相而冷却恢复原位,使得上导板向右移动,而另外两相双金属片仍然带动下导板向左移动,结果在上、下导板一左一右的移动下,使顶头 6 向左移动的距离加大,碰撞补偿双金属片 1,使继电器动作,起到断相保护的目的。

表 1.9 给出了 JR16 系列热继电器的主要技术参数。

JR20 系列是我国较新产品,具有断相保护、温度补偿、整定电流值可调、手动脱扣、手动复位、动作后信号指示等功能。

T 系列热继电器是从国外引进的产品,它常常与 B 系列交流接触器组合成电磁起动器。表 1.10 给出了 T 系列热继电器的主要技术参数。

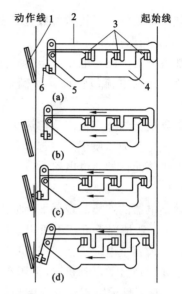

图 1.48 断相保护机构及其工作原理
(a)未通电时;(b)三相电流不大于整定电流时;
(c)三相同时过载;(d)一相短路
1—补偿双金属片;2—上导板;3—主双金属片;
4—下导板;5—杠杆;6—顶头

表 1.9 JR16 系列热继电器的主要技术参数

型号	额定电压(V)	额定电流(A)	相数	热 元 件			断相保护	温度补偿	复位方式	动作检验	动作指示	触头数量
				最小规格	最大规格	挡数						
JR16 (JR0)	380 V	20	3	0.25~0.35	14~22	12	有	有	手动或自动	无	无	1对常开 1对常闭
		60		14~22	40~63	4						
		130		40~63	100~160	4						

表 1.10 T 系列热继电器的主要技术参数

型号	额定电压(V)	额定电流(A)	相数	热 元 件			断相保护	温度补偿	复位方式	动作检验	动作指示	触头数量
				最小规格	最大规格	挡数						
T 系列(引进德国 BBC 公司产品)	660	16	3	0.11~0.19	12~17.6	22	有	有	手动	有	无	1对常开 1对常闭
		25		0.17~0.25	26~35	22			手动或自动		有	
		45		0.25~0.40	28~45	22					无	1对常开
		85		6~10	60~100	8					有	
		105		36~52	80~115	5					无	
		170		90~130	140~200	3			手动或自动			1对常开 1对常闭
		250		100~160	250~400	3					有	
		370		100~160	310~500	4						

热继电器的主要技术参数包括额定电压、额定电流、相数、热元件编号、整定电流调节范围、有无断相保护等。

热继电器的额定电流是指热元件允许的最大额定电流。热元件的额定电流是指该元件长期允许通过的电流值。每一种额定电流的热继电器可分别装入若干种不同额定电流的热元件。

热继电器的整定电流是指热继电器的热元件允许长期通过但又刚好不致引起热继电器动作的电流值。为了便于用户选择，某些型号中的不同整定电流的热元件用不同编号来表示。对于某一热元件的热继电器，可以通过调节其旋钮在一定范围内调节电流整定值。

1.6.6.3　热继电器的选择

热继电器的选择应遵循下列原则：

（1）一般情况下可选用两相结构的热继电器。对于电网电压均衡性较差、无人看管的电动机或与大容量电动机共用一组熔断器的电动机，宜选用三相结构的热继电器。对于三相绕组作三角形连接的电动机，应采用有断相保护装置的三个热元件热继电器作过载和断相保护。

（2）热元件的额定电流等级一般应略大于电动机的额定电流。热元件选定后，将热继电器的整定电流调整到与电动机的额定电流相等，如果电动机的起动时间较长，可将热继电器的整定电流整定到稍大于电动机的额定电流。

（3）对于工作时间较短、间歇时间较长的电动机或出于安全考虑不允许设置过载保护的电动机（如消防泵），一般不设置过载保护。

（4）双金属片式热继电器一般用于轻载、不频繁起动电动机的过载保护。对于重载、频繁起动的电动机，也可以选用过电流继电器进行过载或短路保护。

1.6.7　速度继电器

速度继电器是利用转轴的一定转速来切换电路的自动电器，其外形如图1.49所示。

速度继电器的工作原理与异步电动机相似，转子是一块永久磁铁，与电动机或机械转轴联在一起，随轴转动。它的外边有一个可以转动一定角度的环，装有笼型绕组。如图1.50所示，当转轴带动永久磁铁旋转时，定子外环中的笼型绕组切割磁力线而产生感应电动势和感应电流，该电流在转子磁场的作用下产生电磁力和电磁转矩，使定子外环跟随转子转动一个角度。

图1.49　速度继电器的外形

如果永久磁铁逆时针方向转动，则定子外环带着摆杆靠向右边，使右边的常闭触点断开，常开触点接通；当永久磁铁顺时针方向旋转时，使左边的触点改变状态；当电动机转速较低时（例如小于100 r/min），触点复位。速度继电器的图形符号及文字符号如图1.51所示。

常用的速度继电器有JY1和JFZ0型，其技术参数见表1.11。

表1.11　JY1和JFZ0型速度继电器技术数据

型号	触点容量		触点数量		额定工作转速（r/min）	允许操作次数（次）
	额定电压（V）	额定电流（A）	正转时动作	反转时动作		
JY1	380	2	1组转换触点	1组转换触点	100～3600	＜30
JFZ0	380	2			300～3600	＜30

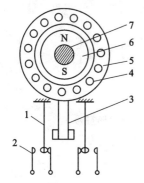

图 1.50 速度继电器原理示意图

1—动触头;2—静触头;3—摆锤;4—绕组;
5—定子;6—转子;7—转轴

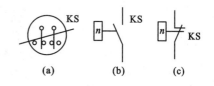

图 1.51 速度继电器的图形符号及文字符号

(a) 转子;(b) 常开触点;(c) 常闭触点

1.6.8 压力继电器

压力继电器主要用于对液体或气体压力的高低进行检测并发出开关量信号,以通过电磁阀、液泵等设备对压力的高低进行控制。图 1.52 为压力继电器结构示意图及图形符号。

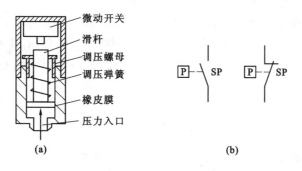

图 1.52 压力继电器结构示意图及图形符号

(a) 压力继电器(传感器)示意图;(b) 图形符号

压力继电器主要由压力传送装置和微动开关等组成。液体或气体压力经压力入口推动橡皮膜和滑杆,克服弹簧反力向上运动;当压力达到给定压力时,触动微动开关,发出控制信号。旋转调压螺母可以改变给定压力。

1.6.9 液位继电器

液位继电器主要用于对液位的高低进行检测并发出开关量信号,以通过电磁阀、液泵等设备对液位的高低进行控制。液位继电器的种类很多,工作原理也不尽相同。下面介绍 JYF-02 型液位继电器,其结构示意图及图形符号如图 1.53 所示。浮筒置于液体内,浮筒的另一端为一根磁钢,靠近磁钢的液体外壁也装一根磁钢,并和动触点相连。当水位上升时,受浮力上浮而绕固定支点上浮,带动磁钢条向下;当内磁钢 N 极低于外磁钢 N 极时,由于液体壁内外两根磁钢同性相斥,壁外的磁钢受排斥力迅速上翘,带动触点迅速动作。同理,当液位下降,内磁钢 N 极高于外磁钢 N 极时,外磁钢受排斥力迅速下翘,带动触点迅速动作。液位高低的控制是由液位继电器安装的位置来决定的。

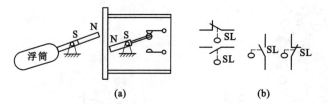

图 1.53　JYF-02 型液位继电器结构示意图及图形符号

(a) 液位继电器(传感器)示意图；(b) 图形符号

小　结

本课题介绍常用低压电器的种类及特点；阐述常用低压电器的结构、工作原理以及规格型号和实际应用；介绍常用低压电器的选择。

重点介绍了电磁式低压电器结构，主要包括电磁机构、触头系统和灭弧装置三部分；介绍了电流较大的主电路中常用的刀开关、组合开关、低压断路器、熔断器、接触器等电器的结构、基本工作原理、作用、应用场合、主要技术参数、典型产品、图形符号和文字符号以及选择、整定、使用和维护方法等。

主要介绍了继电器(电磁式继电器、时间继电器、热继电器、速度继电器)和主令电器(按钮、行程开关、接近开关、万能转换开关、主令控制器等)的结构、基本工作原理、作用、应用场合、主要技术参数、典型产品、图形符号和文字符号以及选择、整定、使用和维护方法等。

思考题与习题

1.1　继电器与接触器有什么区别？中间继电器可以代替接触器吗？

1.2　如何调整空气阻尼式时间继电器的整定时间？

1.3　过载保护能否用熔断器？为什么？

1.4　电磁式电流继电器、时间继电器和中间继电器在保护系统中各起什么作用？它们的文字符号和图形符号分别是什么？

1.5　一台交流接触器通电后没有反应，不能动作，试分析可能出现什么问题？如果通电后噪音很大，分析是什么原因？

1.6　一台 DZ 系列低压断路器不能复位再扣，试从结构上分析原因。

1.7　电动机的起动电流很大，但是电动机起动时热继电器不会动作，为什么？

课题 2　电气控制电路的基本环节

 知识目标

1. 理解控制电路中常用术语的含义；
2. 掌握电动机起动、调速、制动基本环节的控制方法和特点；
3. 掌握控制系统欠压、失压和电动机过载等基本保护环节以及保护方法；
4. 掌握继电器-接触器控制系统的分析方法。

 **能力目标**

1. 能够分析简单的继电器-接触器控制电路；
2. 能够按照安装图和原理图安装控制电路；
3. 能够对继电器-接触器控制系统进行简单调试。

2.1　三相异步电动机直接起动控制

三相交流电动机直接起动就是在电动机定子绕组上加电动机的额定电压来起动。直接起动时，电动机的起动电流是额定电流的 4～7 倍，较大的起动电流会影响电网的供电质量，影响电网上其他用电设备的工作。但是，在电源、供电电网和生产机械能满足要求的条件下，允许电动机直接起动。在建筑施工现场，多数小型生产机械都能满足直接起动的条件，允许采用直接起动的控制方法。

2.1.1　三相异步电动机点动与长动控制

1. 负荷开关直接控制的电路

三相电动机的直接起动可以使用负荷开关直接控制。图 2.1 为用负荷开关直接控制电动机的电路。控制电路的操作过程为：合上电源开关 QS，电动机 M 得电运行，断开开关 QS，电动机 M 断电停止。

图 2.1 所示的控制方式简单，但存在如下问题：一是电动机容量较大时，过大的起动电流造成灭弧困难，需要配置较大容量的负荷开关；二是操作不方便，特别是对频繁起动的电动机进行合闸与分闸，手动操作困难；三是较难对电动机的过载、缺相等故障情况实现自动保护。因此，这种控制方式适合于起动与停止不频繁、容量小的电动机的运行控制中。在电气控制系统中，为了实现电动机的自动控制，通常采用接触器控制电动机的通电运行。

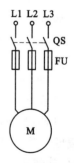

图 2.1　负荷开关直接控制电动机

2. 点动控制电路

点动就是按照电动机运行的需要控制电动机短时间通电运行。在生产机械的控制过程中，对于只需要短时间工作的电气设备或在电动机拖动的生产机械需要准确定位的系统中，生产机械没有到达预定位置，需要生产机械做微小范围的移动时，需要点动控制。例如，混凝土搅拌机的给水控制中，需要供水时按下供水按钮，不需要供水时松开按钮。又如，塔吊的吊钩运送重物时就需要准确定位控制，当吊钩将重物送至目的地时，吊钩到达的位置可能不是准确的目的位置，此时需要通过点动操作电动机使吊钩在小范围内上升或下降。图 2.2 为电动机点动控制电路。

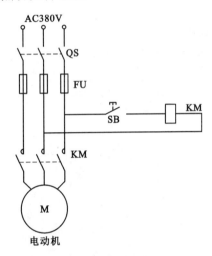

图 2.2　点动控制电路

图 2.2 所示的电路中，开关 QS 用作隔离开关，熔断器 FU 用作短路保护，SB 为点动按钮。

点动的控制过程：首先合上电源开关 QS，主电路和控制电路电源接通。按下按钮 SB，控制电路通电，接触器 KM 的吸合线圈通电吸合，接触器 KM 串联在主电路上的常开主触头 KM 闭合，电动机 M 通电运行；松开按钮 SB，控制电路断开，接触器 KM 的吸合线圈断电释放，接触器 KM 的常开主触头 KM 断开，电动机 M 断电停止。

从控制过程来看，点动控制的关键是使接触器的吸合线圈短时间通电，并能很方便地断电释放。借助于按钮的常开触头在按下按钮时接通松开时断开的特点，可以方便地实现点动控制。在电动机的控制电路中，点动常常只是电动机运行控制的一个环节，它常常融合在其他起动控制的电路中。

3. 长动控制电路

长动就是控制电动机较长时间运行。当电动机长时间运行时，如果采用图 2.2 所示电路进行控制，就需要操作人员长时间按下按钮 SB 不松开，显然这样操作是不合理的。为此应该设计一种在按下按钮 SB 以后，再松开按钮 SB 能自动保持按钮 SB 按下以后的电路状态，具有这种功能的电路通常称为自锁电路。

实现自锁的方法有两种：一是采用机械自锁的按钮，当按钮按下时，依靠机械动作将按钮锁在按下状态；二是采用电气自锁。采用机械自锁方式时，必须再次按下按钮才能复位，这不利于自动控制。在电气控制系统中，常用电气自锁的方法，它可以在对电动机进行长动控制的同时，较容易地实现对电动机的各种自动保护。

电气自锁是如何实现的呢？下面通过分析图 2.2 点动控制的动作过程，探讨电气自锁的方法。当按钮 SB 按下时，按钮 SB 的常开触头闭合，控制电路接通，而在松开按钮 SB 后常开触头将恢复断开状态，控制电路也将断电。如果有一段电路能在按钮 SB 按下以后，将按钮 SB 的两端短接，就能在按钮松开后维持控制电路的通路状态。要满足这一要求，实际上只需在按钮两端并接一对接触器 KM 的常开辅助触头就可完成。

图 2.3 为采用电气自锁的控制电路，下面分析该电路的自锁过程。按下起动按钮 SB，控制电路接通，电流从电源的一端经按钮 SB、接触器 KM 的吸合线圈流到电源的另外一端，接触器的吸合线圈通电吸合。接触器的吸合线圈吸合时，并联在按钮 SB 两端的辅助常开触头闭

合短接了按钮 SB。在松开按钮 SB 后，原来通过按钮 SB 的电流从接触器的辅助常开触头 KM 流过，维持接触器的吸合线圈的吸合，接触器吸合线圈的吸合又保证了接触器辅助常开触头的闭合。由此可见，电气自锁的实现是通过接触器的吸合线圈通电吸合来保证自己的辅助常开触头闭合，接触器辅助常开触头的闭合又维持了控制电路的通路状态，使接触器的吸合线圈保持通电吸合状态，此种自锁方式被称为电气自锁。

图 2.3 所示的电气自锁解决了只需按一下按钮电动机就可以长期运行的问题，但是该电路存在一个严重的缺陷，即需要停止电动机时，只有通过开关 QS 断开电源才能使电动机停止运行。显然，采用这种方法停止电动机是不合适的。如何解决电动机停止的问题呢？从控制回路中可以看出，如果将控制电路短时断电，自锁状态将被解除。为此，可在线圈回路中串接一个常闭按钮，就可以实现电动机的停止控制。图 2.4 为添加一个常闭按钮以后的长动控制电路。

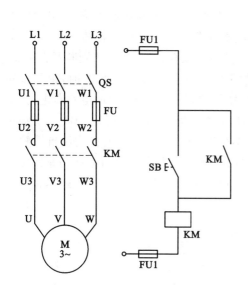

图 2.3　电气自锁控制电路

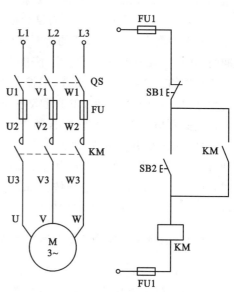

图 2.4　电动机长动控制电路

电动机停止的控制过程如下：在控制电路自锁电动机通电运行的情况下，按下按钮 SB1，控制电路断开，接触器 KM 的吸合线圈断电释放。接触器 KM 断电释放使常开触头 KM 断开，控制电路解除自锁；主触头 KM 断开，使电动机断电停止。松开按钮 SB1 后，由于接触器 KM 的常闭触头断开，控制电路依然断电。

4. 长动与点动兼备的控制电路

在电动机拖动的电气设备中，有些设备既需要点动又需要长动控制。例如塔吊主钩的升降运动过程：长距离移动重物时需要采用长动控制；到达目的位置后，如果停车不准确，必须采用点动控制小范围移动重物。

根据前面对控制电路的分析可知，点动时不允许控制电路自锁，长动时控制电路必须自锁。要实现既有长动又有点动的控制，关键点就在于：点动控制时，使并联在起动按钮两端的接触器的辅助常开触头所在的支路在接触器通电吸合期间保持断开状态；长动控制时，该支路必须保持接通状态。实现的方法有两种：一是在接触器的辅助常开触头所在的支路上串联一个纽子开关，点动时断开，长动时接通；二是点动控制按钮采用复合按钮。串联纽子开关的方法会增加操作人员的操作难度,实际的点动控制通常采用第二种方法。图 2.5 所示为长动与点动兼备的控制电路。

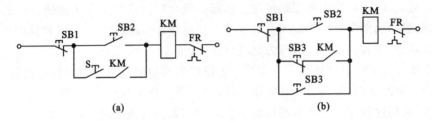

图 2.5 长动与点动兼备的控制电路

图 2.5(a)中,点动时断开纽子开关 S,长动时接通纽子开关 S,按钮 SB2 既作为长动起动按钮,又作为点动按钮,其控制过程如前所述。

图 2.5(b)中,点动按钮 SB3 为复合按钮,其中一对常开触头并联在起动按钮 SB2 两端,一对常闭触头串联在接触器 KM 的常开辅助触头所在的支路。点动时按下按钮 SB3,在 SB3 按下期间,其常开触头接通控制电路,使接触器吸合线圈通电吸合;其常闭触头则断开自锁支路,尽管接触器的自锁触头已经闭合,但控制电路依然不能自锁。松开按钮 SB3 时,由于按钮的结构特点,其动触头首先使并联在起动按钮 SB2 两端的常开触头断开,控制电路断电,接触器的吸合线圈断电释放,其串联在自锁支路的辅助常开触头断开;随后,按钮 SB3 的动触头复位,使按钮 SB3 的常闭触头闭合,此时,由于接触器的吸合线圈已经断电释放使自锁触头断开,所以控制电路依然保持断电状态。显然,点动的实现是利用按钮的常开触头与常闭触头不能同时动作,在点动完成后松开按钮 SB3 时,接触器吸合线圈先断电断开自锁触头,按钮 SB3 的常闭触头后闭合的特点来实现的。

2.1.2 三相异步电动机单向运行直接起动控制

单向运行是指电动机工作时的运行方向只有一个方向。在电动机的控制电路中,既要能够控制电动机的正常起动和停止,还要考虑对电动机在运行过程中出现的非正常情况加以保护。电动机的控制电路需要考虑短路保护、过载保护、失压保护和欠压保护。图 2.6 所示为三相异步电动机单向运行直接起动控制电路。

图 2.6 中,主电路由开关 QS、熔断器 FU、接触器 KM 的主触头、热继电器 FR 的热元件以及电动机 M 组成。控制电路由起动按钮 SB2、停止按钮 SB1、接触器 KM 的吸合线圈及其常开辅助触头、热继电器 FR 的常闭触头和熔断器 FU1 组成。

该电路具有控制电动机正常起动、停止以及过载保护、短路保护、欠压保护、失压保护的功能。SB1 为停止控制按钮;SB2 为起动控制按钮;熔断器 FU1 负责控制电路的短路保护;熔断器 FU1 负责主电路的短路保护;热继电器 FR 起过载保护的作用;欠压保护或失压保护是通过接触器的吸合线圈与控制电路的自锁协同完成的。

1. 起动过程

按下 SB2→接触器 KM 吸合 ┤→KM 的主触头闭合→电动机得电运行
　　　　　　　　　　　　　 └→KM 的常开辅助触头闭合→控制电路自锁

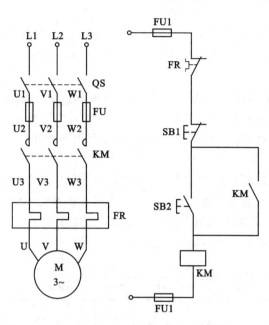

图 2.6 三相异步电动机单向运行直接起动控制电路

2. 停止过程

按下 SB1→接触器 KM 断电 $\begin{cases} \rightarrow \text{KM 的主触头断开→电动机 M 断电停止} \\ \rightarrow \text{KM 的常开辅助触头闭合→控制电路接触自锁} \end{cases}$

3. 电动机的各种保护过程

（1）过载保护过程

在电动机拖动的负载超过额定值的情况下，电动机定子绕组的电流超过额定值，经过一段时间后，热继电器 FR 动作→串联在控制回路的热继电器的常闭触头 FR 断开→KM 释放 $\begin{cases} \text{① KM 的主触头断开→电动机断电停止；} \\ \text{② KM 的辅助常开触头断开→控制电路接触自锁。} \end{cases}$

（2）短路保护过程

主电路发生短路故障时，串联在主电路的熔断器 FU 断开，由于控制电路的电源引自熔断器的下面，所以控制电路断电，接触器 KM 的吸合线圈断电释放，主触头 KM 断开，电动机断电停止，自锁触头 KM 断开，控制电路解除自锁。

控制电路发生短路故障时，串联在控制电路中的熔断器 FU1 断开，控制电路断电，接触器 KM 的吸合线圈断电释放，主触头 KM 断开，电动机断电停止，自锁触头 KM 断开，控制电路解除自锁。

（3）欠压保护过程

在电源电压低于接触器吸合线圈额定电压的 70％时，接触器因吸合线圈吸力不够而不能吸合。如果欠压发生在电动机的运行过程中，接触器 KM 的吸合线圈将释放，控制电路因并联在按钮 SB1 两端的接触器的自锁触头 KM 断开而解除自锁，主电路因接触器主触头 KM 的断开而断电，电动机断电停止，从而避免了电动机在低压下运行。如果起动电动机时电源电压较低，电动机将因为接触器 KM 的吸合线圈不能吸合而不能起动。

（4）失压保护过程

电动机在运行过程中出现电源突然中断供电,恢复供电后电动机如果自动起动则有可能会造成事故,因此,必须避免发生电动机在恢复供电后自动起动的情况。具有这种功能的电路称为失压保护。

图 2.6 所示的电路中,如果电动机在运行时中断电源供电,接触器 KM 的吸合线圈将断电释放,控制电路因并联在按钮 SB1 两端的接触器的自锁触头 KM 断开而解除自锁,在电源恢复供电时,由于控制电路的自锁已经解除,电动机依然断电停止。

4. 多地控制

在生产设备的控制过程中,经常要求在多个地方控制同一台电动机的起动和停止,即要求多地控制。此时,只需要在起动按钮两端并联多个常开按钮作为不同地点的起动按钮,在控制电路中串联多个常闭按钮作为不同地点的停止按钮。图 2.7 所示为两地控制电动机起动、停止的控制电路,其控制过程与上述控制过程类似。

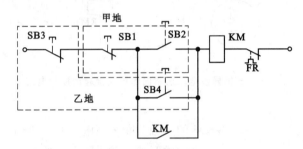

图 2.7　两地控制电动机起动、停止的控制电路

2.1.3　三相异步电动机双向运行直接起动控制

建筑施工现场的机械设备通常需要正反两个方向的运动。如搅拌机的搅拌桶,一个方向旋转为混凝土搅拌,另一个方向旋转为出料。当生产机械需要正转和反转时,要求拖动生产机械的电动机也必须有正转和反转的运动方向。双向运行是指电动机在控制电路的控制作用下,可以实现正转和反转两种运动方向的控制。

1. 双向运行直接起动控制电路分析

根据三相电动机的运转原理,改变三相电动机的任意两根电源接线,就可以改变电动机的旋转方向。如何通过控制电路对电动机进行控制,使电动机从一个运行方向转换到另外一个方向呢? 显然,电动机不可能在同一时间有两种运动方向,正传和反转一定是在不同时间进行的。实现正转和反转,可以考虑采用两套单向运行的控制电路来控制电动机的正、反转,其中一套控制电路中的主电路对调两根电源接线。

采用两套独立的单向运行直接起动控制电路可以实现正、反转的独立控制,但是两套系统有两个停止按钮,操作繁琐,必须对控制电路进行简化,简化后的控制电路如图 2.8 所示。

图 2.8 为两套单向运行直接起动控制电路简化后的电路。其中,SB1 为停止按钮,当按下SB1 时,控制电路断电,无论是正转还是反转都会停止。SB2、SB3 分别为正、反转起动按钮,当电动机在停止状态下,按下 SB2,接触器 KM1 吸合,电动机朝一个方向起动运行。同样的道理,如果电动机在停止状态下按下 SB3,接触器 KM2 吸合,电源的 U 相与 W 相调换,电动机朝另外一个方向运转,可以实现正转和反转直接起动控制。

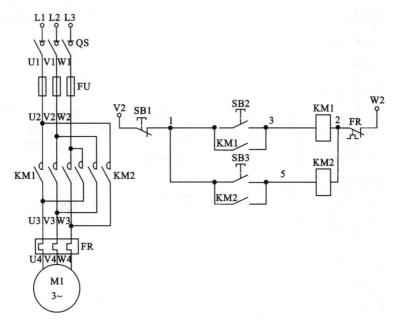

图 2.8 两套单向运行直接起动控制简化后的电路

尽管图 2.8 可以实现正转或反转的起动、停止控制,但是,该控制电路存在一个严重的缺陷,即:电动机在一个方向的运行过程中,按下另外一个方向运转的起动按钮,主电路会因为接触器 KM1、KM2 同时通电吸合而发生两相短路。例如在图 2.8 中,如果接触器 KM1 和 KM2 同时吸合,就会使 W 相和 U 相短路。

如何避免短路的发生呢?根据上述分析,发生短路的原因是两个接触器同时吸合,而要避免短路发生,就不能让两个接触器同时吸合。要避免两个接触器同时通电吸合,可以采用一个接触器通电吸合时,利用该接触器的常闭辅助触头去控制另外一个接触器所在的电路,使另外一个接触器的支路断开。在这种情况下,如果一个接触器已经通电吸合,按下另外一个接触器吸合线圈支路上的起动按钮,该接触器依然不能通电吸合,这种互相牵制的方法称为电气互锁。图 2.9 为采用电气互锁的三相电动机双向运行直接起动控制电路。

电气互锁工作原理如下:

电动机在停止状态时,按下起动按钮 SB2,电流从 V2 经按钮 SB1、SB2 及接触器 KM2 的辅助常闭触头、接触器 KM1 的吸合线圈、热继电器 FR 的常闭触头到达电源的 W2 端,接触器 KM1 通电吸合。当接触器 KM1 通电吸合后,主电路中接触器 KM1 的主触头闭合,电动机得电运转;并联在按钮 SB2 两端的 KM1 的辅助常开触头闭合,控制电路自锁;串联在接触器 KM2 吸合线圈上的接触器 KM1 的常闭触头断开,实现电气互锁。在电气互锁的情况下,如果按下按钮 SB3,则因为与接触器 KM2 的吸合线圈串联的接触器 KM1 的辅助常闭触头断开,接触器 KM2 不能通电吸合,避免了两相短路的情况发生。同样的道理,在接触器 KM2 通电吸合的情况下,按下 SB2,接触器 KM1 也不能吸合。

在图 2.9 所示电气互锁的电路中,电动机在一个方向运行时,要改变运转方向,必须先按下停止按钮,再按下另外一个方向的起动按钮方能实现电动机反转,这种操作过程繁琐。电动机在一个方向运行时,能不能直接按下另一个起动按钮就可以实现电动机的反转呢?图 2.10 电气互锁与机械互锁双向运行直接起动控制电路就可以实现直接操作反转。

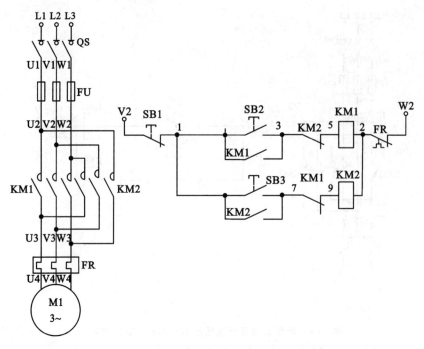

图 2.9　电气互锁双向运转直接起动控制电路

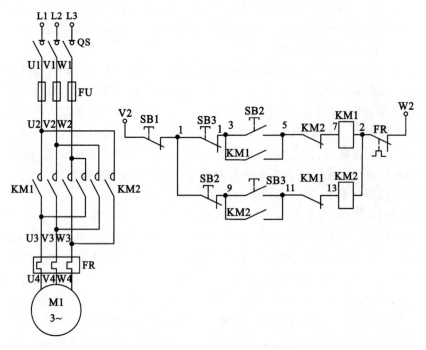

图 2.10　电气互锁与机械互锁双向运转直接起动控制电路

图 2.10 为电气互锁与机械互锁双向运转直接起动控制电路,它与图 2.9 所示电路的不同之处是:每个起动按钮都是使用的复合按钮,其中按钮的一对常闭触头串联在转向相反的起动支路中,由于一个按钮的两对触头是联动的,当按下任意一个起动按钮时,串联在另外一个起动按钮所在的支路中的常闭触头将首先断开,然后才闭合该按钮的常开触头。例如,当电动机

在接触器 KM1 吸合的情况下运转时,按下按钮 SB3,此时,串联在接触器 KM1 的吸合线圈所在支路中的按钮 SB3 的常闭触头将首先断开,接触器 KM1 的吸合线圈断电释放,控制电路解除自锁和互锁,主电路断电。随后,SB3 的常开触头闭合,电流从 V2 流经 SB1、SB2 的常闭触头、SB3 的常开触头、KM1 的辅助常闭触头、KM2 的吸合线圈、热继电器的常闭触头到达电源 W2 端,使接触器 KM2 吸合。当 KM2 吸合时,KM2 的辅助常开触头闭合,控制电路自锁;KM2 的辅助常闭触头断开,控制电路互锁;KM2 的主触头闭合,电动机反相序接通电源运转。

电动机在一个方向运转时直接按下反转按钮控制反转,其工作过程为:反相序接通电源时电动机处于反接制动状态,电动机急剧减速直到转速为零,然后向另外一个方向起动加速。

2. 行程限位控制

在建筑施工设备中,有些位移性运动的生产机械需要有终端限位控制或者自动往返控制。例如,塔吊的小车在吊臂上行走时不能超过两端的极限位置,否则小车会走出吊臂发生碰撞事故,因此必须进行限位控制。图 2.11(a)就是利用行程开关实现终端限位控制的电路。行程开关安装在极限位置,位移性部件上安装有撞块,也可将行程开关安装在位移性部件上,撞块安装在极限位置。

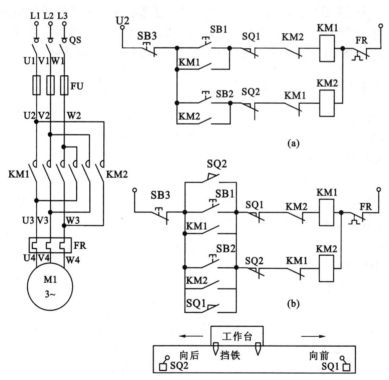

图 2.11　限位与行程控制

(a) 行程控制;(b) 自动往返

图 2.11(a)所示控制电路的工作过程如下:接触器 KM1 的吸合线圈通电时,电动机正转,生产机械的运动部件向右位移,位移到终端,撞块与行程开关 SQ1 相碰,行程开关 SQ1 的常闭触头断开,切断了接触器 KM1 的吸合线圈所在的支路,接触器 KM1 断电释放,其主触头 KM1 断开使电动机断电停止。此时,电动机只能反向运转。生产机械的运动部件向左位移,碰撞 SQ2 时,其控制过程与上述相似。利用极限位置的限位开关可以实现正、反两个方向的

限位控制。

　　如果将 SQ1 的常开触头并联在反向起动按钮两端,将 SQ2 的常开触头并联在正向起动按钮两端,可以实现自动往返控制,其控制电路如图 2.11(b)所示。如果电动机正转,运动部件移动到正向限位终端碰撞 SQ1,SQ1 的常闭触头切断接触器 KM1 的吸合线圈所在的支路,接触器 KM1 断电释放;同时,SQ1 的常开触头闭合,短接 SB2 按钮,只要接触器的常闭触头 KM1 复位,接触器 KM2 的吸合线圈所在的回路就接通,电动机将直接反向起动。

2.2　三相异步电动机降压起动控制

　　对于大容量的电动机,采用直接起动时,过大的起动电流会影响电网的供电质量,同时将造成电动机过热,影响电动机的寿命。对于不能直接起动的电动机,为了限制电动机的起动电流,起动时必须采取措施。依据电动机的不同特点,可以采用不同的方法,降压起动是三相鼠笼式交流异步电动机通常采用的起动方法之一。通常采用的降压起动方法有星-三角形降压起动、定子回路串电阻或电抗器起动和自耦变压器降压起动。

　　无论采用哪一种降压起动,它们的共同特征是:起动电流与定子绕组所加的相电压成正比,起动转矩与定子绕组所加的相电压的平方成正比;当采用降低电压来实现降低起动电流时,起动力矩也会下降。因此,降压起动适用于轻载或空载起动的电动机。

2.2.1　三相异步电动机 Y-△ 起动

　　三相异步电动机 Y-△ 起动,就是电动机在起动时定子绕组接成 Y 形,正常运行时接成△形。只有正常工作时采用三角形连接的电动机才能采用这种方法起动。

　　1. 起动性能与控制要求

　　在三相电源电压一定的情况下,同一三相负载分别采用△形和 Y 形两种接法,Y 形接法中负载上的相电压是△形接法的相电压的 $1/\sqrt{3}$,其线电流是后者的 1/3。根据电机学的原理,电动机的电磁转矩与作用在电动机每相定子绕组上的电压的平方成正比,因此,Y 形接法的起动电流是△形接法的 1/3,其起动转矩也是△接法时的 1/3。Y-△ 起动的最大优点是起动控制设备投资少,控制简单。

　　图 2.12 为 Y-△ 起动控制电路。

　　从图 2.12(a)可以看出,Y-△ 起动控制需要 3 个接触器,KM1 用于连接电源,KM2 用于实现 Y 接法,KM3 用于实现△接法。KM2 和 KM3 不能同时通电吸合,否则,主电路将因为主触头同时闭合而造成短路,因此,两个接触器之间必须互锁。在电动机按照 Y 形接法起动的过程中,伴随电动机转速的上升,主电路的电流将逐渐减小,当电流减小到一定值时,应该将Y 形接法转换成△形接法。从 Y 形接法转换成△形接法,可以通过时间继电器来控制,也可以通过电流继电器来控制。图 2.12(b)是通过时间继电器来控制 Y-△ 转换的控制电路。

　　2. 控制电路工作原理分析

　　为了方便复杂控制电路中电器元件的动作过程的描述,现引入电器元件动作程序图。用规定的符号或箭头配以少量文字说明来表述电路的控制原理的描述方法称为电器元件动作程序图,它是分析较复杂的电气控制电路的方法之一。在控制电路图中主要有两类部件:一类是耗电元件,在继电器-接触器控制系统中主要是线圈,线圈有通电和断电两种状态,电器元件动

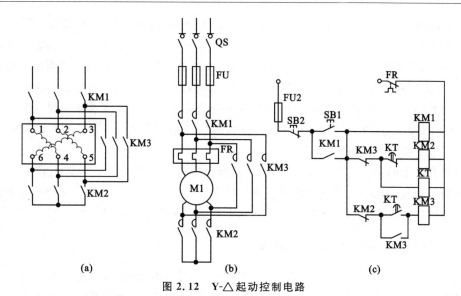

图 2.12　Y-△ 起动控制电路

作程序图中用↑表示线圈通电、用↓表示线圈断电；另一类是触头，触头也有通、断两种状态，电器元件动作程序图中用↑表示触头闭合、用↓表示触头断开。分析时，不强调触头的原始状态如何，主要强调现在的状态。

下面对图 2.12(b) 的起动、停止过程和延时时间调整方法进行分析。

（1）起动过程

① 合上负荷开关 QS，主电路、控制电路电源接通。

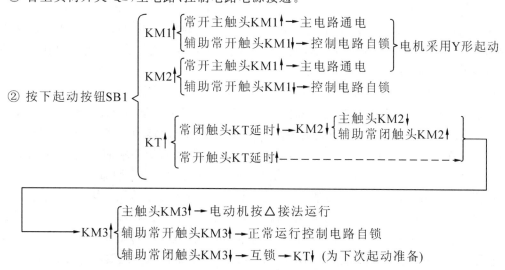

（2）停止过程

按下 SB2，控制电路断电，接触器、时间继电器的吸合线圈均断电释放，控制电路解除自锁，主电路因为接触器 KM1 主触头的断开而断电，电动机停止运转。

（3）延时时间的调整

Y-△ 起动的目的是限制起动电流，但是起动过程太长，不利于提高劳动生产率，而且在电动机转速升高后，不及时将 Y 形接法转换成△形接法，电动机将运行在过电流状态，电动机绕组温度将会升高。由于 Y-△ 起动的转换时间与电动机的容量、电动机拖动的负载的大小有关,因此,时间继电器的延时时间需要根据电动机以及负载的具体情况进行调整。

调整的原则:以起动过程的电流为依据,即电动机由 Y 形接法转换成△形接法时,其转换到△形接法时的电流不大于 Y 形接法时的初始起动电流,又接近于初始起动电流时的时间为最佳延时时间,此时,起动过程最短。特别要强调的是,其他降压起动方法的延时时间的调整原则也应如此。

调整的方法:在设备安装调试时,用钳型电流表监视初始起动电流和转换到△形接法时的电流,并调整时间继电器的延时,经过几次起动过程的调整就能确定该设备的延时时间了。以后正常运行时不必再去调整它。

从时间继电器的调整过程可以看出,用时间继电器来控制起动过程的转换较适合于拖动恒定负载的电动机。当电动机拖动的负载变化较大时,若按重载调整时间继电器,则轻载状态下起动时间过长;若按轻载调整时间继电器,则重载状态下起动时间又过短。

2.2.2　三相异步电动机自耦变压器降压起动

Y-△起动方法的起动转矩仅为直接起动时的 1/3,而且不能调整,当电动机拖动的负载大于 Y 形连接起动时的起动力矩时,电动机将不能起动,因此,Y-△起动不适合于重载起动的场合。如果既要满足设备的力矩要求,同时又需要限制起动电流在允许的范围以内,必须能调整加在电动机定子绕组上的电压,使起动过程中电动机的起动转矩与负载转矩相适应。

自耦变压器的副边有几组抽头,可以输出几种不同的电压。当负载不同时,可以选择不同的起动电压,从而满足不同的负载对起动转矩的要求。因此,采用自耦变压器降压起动广泛运用在电动机的起动控制中。

1. 起动性能与控制原理

当采用自耦变压器降压起动时,若电源电压为 U_e,自耦变压器副边电压为 U_q,K 为变压比,则 $U_q=KU_e$,起动电流为 K^2I_q,起动转矩为 K^2T_q。若选择合适的 K,则可以在自耦变压器副边获得需要的电压。

自耦变压器的变压比可以根据电动机起动的具体需要进行调整,从自耦变压器副边可以获得任意的起动电压,因此,自耦变压器降压起动既可应用于对起动电流限制要求较小的情况,也可应用于对起动电流要求较大的情况,它的起动电流与起动力矩介于 Y-△起动和直接起动之间。在实际应用中,当 Y-△起动不能满足设备的起动转矩要求的情况下,通常采用自耦变压器降压起动。由于需要增加自耦变压器,所以这种起动方法会增加设备投资。

自耦变压器降压起动的控制方法:当电动机起动时,自耦变压器原边接电源,电动机绕组连接在自耦变压器副边。当电动机转速升高后,切除自耦变压器,将电动机绕组直接接入电源。因此,电动机绕组接电源需要一个接触器控制;电动机绕组接自耦变压器时,可以使用两个接触器控制,一个用于自耦变压器与电源的连接,另一个将自耦变压器副边接成 Y 形;也可以将接触器的主触头串联在电动机绕组与自耦变压器副边之间,然后将自耦变压器副边直接接成 Y 形。容量较小的自耦变压器副边可以用接触器的辅助常闭触头接成 Y 形,也可以选择5个主触头的接触器,这样可以减少一个接触器。

2. 控制电路工作原理分析

自耦变压器起动方法一般采用定型产品,根据控制的电动机的容量不同,产品型号也不同。XJ01 型补偿降压起动器适用于 $14\sim28$ kW 的电动机,其控制电路如图 2.13 所示。下面以该型号的补偿降压起动器为例,对自耦变压器降压起动控制电路的控制过程进行分析。

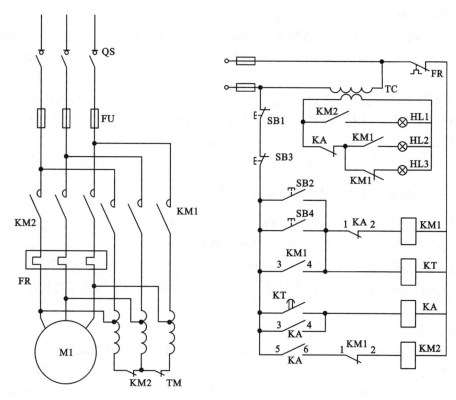

图 2.13 XJ01 型补偿降压起动器原理电路

（1）起动过程

① 合上电源开关 QS，电源接通，控制电路变压器 TC 通电，TC 副边的信号灯 HL3 亮，表示电源已经接通，电动机未起动。

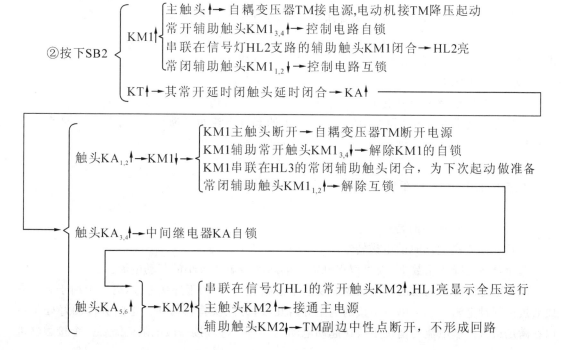

（2）停止过程

按下停止按钮 SB1，控制电路断电，接触器 KM1、KM2 及中间继电器 KA、时间继电器 KT 的吸合线圈均断电释放，控制电路解除自锁，连接在主电路上的接触器的主触头断开，电动机断电停止。

XJ01 型补偿降压起动器有如下特点：电动机容量只能在 28 kW 以下，使用的接触器数量少，电动机正常运行时没有从电路中将自耦变压器完全切除，自耦变压器始终带电，控制电路中使用了两组起动、停止按钮，可以应用于两地控制。

其他型号的补偿降压起动器的控制电路和 XJ01 型有一些差异，但控制原理基本相同。

2.2.3 三相异步电动机定子串电阻(电抗器)降压起动

起动时，定子绕组串入起动电阻，其电压降低，运行时切除起动电阻，电动机在全压下运行，这种方法称为三相交流异步电动机定子绕组串电阻起动。

由于起动过程中所串电阻存在能量损耗，为了节能，也可以用起动电抗器来代替起动电阻，此种方式称为定子绕组串电抗器起动。电抗器造价远高于电阻，采用串电抗器起动将增加初期投资。

1. 起动性能与控制要求

根据串联电路的特点，在电源电压一定的情况下，将电阻串联到电动机定子绕组中，会降低定子绕组上的电压。定子绕组电压的大小与串联的电阻的大小有关。通过调整电阻的大小，可以使电动机定子绕组获得起动需要的电压值和起动力矩，并达到降低起动电流的目的。与自耦变压器降压起动的方法相比较，此种起动方法设备投资少，控制简单，起动方式不受电动机绕组接线形式的限制。如果是采用串电阻起动，该起动电阻还可以作为制动电阻使用，因而适用于要求起动平稳又有制动的情况。在低速电梯的控制系统中，定子回路串电阻起动应用比较广泛。

根据电工理论，定子绕组串电阻降压起动时，定子绕组的电压为

$$U_q = KU_e$$

式中　K——小于1的降压系数；

　　　U_e——电源电压；

　　　U_q——定子绕组的端电压。

由于定子绕组的端电压降低，所以定子绕组的起动电流也会降低，起动电流 I_q' 是直接起动时起动电流 I_q 的 K 倍，即

$$I_q' = KI_q$$

当定子绕组端电压降低时，起动转矩也会下降，其值为：

$$T_q' = K^2 T_q$$

式中　T_q'——降压起动的转矩；

　　　T_q——直接起动时的电磁转矩。

选择合适的降压系数 K，就可以得到需要的起动转矩和较小的起动电流。

定子串电阻降压起动的控制最少需要两个接触器，一个用于连接电源，另一个用于起动完成后短接起动电阻。也可以将串接的电阻分为几段，分几次将其短接。电阻分段的好处是可以在满足最大限制电流的情况下快速起动电动机，但是，每短接一段电阻就需要一个接触器进

行控制,分段越多,控制电路将越复杂。在电动机的控制中,起动电阻常常被应用于制动过程,作为制动电阻来限制制动电流。图 2.14 所示为三相异步电动机定子绕组串电阻降压起动。

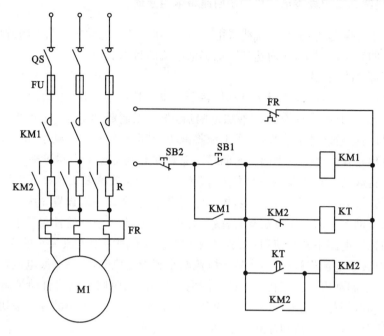

图 2.14 三相异步电动机定子串电阻降压起动

2. 控制电路工作原理分析

(1)起动过程

① 合上开关 QS,控制电路和主电路电源接通。

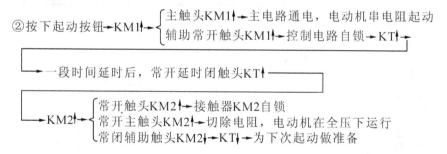

(2)停止过程

按下停止按钮 SB2,控制电路断电,接触器 KM1、KM2 及时间继电器 KT 的吸合线圈均断电,控制电路解除自锁,连接在主电路的接触器主触头均断开,电动机断电停止。

2.3 绕线式三相异步电动机的起动控制

降压起动可以减小起动电流,同时也会降低起动力矩。如果设备需要较大的起动力矩,降压起动就不能满足要求。三相绕线式异步电动机除了可以采用降压起动的方法之外,还可以通过滑环在转子绕组中串接合适的电阻或频敏变阻器来限制起动电流。当串入合适电阻时,还可以获得较大的起动转矩,缩短起动过程。绕线式电动机常常应用在既要求起动电流比较小,又要求起动转矩比较大的设备中,例如起重机的提升机构使用的电动机。

2.3.1　绕线式三相异步电动机转子回路串电阻起动

转子回路串电阻起动,就是在绕线式电动机起动时,通过电动机转轴上的滑环将外部电阻串接在电动机的转子绕组上,从而达到降低起动电流的目的。

1. 起动性能与控制要求

从电机学理论可知,绕线式异步电动机转子绕组串接电阻以后,电动机的机械特性变软,线性区斜率加大。因此,串联合适的外加电阻后,既可限制起动电流,也可以增加起动转矩。但是串联电阻后,随着转速的升高,定子电流将减小,其电磁转矩也将减小,电磁转矩的减小必然会使起动过程延长。为了达到起动时间尽可能短和起动电流冲击尽可能小的目的,可采用在起动过程中将起动电阻逐段切除的方法。起动电阻的级数越多就越接近于恒转矩起动,起动过程越短,起动越平稳。但级数越多,控制电器也越多,所以一般设置 3 级为宜。

逐段切除起动电阻的控制方法有三种:一是用主令控制器或凸轮控制器手动切换,这种方法在起重机的控制电路中常常使用;二是用电流继电器检测转子电流大小的变化来控制电阻的切除,通过对转子电流进行检测,当转子电流减小到设定值时,切除一段电阻,使电流重新增大,这样就可以使起动电流控制在一定的范围内;三是使用时间继电器自动控制电阻的切除,这种方法的起动时间是固定的。图 2.15 为利用电动机转子电流大小的变化来切除起动电阻,图 2.16 为采用时间控制方法切除起动电阻。

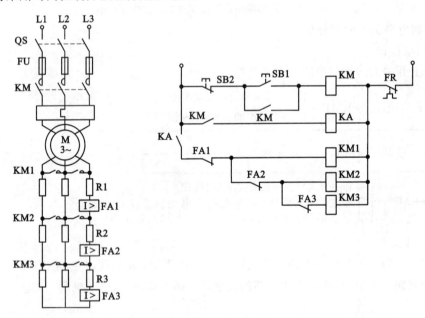

图 2.15　利用电动机转子电流大小的变化来控制起动电阻的切除

2. 控制电路分析

(1) 利用电动机转子电流大小的变化来控制电阻的切除

图 2.15 中,FA1、FA2、FA3 是电流继电器,电流线圈串接在电动机转子电路中,它们的吸合电流相同,一般为额定电流的 2~2.5 倍,释放电流却不相同,FA3 的释放电流调整得最大,FA2 次之,FA1 最小。

起动过程分析如下：

① 合上开关 QS，主电路、控制电路电源通电。

② 按下起动按钮 SB1，接触器 KM 吸合，KM 的主触头闭合，电动机接通电源，电动机转子在串全部起动电阻的情况下运行；辅助触头 KM 闭合，控制电路自锁；另一辅助触头 KM 闭合，中间继电器 KA 吸合，为电流继电器依次闭合 KM3、KM2、KM1 做准备。电动机开始起动时，转子回路串接的电流继电器 KA1、KA2、KA3 全部通电吸合，KA1 的常闭触头断开接触器 KM1、KM2、KM3 吸合线圈的支路，KA2 的常闭触头断开接触器 KM2、KM3 吸合线圈的支路，KA3 的常闭触头断开接触器 KM3 吸合线圈的支路，电动机串全部电阻起动。随着电动机转速的升高，电动机转子回路的电流逐渐减小，转子电流下降到 FA3 的动作整定值时，FA3 首先释放，FA3 的常闭触头复位，接触器 KM3 通电，KM3 的主触头闭合将电阻 R3 短接；电阻 R3 被短接瞬间，转子回路总电阻减小，转子电流立即增大，但随着转速的逐渐上升，转子电流又逐渐减小，减小到 FA2 的整定值时 FA2 释放，FA2 的常闭触头使接触器 KM2 通电，KM2 的主触头将电阻 R2 短接；电阻 R2 被短接瞬间，转子回路总电阻继续减小，转子电流又立即增大，随着转速继续上升，转子回路电流继续减小，当电流下降到 FA1 的整定值时 FA1 释放，FA1 的常闭触头使 KM1 通电，KM1 主触头将电阻 R1 短接，电机切除全部电阻进入稳定运行状态。

（2）采用时间控制方法切除起动电阻

图 2.16 中，KT1、KT2、KT3 是时间继电器，分别控制三个接触器 KM1、KM2、KM3，其动作顺序为 KT3、KT2、KT1。起动过程如下：

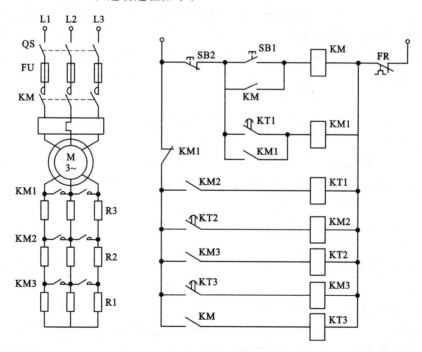

图 2.16 采用时间控制方法切除起动电阻

① 合上电源开关 QS。

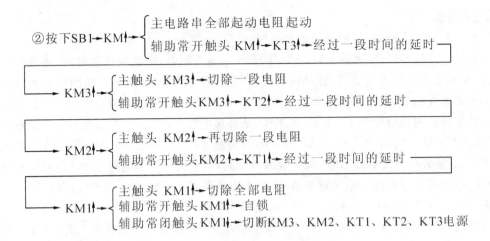

2.3.2　绕线式三相异步电动机转子回路串频敏变抗器起动

在绕线式异步电动机转子绕组串电阻的起动方法中,由于转子电阻的切除是分段进行的,在切除电阻的瞬间定子电流及电磁转矩将突然增大,会产生一定的机械冲击力。如果希望减小冲击,必须增加电阻的级数,使每级电阻值减少,而增加级数将使控制电器的数量增多、起动电阻的体积加大,控制电路将变得复杂,并且会降低控制系统的可靠性。在实际应用中,如果电动机没有调速要求,常采用转子回路串频敏变阻器起动。

频敏变阻器是一种阻抗随频率变化的电器元件。由于转子回路电流的频率为 $f_2 = sf_1$,在电动机的起动过程中,转子回路的频率将随转速的逐渐升高而逐渐降低,频敏变阻器的阻抗能够随着电动机转速的上升、转子电流频率的减小而自动减小。采用转子绕组串频敏变阻器起动可以在增加系统平稳起动的情况下,减少控制电器的使用数量,提高系统的可靠性。

1. 频敏变阻器简介

频敏变阻器是由几片或十几片较厚的钢板或铁板再绕上三组线圈构成的。为了增大阻抗,铁芯为开启式,三个绕组按星形连接后串联在转子电路中,如图 2.17(a)所示。图 2.17(b)为每一相转子回路的等效电路。

图 2.17 中,r_2 为电动机转子绕组的电阻,r_p 为频敏变阻器绕组的电阻,R_{mp} 为频敏变阻器铁损的等值电阻,X_{mp} 为电动机静态时的电抗,s 为转差率,sX_{mp} 为运转时的电抗。

当电动机起动时,频敏变阻器通过转子电路得到交变电动势,产生交变磁通,转子绕组的电抗为 sX_{mp},频敏变阻器铁芯由较厚的钢板制成,在交变磁通作用下会产生很大的涡流损耗和较小的磁滞损耗(涡流损耗占总损耗的 80% 以上),此涡流损耗在电路中以一个等效电阻 R_{mp} 表示。频敏变阻器的电抗 sX_{mp} 和电阻 R_{mp} 与转子绕组内通过的电流的频率有关。在电动机运转过程中,转子电流频率 f_2 与电源频率 f_1 的关系为:$f_2 = sf_1$,其中 s 为转差率。当电动机转速为零时,转差率 $s=1$,即 $f_2 = f_1$;当 s 随着转速上升而减小时,f_2 便下降,频敏变阻器的 R_{mp} 与 sX_{mp} 也相应下降。由此可见,起动开始,频敏变阻器的等效阻抗很大,限制了电动机的起动电流。随着电动机转速的升高,转子电流频率降低,等效阻抗自动减小,从而达到了自动改变电动机转子阻抗的目的,实现了平滑无级起动。当电动机正常运行时,f_2 很低(为 f_1 的 5%~10%),其阻抗很小。另外,在起动过程中,转子等效阻抗及转子回路感应电动势都是由大到小,实现了近似恒转矩的起动特性。

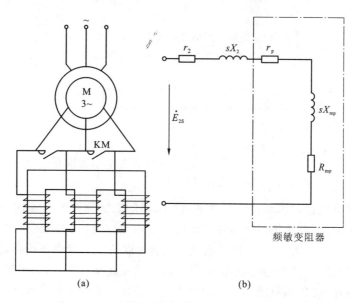

图 2.17 频敏变阻器

2. 转子绕组串频敏变阻器起动控制电路分析

图 2.18 为转子绕组串频敏变阻器起动控制电路。图中 RF 为频敏变阻器,KM1 为连接电源的接触器,KM2 为短接切除频敏变阻器的接触器,KT 为控制起动时间的通电延时型时间继电器,KA 为中间继电器。由于是大电流系统,所以热继电器 FR 接在电流互感器 TA 的二次侧。

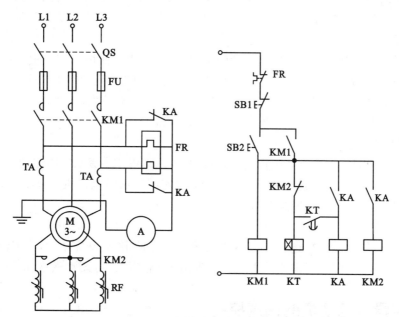

图 2.18 转子绕组串频敏变阻器起动控制电路

起动过程分析如下:

① 合上电源开关 QS。

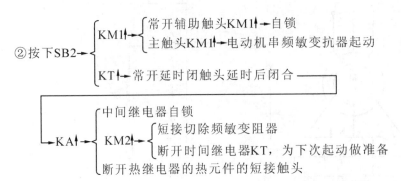

图 2.18 中,热继电器的热元件安装在电流互感器的二次侧有两个原因,一是大容量电动机的主电路电流比较大,要求热继电器热元件的额定电流也要大,如果应用电流互感器,其副边的额定电流为 5 A,热继电器热元件的额定电流就可以按 5 A 及以下选择,另外还可以用一个 5 A 的电流表来观察起动和运行过程中的电流;二是在起动过程中,为了避免起动时间过长而使热继电器误动作,可以用只能通过较小电流的中间继电器 KA 的常闭触头将热继电器 FR 的发热元件短接,起动完成后再接入。

3. 频敏变阻器的调整

选择频敏变阻器要考虑电动机的额定功率、负载特性、起动运行方式等因素。电动机的功率、负载性质或工作方式不同,选择的频敏变阻器的型号也不同。例如,BP1-200、BP1-300 型适用于短时工作制,容量为 22～2240 kW 的传动设备;BP1-000、BP1-400、BP1-500 型适用于反复短时工作制,容量为 2.2～125 kW 的设备。因此,在频敏变阻器选用和调整得当的情况下,电动机可以获得恒转矩的起动特性;反之,则会出现起动电流过大或起动时间过长甚至起动困难的情况。

频敏变阻器是针对一般使用要求设计的定型产品,在实际使用过程中由于使用环境与负载不同,以及不同电动机的参数存在差异,直接使用时电动机的起动特性往往不太理想,所以需要结合电动机的实际使用情况对频敏变阻器进行调整,以充分发挥频敏变阻器的作用,满足电动机的起动要求。调整频敏变阻器主要包括如下内容:

(1) 改变线圈匝数

频敏变阻器线圈大多留有几组抽头,增加或减少匝数将改变频敏变阻器的等效阻抗,可以达到调整电动机起动电流和起动转矩的目的。如果实际使用中电动机起动电流过大,起动过程太短,应增加匝数;反之,应减少匝数。

(2) 磁路调整

如果刚起动时,起动转矩过大,对拖动的机械有剧烈冲击;起动完毕后,稳定转速低于额定转速较多,短接频敏变阻器时电流冲击过大。遇到这些情况时,应调整磁路,增加磁路的气隙。

2.4　三相异步电动机的调速控制

电气设备在工作过程中,根据工作状态的不同,对设备有不同的速度要求。例如,为了提高工作效率,要求起重机的吊钩在吊起重物后要有较快的运行速度;重物在接近目的地时,为了减小停止运行时的机械冲击,速度又要放慢。因此,针对电气设备在不同工作情况下的速度变化要求,需要控制系统采取相应措施,改变电动机的转速,这种在负载过程中改变电动机运行速度的方法称为电动机的调速。三相交流电动机的调速方法有变极调速、变频调压调速和转子回路串电阻调速。转子回路串电阻调速只能应用于绕线式电动机,变极调速、变频调压调速多应用于三相鼠笼式电动机。

2.4.1 三相异步电动机变极调速

变极调速就是在电动机运行过程中改变电动机磁极对数的调速方法。

根据电机学理论,三相电动机的同步转速 $n_1 = \dfrac{60 f_1}{p}$,式中 f_1 为电源频率,p 为磁极对数。当变更电动机定子绕组的磁极对数时,同步转速便会随之改变,进而改变转子转速。

变极调速既可应用于三相鼠笼式电动机,也可应用于三相绕线式电动机。根据电机原理可知,电动机定子电流产生的磁极与转子电流产生的磁极必须对应,鼠笼式电动机转子绕组的磁极可以自动与定子绕组变极前后的磁极对应变化。而对于绕线式电动机来说,在改变定子绕组的磁极时,转子绕组的磁极也要做出相应改变,这往往在生产现场较难实现,因此,变极调速多应用于鼠笼式电动机。

1. 变极调速的控制要求

三相异步电动机往往采用两种方法变更绕组磁极对数:一种是改变每相定子绕组的连接关系;另一种是在定子上设置具有不同磁极对数的两套互相独立的绕组。这两种方法也可以应用在同一台电动机上,以获得较多的速度变化,例如,电梯专用电动机 JTD 系列的变极调速可以实现三速和四速调速。改变每相定子绕组的连接关系实现变极的方法如图 2.20。

图 2.19 为 4/2 极的单绕组双速电动机定子绕组接线示意图,其中图 2.19(a)将电动机定子绕组的 U1、V1、W1 三个接线端子接三相电源,而将电动机定子绕组的 U2、V2、W2 三个接线端子悬空,每相绕组的两个线圈串联,三相定子绕组为△形连接,此时磁极为 4 极,同步转速为 1500 r/min,为低速接法。

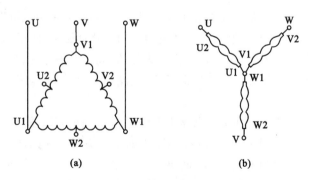

(a) **(b)**

图 2.19 电动机三相定子绕组△/YY 接线图

(a) 低速—△接法(4 极);(b) 高速—YY 接法(2 极)

若要电动机高速工作时,可接成图 2.19(b)形式,将电动机定子绕组的 U2、V2、W2 三个接线端子接三相电源,而将另外 3 个接线端子 U1、V1、W1 分别连在一起,这样连接以后原来三相定子绕组的△形连接立即变为双 Y 连接,此时每相绕组的两个线圈为并联,磁极为 2 极,同步转速为 3000 r/min。此种接法电动机的转速是低速时的 2 倍。

从图 2.19 可以看出,要实现 4/2 极的变化,需要三个接触器,分别用做 4 极速度运行时的电源连接、△-YY 变换和 YY 运行时的电源连接。显然,前一个接触器与后两个接触器分别在不同速度下通电。

　　2. 控制电路分析

　　图 2.20 是变极调速控制电路图。控制电路动作过程分析如下:

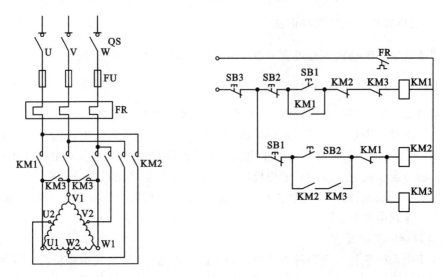

图 2.20　变极调速控制电路图

　　合上电源开关 QS,按下低速起动按钮 SB1,低速接触器 KM1 线圈通电,其触头动作,电动机定子绕组做△形连接,电动机以 1500 r/min 低速起动。

　　当需要换成 3000 r/min 的高速时,按下高速起动按钮 SB2,接触器 KM1 先断电释放,高速接触器 KM2 和 KM3 的线圈同时通电,电动机定子绕组换接成双 Y 形连接,电动机高速运转。为了保证 KM2 和 KM3 同时通电,控制电路的自锁是由 KM1 与 KM2 的辅助常开触头串联来完成的。

　　图 2.20 变极调速的过程是由操作者手动完成的,在实际应用中也可以通过时间继电器自动控制。采用时间继电器自动控制双速电动机的控制电路如图 2.21 所示。

　　图 2.21 中,SA 是转换开关,其操作手柄分为低速、高速和停止三挡。工作原理如下:

　　开关 SA 扳到"低速"挡位,只有接触器 KM1 线圈通电动作,电动机定子绕组接成△接法低速运转。

　　开关 SA 扳到"高速"挡位,时间继电器 KT 线圈首先通电,KT 的瞬时动作触头 KT-1 闭合,使接触器 KM1 的吸合线圈通电,接触器 KM1 的主触头闭合,电动机定子绕组接成△形接法低速起动。经过一段时间延时后,时间继电器的常闭延时开触头 KT-2 断开,使接触器 KM1 断电释放,同时常开延时闭合触头 KT-3 闭合,接触器 KM2 的线圈通电吸合,KM2 的常开辅助触头闭合,进而使 KM3 接触器线圈也通电动作,电动机定子绕组由 KM2、KM3 的主触头接成 YY,电机自动进入高速运转。

　　开关 SA 扳到中间位置,电动机处于停止状态。

2.4.2　三相异步电动机变频变压调速

　　变频变压调速是通过改变作用在三相交流电动机定子绕组的电源电压和频率来改变电动

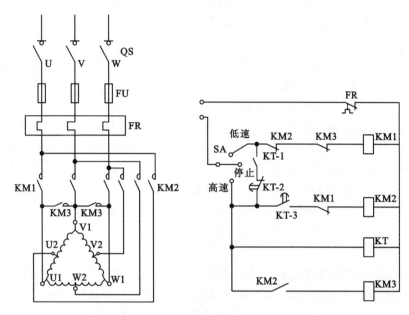

图 2.21 通过时间继电器自动控制变极调速

机转速的调速方法。根据电机学原理,交流电动机的转速公式 $n = 60 f_1 (1-s)/p$,若均匀地改变定子频率 f_1,则可以平滑地改变电机的转速。因此,在各种异步电动机调速系统中,变频调压调速的性能最好,效率最高,是交流电动机调速的主要发展方向。但是,变频调压调速需要变频设备,其技术含量高,维护维修人员需要具备相应的技术素质。

1. 变频调速

(1) 变频调速的基本控制方式

交流电动机的额定频率称为基频。变频调压调速装置可以在基频以上或以下调整,当频率改变时,不仅可以改变电动机的同步转速,也会使电动机的其他参数发生相应的变化。为了使调速系统具有良好的调速性能,变频调压调速装置必须针对不同的调速范围以及使用场所采取不同的控制方式。

① 恒压频比控制方式

在三相异步电机的定子绕组中,感应电动势与电源频率、磁通、绕组匝数有如下关系:

$$E_1 = 4.44 f_1 N_1 K_{\omega 1} \Phi_{\mathrm{m}} \tag{2.1}$$

式中 E_1——定子每相感应电动势的有效值;

       $K_{\omega 1}$——基波绕组系数;

       f_1——定子电源频率;

       Φ_{m}——每极气隙磁通量;

       N_1——定子每相绕组串联匝数。

在忽略定子绕组阻抗压降的情况下,电源电压 $U_1 \approx E_1$。当 U_1 不变时,调低电源频率 f_1,Φ_{m} 将会相应增加。由于电动机在设计制造时为了充分利用铁芯,在额定电压下已使气隙磁通接近饱和。如果 Φ_{m} 增加,就会使磁路进入饱和状态,此时,励磁电流将急剧增大,铁损急剧增加,严重时将导致绕组过热而烧坏。所以,在调速的过程中,随着输入电源的频率降低,必须相

应降低定子电压 U_1，以保证气隙磁通不超过设计值。如果使 U_1/f_1 为常数，则在调速过程中可维持 Φ_m 近似不变，这就是恒压频比控制方式。

②　转差频率控制方式

转差频率是施加于电动机的交流电压频率与电动机速度（电机角频率）的差，在电动机转子上安装测速发电机等速度检测器，可以检测出电动机的速度，这个速度加上转差频率（与要求的转矩相对应）就是逆变器的输出频率。

系统采用转子速度闭环控制，速度调节器将速度设定信号与检测到的电动机实际角速度进行比较，并将偏差信号放大，产生转差频率指令信号。变频器的设定频率即电动机的定子电源频率，为转差频率设定值与实际转子转速的和。当电动机负载运行时，定子频率设定将会自动补偿由于负载所产生的转差，保持电动机的速度为设定速度。与恒压频比控制方式相比，这种方式调速精度大大提高。但是，使用速度传感器求取转差角频率，要针对具体电动机的机械特性调整控制参数，这种控制方式的通用性较差。

③　矢量控制方式

采用矢量控制方式的目的是为了提高变频调速的动态性能。该方式根据交流电动机的动态数学模型，利用坐标变换的手段，将交流电动机的定子电流分解成磁场分量电流和转矩分量电流并分别加以控制，以获得类似于直流调速系统的动态性能，这种方式适合于对动态性能要求较高的应用场合。

（2）变频调速装置的分类

在变频调速过程中，必须同时改变电源的电压和频率，而现有的供电电源均是恒压恒频的电源，必须通过变频装置在改变频率的同时改变电压，因此，变频装置通常又称变压变频装置（Variable Voltage Variable Frequency，简称 VVVF）。

从电路结构上看，变频调速装置可以分为间接变频装置和直接变频装置两大类。

①　间接变频装置

间接变频装置即交-直-交变频装置，首先将工频交流电源通过整流器变换成直流电源，然后再经过逆变器将直流电源变换成电压和频率可变的交流电源。按照电路结构和控制方式的不同，间接变频装置又可以分为三种，如图 2.22 所示。

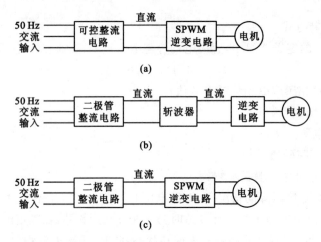

图 2.22　间接变频装置的三种结构形式

　　图 2.22(a)所示的间接变频装置由可控整流电路和逆变电路构成,其中整流电路调节输出电压的大小,逆变电路控制输出交流的频率。由于调压和调频分别在两个环节上进行,两者必须在控制电路上协调配合。这种装置结构简单,控制方便。但是,由于输入环节采用可控整流,当电压和频率调得较低时,电网端功率因数较低。输出环节大多采用由晶闸管组成的三相逆变器,输出谐波较大,这是此类变频装置的主要缺点。

　　图 2.22(b)所示的间接变频装置由二极管整流电路、斩波器和逆变器三部分构成,其中斩波器用于调节输出电压,逆变器用于调节输出频率。与图 2.22(a)相比,采用二极管整流电路提高了输入功率因数,但是多了一个变压环节而使系统的结构变得复杂,同时变频装置的输出仍然存在较大的谐波。

　　图 2.22(c)所示的间接变频装置由二极管整流电路和 SPWM(正弦脉冲宽度调制器)逆变器构成,其中调压和调频全部由 PWM 逆变器完成。由于采用二极管整流电路,其输入功率因数高;采用 SPWM 逆变器,输出波形非常接近正弦波,谐波含量小。随着 IGBT(绝缘栅双极型晶体管)等新型全控器件的出现以及 PWM 技术和计算机控制技术的发展,间接变频技术得到快速发展,应用也日益普及,是目前最有发展前途的一种变频装置。

　　② 直接变频装置

　　直接变频装置的结构如图 2.23 所示,它采用交-交变频电路,只用一个变换环节,直接将恒压恒频的交流电源变换成 VVVF 电源,此种变频装置只能在基频以上变频。根据输出波形,直接变频装置可以分成方波形和正弦波形两种。此类变频装置一般只用于低速大容量的调速系统。

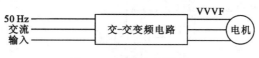

图 2.23　直接变频装置

　　2. 富士 FRENIC 5000G11S/P11S 变频器及其应用

　　变频器的生产厂家和生产型号很多,但各厂家相同类型的产品的功能类似。富士公司FRENIC 5000G11S/P11S 系列低噪音、高性能、多功能变频器的性价比高,在我国各行业应用较为普遍。它包括一般工业用标准系列 400V 0.4kW/FRN 0.4G11S-4CX ～ 220kW/FRN220G11S-4CX 和风机、泵用标准系列 400V 7.5kW/FRN 7.5P11S-4CX ～ 280kW/FRN280P11S-4CX。它把软起动、软停止、输出频率上下限限幅、偏置设定、频率跳跃等功能软件化,并且具有实现 U/f 自动调整、转矩升高自动调整、自动节能运行等实时控制的软件。

　　下面以富士 FRENIC 5000G11S/P11S 变频器为例,介绍变频器在交流电动机调速系统中的应用。

　　① 变频器主要端子、功能特点及功能码介绍

　　图 2.24 为富士 FRENIC 5000G11S/P11S 变频器端子基本接线图。表 2.1、表 2.2 具体说明主电路端子和控制电路端子的功能。变频器控制端子根据功能设定的不同,具有不同的功能和连接方法。功能码的设定通过控制面板来进行。变频器使用情况的优劣取决于功能码设置得是否合理,合理的功能码设置可以使变频器发挥出最大的功效。

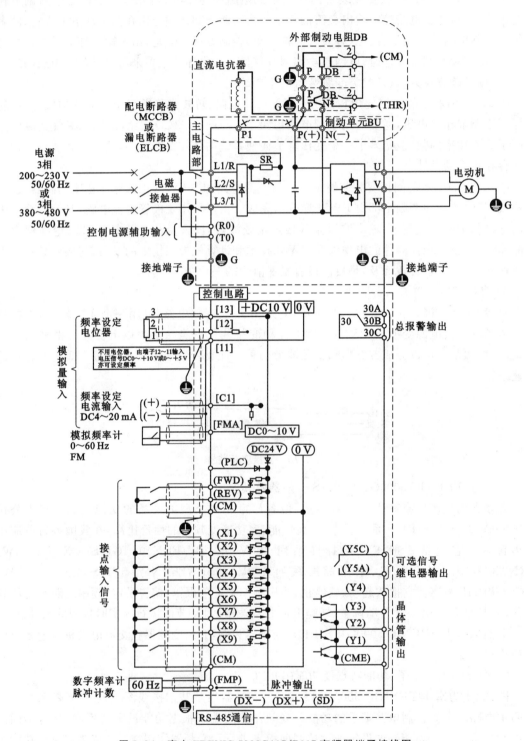

图 2.24　富士 FRENIC 5000G11S/P11S 变频器端子接线图

表 2.1 变频器主电路端子和接地端子功能

端 子 标 记	端 子 名 称	说 明
L1/R,L2/S,L3/T	主电路电源的输入	连接 3 相电源
U,V,W	变频器输出连接	连接 3 相电动机
R0,T0	控制电源辅助输入	连接控制电路备用电源输入(≤0.75 kW 没有),连接于和主电路电源同一的交流电源
P1,P(+)	直流电抗器连接用	连接直流电抗器(选件)
P(+),DB	外部制动电阻连接用	连接外部制动电阻(选件)(≤7.5 kW)
P(+),N(-)	主电路中间直流电路	中间直流电路电压输出,可连接外部制动单元(选件)和电源再生单元(选件)
G	变频器接地	变频器箱体的接地端子,应良好接大地

表 2.2 控制电路端子的功能

分类	端子标记	端 子 名 称	功 能 说 明
模拟量输入	13	电位器用电源	频率设定电位器(1~5 kΩ)用电源(DC+10 V) ①按外部模拟输入电压命令值设定频率 ・DC 0~+10 V/0~100% ・按正、负极性信号控制可逆运行:DC 0~±10 V/0~100%
	12	设定电压输入	・反动作运行:DC+10~0 V/0~100% ② 输入 PID 控制的反馈信号 ③ 按外部模拟输入电压命令值进行转矩控制(P11S 无此功能)
	C1	电流输入	① 按外部模拟输入电流命令值设定频率 ・DC 4~20 mA/0~100% ・反动作运行:DC 20~4 mA/0~100% ② 输入 PID 控制的反馈信号 ③ 通过增加外部电路可连接 PTC
	11	模拟输入信号公共端	模拟输入信号的公共端子
接点输入	FWD	正转运行/停止命令	端子 FWD-CM 间:闭合(ON),正转运行;断开(OFF),减速停止
	REV	反转运行/停止命令	端子 REV-CM 间:闭合(ON),反转运行;断开(OFF),减速停止
	X1	选择输入 1	按照规定,端子 X1~X9 的功能可选择作为电动机自由与外部报警、报警复位、多频率选择等命令信号连接
	X2	选择输入 2	
	X3	选择输入 3	
	X4	选择输入 4	
	X5	选择输入 5	
	X6	选择输入 6	
	X7	选择输入 7	
	X8	选择输入 8	
	X9	选择输入 9	
	PLC	PLC 信号电源	连接 PLC 的输出信号电源[额定电压 DC 24 V(22~27 V)]
	CM	接点输入公共端	接点输入信号的公共端子

续表 2.2

分类	端子标记	端子名称	功能说明
模拟输出	FMA（11，公共端子）	模拟监视	输出模拟电压 DC 0～＋10 V 监视信号 可选择以下信号之一作为其监视内容： ·输出频率值（转差补偿前）——负载 ·输出频率值（转差补偿后）——输入功率 ·输出电流——PID 反馈值 ·输出电压——PG 反馈量 ·输出转矩——直流中间电路电压 ·万能 AO
脉冲输出	FMP(CM，公共端子)	频率值监视（脉冲波形输出）	通过脉冲电压输出监视信号 信号内容和 FMA 信号相同 可连接的阻抗：最小 10 kΩ FMP 端子的输出端由晶体管构成，因此最大可以产生0.5 V 的饱和电压。电压滤波后作为模拟方式使用时，在外部设备进行 0 V 调整
晶体管输出	Y1	晶体管输出 1	变频器以晶体管集电极开路方式输出各种监视信号，如正在运行、频率到达、过载预报等信号。共有 4 路晶体管输出信号
	Y2	晶体管输出 2	
	Y3	晶体管输出 3	
	Y4	晶体管输出 4	
	CME	晶体管输出公共端	晶体管输出信号的公共端子 端子 CM 和 11 在变频器内部相互绝缘
接点输出	30A 30B 30C	总报警输出继电器	变频器停止报警后，通过继电器接点输出 接点容量：AC250V，0.3 A （低电压指令时为 DC 48 V，0.5 A） 可选择在异常时激磁或正常时激磁
	Y5A Y5C	可选信号输出继电器	可选择与 Y1～Y4 端子输出信号同类的信号作为其输出信号 接点容量和总报警继电器相同
通信	DX＋ DX－	RS-485 通信输入/输出	RS-485 通信的输入/输出信号端子，采用菊花链方式可最多连接 31 台变频器
	SD	通信电缆屏蔽层连接端	连接通信电缆的屏蔽层。此端子在电器上浮置

② 变频调速控制电路分析

图 2.25 所示电路为起重机吊钩的变频调速系统，速度为低速、中速、高速三种。变频器选用日本富士 FR5000G11S 系列产品，该产品具有矢量控制功能，电机在整个调速范围内要求恒转矩调速，容量按运行过程中出现的最大工作电流来选择。由于拖动系统对制动要求较高，故选用带有制动单元及制动电阻的变频器，使变频器直流回路的泵升电压保持在允许范围内。

图 2.25 中，KA1 为吊钩的上升信号；KA2 为吊钩的下降信号；KA3 为中速运行信号，对应工作频率为 f_1；KA4 为高速运行信号，对应的工作频率为 f_2；KA5 为低速运行信号，对应工作频率为 f_3；KA6 为紧急停车信号，用于控制抱闸回路；KA7 为起动时频率检测信号控制继电器；KA8 为失压控制；KM 为主电路接触器；SB 为急停按钮。R0、T0 连接在电源控制接触

器前端,确保变频器在故障跳闸或人为停止时能正确显示故障类型。

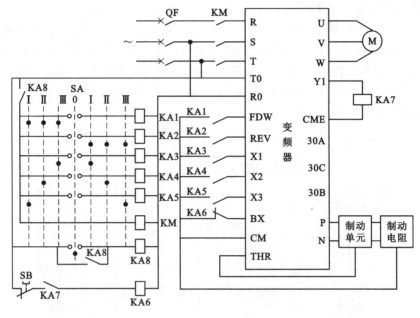

图 2.25　起重机吊钩的变频调速系统

③ 变频器的参数设置

通用变频器的基本频率设定为 50 Hz,最高频率设定为 60 Hz,运行操作指令设定为外部方式,电机的正、反转运行由 FDW 和 REV 来控制,运行操作码 F02 设定为 0 或 1,其频率给定对应 0~10 V 模拟电压信号。其他功能参数设定如下:

起动频率:功能代码为 F23,设定范围为 0.5~5 Hz;

保持时间:功能代码为 F24,设定范围为 0~10 s;

频率检测:功能代码为 E30、E31(画面显示 FAR、FDT1),设定值大于 5 Hz,设定范围为 0~400 Hz;

三种运行速度的频率设定:采用输入端子 X1、X2、X3 及频率控制功能代码 C05~C19 设定,设定范围为 0~400 Hz。

外部报警控制端子 THR-CM:变频器正常运行时为 ON,在运行中断开 THR-CM 端子,变频器立即停止输出,同时输出报警信号。

自由旋转指令 BX:当 BX-CM 为"ON"状态时,变频器立即停止输出,电动机将自由旋转,但不输出报警信号。

2.4.3　绕线式三相异步电动机转子绕组串电阻调速

电动机转子绕组回路的电阻增加时,电动机的同步转速不变,临界转矩不变,机械特性曲线会向下倾斜,因此,绕线式电动机可以通过在转子回路串电阻的方式实现调速控制。

绕线式异步电动机转子串电阻调速的优点是:方法简单方便,容易实现,初期投资少,而且调速电阻还可以兼作起动与制动电阻使用,因而在起重机械的拖动系统中得到广泛应用。它的主要缺点是:调速电阻只能分级调节,级数又不宜太多,所以调速的平滑性差;由于转速上限是额定转速,转子串电阻后机械特性变软,转速下限受静差度限制,调速范围不大;空、轻载时串电阻转速变化不大,因此只适合于负载较重的场合进行调速;在调速过程中,外加电阻要消耗电能,设备的使用成本会增高。

图 2.26 为绕线式电动机转子回路串电阻调速控制电路图。为了使控制电路可靠地工作,控制电路采用直流电源供电;电动机的起动、停止和调速采用主令控制器 SA 控制,触头闭合表见表 2.3(空代表不连通;×代表连通);调速电阻 R1 与 R2 兼做起动电阻使用;KC1、KC2、KC3 为过电流继电器,做过载保护;KT1、KT2 为断电延时型时间继电器,做起动电阻切除控制;KA 做失压保护。电路的工作过程如下:

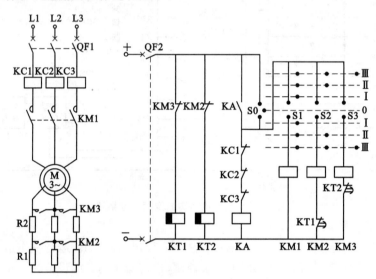

图 2.26　转子回路串电阻调速

表 2.3　触头闭合表

触头 ＼ 挡位	Ⅲ	Ⅱ	Ⅰ	零位
S0				×
S1	×	×	×	
S2	×	×		
S3	×			

① 起动前的准备

合上自动开关 QF1、QF2,将主令控制器手柄置到"0"位,触头 S0 接通。零位继电器 KA 得电,常开触头闭合自锁,此时时间继电器 KT1、KT2 已经得电,常闭触头瞬时打开,控制电路做好起动准备。

② 主令控制器 SA 直接推向"Ⅲ"挡位为起动

将主令控制器 SA 推向"Ⅲ"挡位后,触头 S1、S2、S3 闭合,KM1 得电,主触头闭合,电动机在转子绕组每相串两段电阻的情况下起动,同时 KM1 的常闭触头断开,KT1 失电;当 KT1 经过一段时间后,触头闭合,KM2 得电,一方面 KM2 的主触头闭合,切除电阻 R1,电动机得到加速,另一方面 KM2 的辅助常闭触头断开,KT2 线圈断电;当 KT2 经过一段时间延时后,触头闭合,KM3 线圈通电,主触头闭合,切除电阻 R2,电动机进入全速运转。

③ 主令控制器手柄推向"Ⅰ"或"Ⅱ"挡位为电动机调速控制

当主令控制器的手柄推向"Ⅰ"挡位时,主令控制器的触头只有 S1 接通,接触器 KM2、KM3 均不能得电,电阻 R1、R2 将接入转子电路中,电动机低速运行;当主令控制器的手柄推向"Ⅱ"挡位时,主令控制器的触头只有 S1、S2 接通,接触器 KM2 切除一段电阻,电动机中速运行,实现了三级调速控制。

④ 电动机停车控制

当要求电动机停车时,将主令控制器手柄拨回到"0"位,接触器 KM1、KM2、KM3 均断电,电动机断电停车。

⑤ 保护环节

电路中的零位继电器 KA 起失压保护作用,电动机每次起动前必须将主令控制器的手柄扳回到"0"位,否则电动机无法起动;KC1、KC2、KC3 作过流保护,正常时其常闭触头闭合。若出现过流,其常闭触头断开,中间继电器 KA 线圈断电,使接触器 KM1、KM2、KM3 线圈断电,电动机断电停止。

2.4.4　涡流制动器调速

绕线式电动机在转子回路串电阻的运行状态下,如果在电动机轴上添加一个由涡流制动器产生的制动力矩,电动机的转速会因负载的变化而发生变化,电动机串入的电阻越大,产生的转速变化越大,这种调速方法称为涡流制动器调速。

1. 涡流制动器调速的原理

根据电机学的理论,绕线式三相交流异步电动机的转子串电阻以后,特性会变软。串入的电阻越大,特性越软,负载变化带来的转速变化就越大。图 2.27 为转子回路串电阻的机械特性。

图 2.27 中,如果电动机运行在转子串 R_{P2} 的特性上,负载为 T_L,对应的工作点为 a 点。若在转子拖动负载的基础上添加一个负载力矩,使工作点从 a 点变化到 b 点,则转速将从 n_a 下降到 n_b。

涡流制动器调速就是通过在电动机轴上添加一个由涡流制动器产生的制动转矩,使电动机的运行速度发生改变的调速方法。

2. 涡流制动器的结构

图 2.28 为涡流制动器结构示意图。涡流制动器由两部分构成,一部分是由静止的线圈和铁芯构成,线圈接入直流电源产生恒定磁场;另一部分是随电动机转子一起转动的制动铁芯,工作时产生涡流制动力矩。其工作原理为:当铁磁材料构成的制动铁芯在磁场中转动时,制动铁芯将切割磁力线产生涡流,该涡流在磁场中又会受到磁场力的作用,产生制动力矩。涡流制动器产生的制动力矩的大小与制动铁芯转动的速度有关,与产生磁场的直流电流的大小有关。制动铁芯转速越快,制动力矩越大;直流电流越大,产生的磁场越强,制动力矩也越大。实际应用中,直流电流常常从转子绕组中获取,其制动力矩与转子电流有关,所以采用涡流制动器调速可以获得平稳的过渡过程。图 2.29 所示为电动机引入涡流制动器之后的机械特性曲线。

3. 涡流制动器调速控制系统分析

图 2.30 所示为涡流制动器调速的控制电路,涡流制动器的电源引自两个部分,一部分引

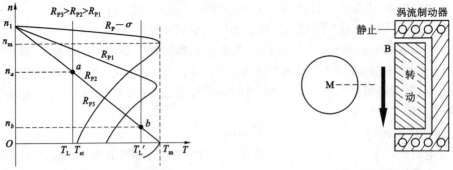

图 2.27　转子回路串电阻的机械特性　　　　　　　图 2.28　涡流制动器

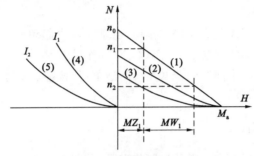

图 2.29　引入涡流制动器之后的机械特性曲线

MZ_1—负载力矩;MW_1—涡流力矩;曲线(1)—电机串电阻特性;曲线(4)、(5)—涡流制动器特性;
曲线(2)—曲线(1)、(4)的合成特性;曲线(3)—曲线(1)、(5)的合成特性

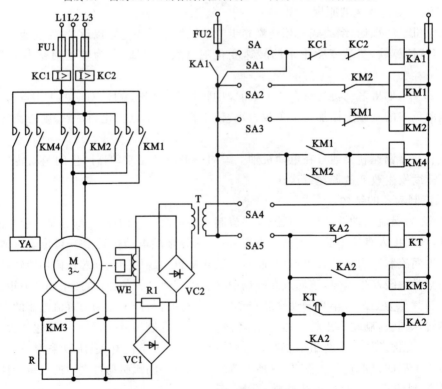

图 2.30　涡流制动调速

自外部电源,另外一部分从转子回路引入,两个电源经过整流电路变换为直流电压串联相加以后作用在涡流制动器上。引入转子电压的原因是:电动机起动时转速低,涡流制动器的制动力矩小,起动时转子电压大,转子电压与外部电压叠加作用在涡流制动器上,可以提高涡流制动器的制动转矩,减少起动力矩过大产生的机械冲击;另外,当主令控制器 SA 从Ⅰ挡变化到Ⅱ挡或直接推向Ⅱ挡时,可以延长速度变化的时间,减少速度变化过程中的冲击。

控制电路使用主令控制器来控制,主令控制器的触点闭合情况见表 2.4。

表 2.4 SA 触头闭合表

触点	上升		零位	下降	
	Ⅱ	Ⅰ		Ⅰ	Ⅱ
1			×		
2	×	×			
3				×	×
4		×		×	
5	×				×

控制系统工作情况如下:

SA 置于零位,中间继电器 KA1 通电吸合,KA1 的常开触头闭合,控制电路得电自锁,实现零位保护。

将 SA 置于下降Ⅰ挡,触点 SA3、SA4 闭合。SA3 闭合时,使接触器 KM2 通电吸合,KM2 的主触头闭合接通电动机的电源,KM2 的辅助常闭触头断开,互锁上升接触器 KM1、KM2 的辅助常开触头闭合,接通接触器 KM4 的吸合线圈,KM4 的主触头闭合使抱闸装置 YA 松闸。SA4 闭合时,将变压器 T 的原绕组接入电源,连接在变压器 T 副边的涡流制动器通电制动调速。此时,电动机 M 转子串电阻,涡流制动器接入进行调速。

将 SA 置于下降Ⅱ挡,触点 SA3、SA5 闭合。SA3 闭合时,控制过程同下降Ⅰ挡情况。SA5 闭合时,使时间继电器 KT 开始通电延时,经过一段时间后常闭延时闭触头 KT 闭合,中间继电器 KA2 通电吸合。中间继电器的常闭触头 KA2 断开了时间继电器 KT,为下次动作做准备;并联在时间继电器的延时触头 KT 上的常开触头 KA2 闭合,控制电路自锁;串联在接触器 KM3 上的常开触头 KA2 闭合,接触器 KM3 通电吸合。KM3 通电吸合后切除了转子回路的电阻。

4. 液压推杆制动器调速

在起重机的控制系统中,除了使用涡流制动调速之外,也有使用液压推杆制动器调速的情况,其工作特性与涡流制动器调速类似,不同的是液压推杆制动器调速是利用机械制动力矩实现调速。液压推杆制动器调速系统主要应用在吊钩下降的控制过程中,其液压电动机的电源常常引自拖动电机的转子回路,起动时转子回路电压最高,液压电动机上的电压也最高,制动力矩则最小。图 2.31 所示为吊钩电动机的控制电路。

液压推杆制动调速电路分析:

图 2.31 中,当 SA1 从中间扳向下降 1 挡时,下降接触器 KM12 通电吸合,电动机 M1 定子绕组接反相序电源,转子绕组串 4 段附加电阻 R1~R4 反向起动,继电器 KA1 的线圈(因 KM12 辅助常开触头闭合,KM13 没有动)通电吸合,常闭触头 KA1-1 断开,M5 脱离主电源;

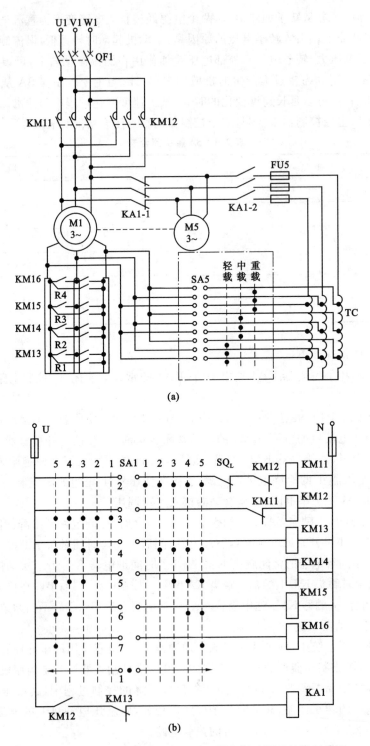

图 2.31　起重机吊钩电动机采用液压推杆制动调速的控制电路

而常开触头 KA1-2 闭合,使制动电动机 M5 经过调压器 TC、转换开关 SA5 并联在 M1 转子绕组电路上,因 M1 起动初始转子绕组的感应电动势较高,频率也较高,M5 起动松开抱闸装置,M1 起动加速。

　　若此时是重载,负载为位能性负载,重物将拖着电动机加速,随着电动机 M1 加速,转子绕组的感应电动势将减小,频率也降低,M5 的转速降低,液压推杆制动器的油缸压力下降,制动器闸瓦又开始逐渐抱紧,M1 的下降速度不会升高,起制动调速的作用。此时,转子回路串 4 段电阻,电流也较小。

　　M1 的转子电压比电源电压低,为了使 M5 的工作电压尽量接近额定电压,故用调压器 TC 升压后供给 M5,TC 有 3 组抽头,可以根据负荷情况用 SA5 选择,重载时选择变比较小的抽头,使 M5 的电压较低,转速也较低,制动器的机械制动转矩增大而进一步减慢重载下降速度。

　　用液压推杆制动器进行机械制动时,提升电动机输出的机械能和负载的位能都消耗在闸瓦与闸轮之间的摩擦上,因而闸瓦发热严重;另一方面,推杆制动器的电动机工作在低电压和低频率状态,制动时间过长会使其过热而烧坏,因此,重物距离就位高度小于 2 m 时才允许使用这种制动调速方法。

2.5　电动机的制动

　　将电动机从运转状态转变为停止状态的过程,称为电动机的制动。电动机的制动方式有机械制动和电气制动两种。机械制动是利用机械摩擦阻力强制断电后的电动机停止转动;电气制动是在电动机内产生一个与原来运动方向相反的电磁转矩,强迫电动机减速,直到停车。

2.5.1　机械制动

　　机械制动是利用机械抱闸装置在抱闸时产生的机械摩擦阻力迫使电动机停止转动的一种制动方法。机械抱闸装置有多种,针对电动机拖动的生产机械的不同性质和特点,应采用不同的机械抱闸装置。

　　1. 机械抱闸制动装置分类

　　机械抱闸装置通常由闸架、闸轮和驱动装置三部分组成。

　　根据驱动装置的不同,机械抱闸装置分为液压驱动和电磁铁驱动。液压驱动是利用液压装置驱动抱闸机构实现松闸或抱闸;电磁铁驱动是利用通电线圈产生的电磁力来驱动抱闸机构实现松闸或抱闸。采用电磁铁驱动的机械抱闸装置通常称为电磁抱闸制动器,驱动抱闸机构动作的电磁铁称为制动电磁铁;采用液压驱动的机械抱闸装置称为液压推杆制动器。

　　按照驱动装置行程的长短不同,分为长行程制动器和短行程制动器。长行程制动器的杠杆较长,驱动装置的行程也较长,因此能产生较大的制动力矩,它适合于需要较大制动转矩的场合。长行程制动器因力矩过大会使杠杆铰接处磨损、机构变形,其可靠性会降低。同时,制动器的尺寸比较大,松闸与抱闸较缓慢,工作准确性差。短行程制动器的特性与长行程正好相反。在起重设备中,长行程制动器常应用于需要较大制动转矩的起升机构上,短行程制动器常应用于要求制动力矩较小的行走机构上。

　　按照操纵机构是通电抱闸还是断电抱闸,机械制动装置分为通电制动型和断电制动型两种。通电制动型是指驱动装置通电时闸轮处于抱紧状态,不能自由转动;驱动装置断电时闸轮处于自由状态。断电制动型与通电制动型正好相反。

2. 长行程制动器的结构及工作原理

（1）弹簧式长行程电磁铁双闸瓦制动器

图 2.32 为弹簧式长行程电磁铁双闸瓦制动器结构原理图。图中拉杆 4 两端分别连接于制动臂 5 和三角板 3 上，制动臂 5 和套板 6 连接，套板的外侧装有主弹簧 7。电磁铁通电时，抬起水平杠杆 1，推动主杆 2 向上运动，使三角板 3 绕轴逆时针方向转动，弹簧 7 被压缩。在拉杆 4 与三角板 3 的作用下，两个制动臂分别左右运动，使闸瓦离开闸轮。当需要制动时，电磁线圈断电，靠主弹簧 7 的张力使闸瓦抱住闸轮产生制动力矩。

这种制动器结构简单，能与电动机的操作电路联锁，工作时不会自振，制动力矩稳定，闭合动作较快，它的制动力矩可以通过调整弹簧的张力进行较为精确的调整，安全可靠，在起升机构中应用较为广泛。

（2）液压推杆式长行程双闸瓦制动器

图 2.33 为液压推杆式长行程双闸瓦制动器结构原理图。制动器由制动臂、拉杆、三角板等组成的杠杆系统与液压推动器组成。

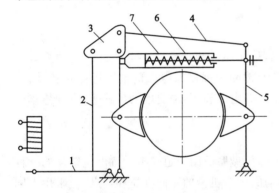

图 2.32　弹簧式长行程电磁铁双闸瓦制动器
1—水平杠杆；2—主杆；3—三角板；4—拉杆；
5—制动臂；6—套板；7—主弹簧

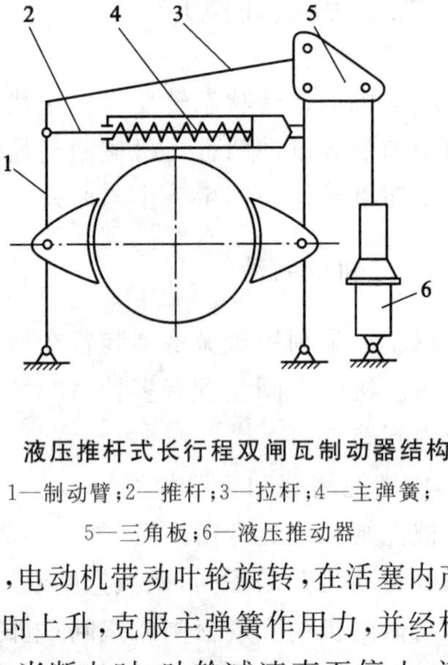

图 2.33　液压推杆式长行程双闸瓦制动器结构原理图
1—制动臂；2—推杆；3—拉杆；4—主弹簧；
5—三角板；6—液压推动器

液压推动器由驱动电动机和离心泵组成。通电时，电动机带动叶轮旋转，在活塞内产生压力，迫使活塞迅速上升，固定在活塞上的推杆及横架同时上升，克服主弹簧作用力，并经杠杆作用将制动瓦松开。当断电时，叶轮减速直至停止，活塞在主弹簧及自重作用下迅速下降，使油重新流入活塞上部，通过杠杆将制动瓦紧抱在制动轮上，达到制动。

液压推杆式长行程双闸瓦制动器的性能良好，具有起动与制动平稳、无噪音、寿命长、接电次数多、结构紧凑和调整维修方便等优点，在起重机控制系统中得到了广泛的应用。

3. 弹簧式短行程制动器的结构及工作原理

图 2.34 为弹簧式短行程电磁铁制动器的结构原理图。制动器的抱闸是靠主弹簧 1 与框形拉杆 2 使左右制动臂 7、8 上的闸瓦压向制动轮。当电磁铁通电时，衔铁 5 闭合，压住主弹簧 1，使左制动臂 7 向外摆动，同时副弹簧

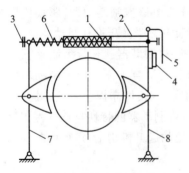

图 2.34　弹簧式短行程制动器
的结构及工作原理
1—主弹簧；2—框形拉杆；3—推杆；4—铁芯；
5—衔铁；6—副弹簧；7、8—左、右制动臂

6 使右制动臂 8 向外摆动,实现松闸。

弹簧式短行程电磁铁制动器动作迅速,制动行程小,制动冲击较大,在起重机控制系统中会使起重机桥架剧烈振动,所以这种制动器多用于重量较小的小车和大车行走机构上。

4. 机械制动控制电路分析

图 2.35、图 2.36 分别为断电制动与通电制动的控制电路。

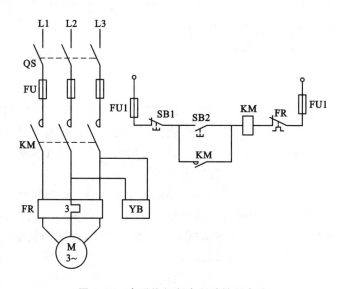

图 2.35 电磁抱闸断电制动控制电路

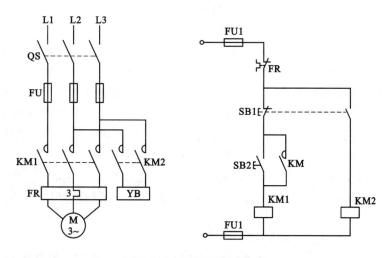

图 2.36 通电制动控制电路

断电制动控制电路如图 2.35 所示。YB 为制动器的电磁抱闸控制线圈。当接触器 KM 通电时,电动机与电磁抱闸系统同时接通电源,抱闸装置松开,电动机转动。当接触器 KM 断电时,电动机与电磁抱闸系统同时断电,抱闸系统在弹簧的作用下,闸轮被闸瓦紧紧抱住,电动机被迅速制动停转。

当重物被吊到目的位置时,按下 SB1,电动机断电,电磁抱闸立即动作,使电动机迅速制动停转,重物被准确定位。另外,起重机在工作过程中出现任何意外断电时,断电制动方式都将迅速制动,可以防止重物失控下滑而造成事故。

通电制动控制电路如图 2.36 所示。由于抱闸系统的通电与电动机的通电是相反的,所以必须由两个接触器分别对其进行控制,接触器 KM1 控制电动机的运行,KM2 控制电磁抱闸。当按下 SB1 时,KM1 断电,电动机脱离电源,而 KM2 会通电,电磁抱闸通电动作,使电动机立即制动停转。松开 SB1 后,电磁抱闸又断电,制动结束。显然,使用断电松闸的制动器只能使用在拖动平移性负载的电动机上,如果电动机拖动的是位能变化的负载,若电源断电,电动机会因为制动器不能工作而造成下滑失控事故。

2.5.2 电气制动

电气制动就是在制动过程中,在电动机内部产生一个与原来转动方向相反的制动力矩,使电动机迅速减速停车。电气制动有反接制动、能耗制动等方式。在制动过程中,无论采取哪种电气制动方式,都必须在电动机转速减小到一定程度时迅速取消电气制动,并且在位能性负载的拖动系统中,电气制动结束后必须迅速转换为机械制动。

在电气制动过程中,电流、转速、时间三个参量都在变化,可以取某一变化参量作为电气制动结束的控制信号,以便及时取消电气制动力矩。

由于负载变化和电网电压波动对电动机电流的影响较大,以电动机的电流作为制动结束的控制信号的控制方式一般不被采用;以制动过程的时间作为控制制动过程的变化参量,其控制电路简单,但是,实际制动时间的长短与电动机拖动的负载大小有关,所以它只适合于负载不变或负载变化不大、制动时间可以准确设定的场合;以速度为变化参量,可以准确地反映是否应该取消电气制动力矩,这在实际控制过程中使用较为广泛。

1. 反接制动控制电路分析

在电动机运行的过程中,改变定子绕组连接的电源相序,会使定子绕组产生的旋转磁场反向,转子将受到与旋转方向相反的制动力矩作用,并迅速减速直到转速为零,这种方法称为反接制动。反接制动要求在制动时改变电源的相序,电动机转速减小到接近零转速时,应将电动机电源切除,否则,电动机将反向起动。反接制动的优点是制动迅速、制动时间短,缺点是能量损耗大、制动时冲击力大、制动准确度差,适用于生产机械要求迅速停车或迅速反向的场所。反接制动常采用速度继电器检测转速信号,以转速为变化参量进行控制。

反接制动时,电动机定子绕组流过的电流相当于全电压直接起动时电流的 2 倍,为了限制过大的制动电流对电动机的影响和过大的机械冲击力,通常在制动过程中将电阻串入定子电路中。

（1）单向运行反接制动控制电路

图 2.37 为三相笼型异步电动机单向运行反接制动的控制电路。图中 KM1 为电动机起动运转接触器,KM2 为反接制动接触器,KS 为速度继电器,R 为反接制动电阻。

控制电路工作过程分析如下:

起动时,合上电源开关 QS,按下起动按钮 SB2,接触器 KM1 得电并自锁,电动机在全压下起动运行。当转速升到整定值(通常为大于 120 r/min)以后,速度继电器 KS 的常开触头闭合,为制动接触器 KM2 的通电做好准备。

停车时,按下停车按钮 SB1,KM1 断电释放,KM2 线圈通电动作并自锁,KM2 的常开主

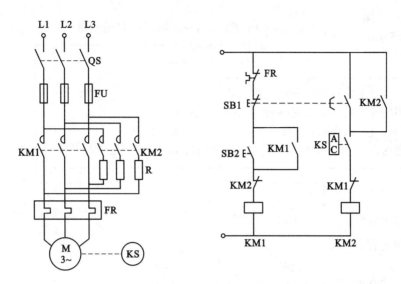

图 2.37 单向运行反接制动控制电路

触头闭合,改变了电动机定子绕组中电源的相序,电动机在定子绕组串入电阻 R 的情况下反接制动,电动机转速迅速下降。当转速低于 100 r/min 时,速度继电器 KS 复位,KM2 线圈断电释放,制动过程结束。

(2) 双向运行电动机反接制动控制电路

图 2.38 为三相鼠笼式异步电动机双向运行降压起动反接制动控制电路。图中 KM1、KM2 为正、反转接触器,接触器 KM3 用于短接起动电阻,电阻 R 既可以用作限制反接制动电流的电阻,也作为限制起动电流的电阻之用,KA1～KA4 为中间继电器。

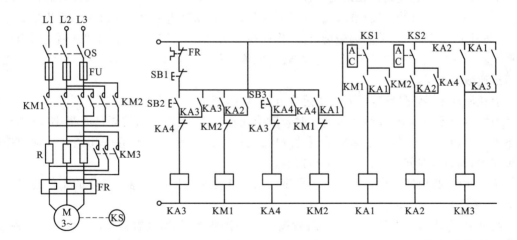

图 2.38 三相鼠笼式异步电动机双向运行降压起动反接制动控制电路

控制电路的工作过程分析如下:

正向起动控制过程:

① 合上电源开关 QS;

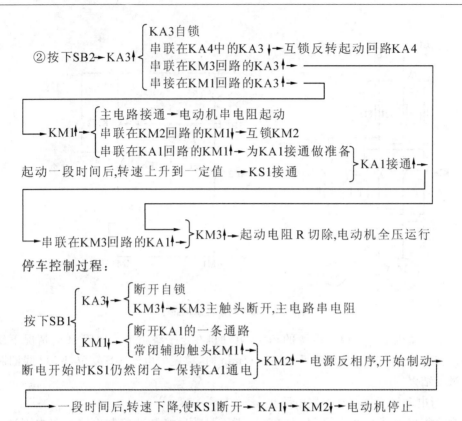

停车控制过程:

反向起动的制动过程按反向起动按钮 SB3,其起动和制动停车过程与正转时相似。

2. 能耗制动控制电路分析

能耗制动就是把电动机在运动过程中储存在转子中的机械能转变为电能,又消耗在转子电阻上的一种制动方法。实现能耗制动的方法是在电动机断电后将定子绕组与直流电源相连接,电动机中将产生一个静止的磁场,此时作惯性运动的电动机转子绕组因切割磁力线而在其内产生转子感应电动势和转子感应电流,转子电流与静止磁场相互作用,产生制动力矩,使电动机迅速减速停车。

能耗制动中,转子转速越高,转子感应电流越大,产生的制动力矩也越大,当转速为零时,制动力矩也为零。因此,在转速未到零时若取消能耗制动,此时制动转矩已经很小,对制动影响不大。当转速为零时,若仍未取消制动,电动机也不会反转。所以,在采用能耗制动的控制系统式中,通常以时间为变化参量进行控制。

图 2.39 为按时间原则控制的三相异步电动机能耗制动控制电路。电路的工作情况分析如下:

起动时,首先合上电源开关 QS,然后按下起动按钮 SB2,则接触器 KM1 动作并自锁,其主触头接通电动机主电路,电动机在全压下起动运行。

停止时,按下停止按钮 SB1,SB1 的常闭触头断开,KM1 断电,电动机电源断开;SB1 的常开触头闭合,接触器 KM2 和时间继电器 KT 得电,由 KM2 的辅助常开触头和 KT 的瞬时动作的常开触头串联的支路自锁 KM2,同时 KM2 的主触头闭合,给电动机两相定子绕组送入直流电流,进行能耗制动。经过一定时间后,KT 常闭延时开触头断开,KM2 失电,切断直流电源,并且 KT 失电,为下次制动做好准备。显然,时间继电器 KT 的整定值即制动过程的时间。

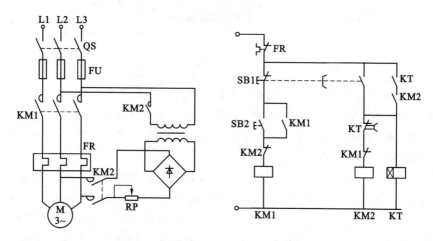

图 2.39　按时间原则控制的三相异步电动机能耗制动控制电路

电路中 KM1 和 KM2 互锁,目的是防止交流电和直流电同时加入电动机定子绕组,电阻 RP 用来调整直流电流的大小。

图 2.40 为按速度原则控制的正反转能耗制动控制电路。图中 KM1、KM2 分别为正、反转接触器,KM3 为制动接触器,KS 为速度继电器,KS1、KS2 分别为正、反转时对应的常开触头。

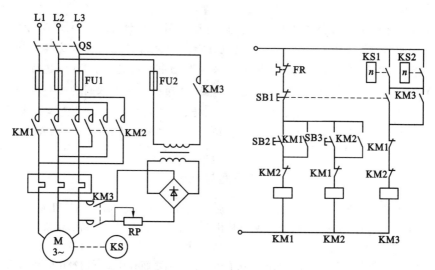

图 2.40　按速度原则控制的正反转能耗制动控制电路

电路的工作过程分析如下:起动时,首先合上电源开关 QS,根据需要按下正转按钮或反转按钮,相应的接触器 KM1 或 KM2 线圈通电并自锁,电动机正转或反转。当转速升高到一定值时,速度继电器触头 KS1 或 KS2 闭合,为停止时的能耗制动做准备。

停车时,按下停车按钮 SB1,使 KM1 或 KM2 线圈断电,SB1 的常开触头闭合,接触器 KM3 线圈通电动作并自锁,电动机定子绕组接入直流电源进行能耗制动,转速迅速下降。当转速下降到一定值时,速度继电器 KS 的常开触头 KS1 或 KS2 断开,KM3 线圈断电,能耗制动结束。

能耗制动的特点是:制动电流较小,能量损耗小,制动准确,但其制动过程时间太长,并且需要附加直流电源,所以它适合于要求平稳制动的场合。

小　　结

本课题对继电器-接触器控制电路的基本环节进行了分析。

(1) 电动机的运行有点动和长动控制,有单向运行和双向运行控制。长动控制是通过自锁来实现的,自锁的方法有机械自锁和电气自锁两种方式。点动是控制电动机短时运行,必须避开电动机自锁。

(2) 电动机在起动控制中,应注意避免过大的起动电流对电网及传动机械的冲击作用,小容量电动机(通常在 10 kW 以内)允许采用全电压直接起动控制方式,鼠笼式大容量电动机应采用降压起动。降压起动方式有星形-三角形起动、自耦变压器降压起动、定子回路串电阻起动等,起动过程中的状态换接可以采用时间继电器控制。绕线式电动机通常采用转子回路串电阻起动,起动过程中的状态换接既可以采用时间继电器控制,也可以采用定子电流控制。

(3) 交流电动机的调速有变极调速、变压变频调速、转子回路串电阻调速、涡流制动调速。其中转子回路串电阻调速只适合于绕线式电动机。变压变频调速能产生较好的调速特性,但是需要专门的调频装置,投资高。涡流制动调速在起重机控制系统中应用较为广泛。

(4) 制动有机械制动和电气制动。机械制动是利用机械摩擦产生制动力矩,电气制动是利用电磁转矩产生制动转矩。常用的电气制动方式有能耗制动和反接制动。反接制动效果显著,冲击大,制动电流也大,应考虑限制制动电流并避免反向再起动。能耗制动是在定子绕组通入直流电流,转子产生制动转矩,电动机转速越低制动转矩越小。

(5) 电动机运行中的点动、连续运转、正反转、自动循环以及变极变速控制等单元电路通常是采用主令电器、控制电器以及控制触头按一定逻辑关系的不同组合来实现的。

思考题与习题

2.1　控制电路图共有几种? 它们之间有什么区别? 结合实际说明每种电路图的用途。

2.2　电动机点动控制与长动控制的关键环节是什么? 图 2.5(b)利用了按钮的什么特点来实现长动与点动控制?

2.3　什么是互锁控制? 实现互锁控制的方法有哪些? 它们之间有什么不同? 在电动机双向运行控制中,能否不使用互锁?

2.4　电动机常用的保护环节有哪些?

2.5　为什么要对电动机失压加以保护?

2.6　图 2.10 中,如果电动机已经在一个方向下运行,当按下另外一个方向的起动按钮后,电动机将经历哪些运行状态?

2.7　试比较 Y-△起动与自耦变压器降压起动各有什么优点? 各应用于什么场合?

2.8　简述频敏变抗器的工作原理。

2.9　鼠笼式电动机能否采用转子回路串电阻调速? 为什么?

2.10　某变极调速系统,当电动机从 2 极变换为 4 极时,发现电动机转速迅速下降并反向起动。试问这是什么原因?

2.11 分析图2.41所示控制电路,说明这些电路都存在什么问题? 如果按下按钮 SB1、SB2 会出现什么情况?

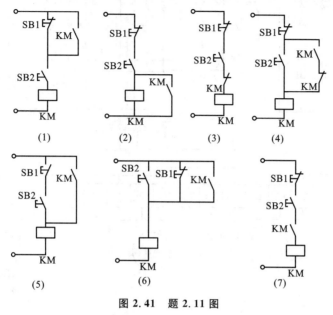

图 2.41 题 2.11 图

技 能 训 练

项目1 三相异步电动机双向运行直接起动控制电路的安装与调试

1. 实训目的
(1) 熟悉常见的低压电器;
(2) 了解异步电动机基本控制电路的控制环节;
(3) 了解安装图与原理图的关系,掌握控制电路图的识读方法;
(4) 了解控制电路的安装工艺过程。
2. 实训所需设备与低压电器(见表2.5)

表 2.5

序号	名 称	数量	序号	名 称	数量
1	三组合按钮	1	6	接线端子排	1
2	热继电器	1	7	电动机	1
3	接触器	2	8	电器安装木板(500 mm×600 mm)	1
4	隔离开关	1	9	电线	
5	熔断器	3	10	电工工具	1

3. 实训安装图与原理电路图
图 2.42 为电气安装图,电气原理图见图 2.10。
4. 控制电路的安装步骤
(1) 阅读电气原理图和电气安装图

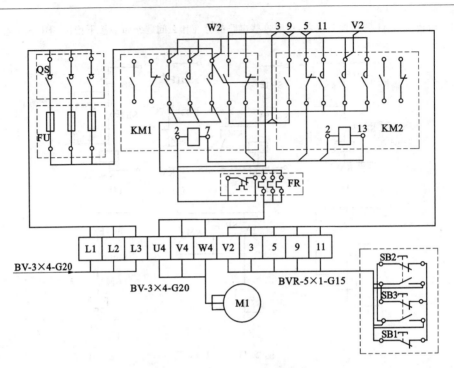

图 2.42　电动机双向运行直接起动控制电路安装图

实训前仔细阅读原理图和安装图,弄清安装图与原理图之间的关系,明确每一个低压电器的安装位置和每一根导线的连接位置及端子编号。

(2) 在安装板上绘制安装接线图

在安装木板上按照图 2.42 绘制安装接线图。

(3) 安装

① 检查低压电器的型号、规格是否符合设计图纸的要求,低压电器是否完好;

② 按照安装图的位置要求,牢固固定各低压电器,并按要求留出各低压电器之间的间距;

③ 连接主电路;

④ 连接控制电路;

⑤ 检查接线是否正确。

5. 接线过程中应注意的问题

(1) 接线端子应该安装在螺栓的压线板下面;

(2) 导线端子的裸露导体部分尽可能短;

(3) 多股软导线的端子必须烫锡或压接接线端子;

(4) 多根导线的连接置于端子排上的指定位置;

(5) 每根导线的端子按照图纸套上编号;

(6) 导线按照安装图指定位置安装布置,走线时要横平竖直,绑扎整齐,多根导线绑扎在一起时不得交叉缠绕。

6. 控制电路的通电调试

安装完毕经指导教师检查无误以后,进行通电试运行。步骤如下:

(1) 合上刀开关 QS,接通三相交流 220 V 电源;

（2）按下 SB2 使电动机起动旋转,观察并记录电动机的转向,自锁和联锁触头的通断状态;

（3）按下按钮 SB1,观察并记录电动机 M 的运转状态,自锁和联锁触头的通断状态;

（4）再按下 SB3,观察并记录电动机 M 的转向,自锁和联锁触头的通断状态;

（5）再很轻地按下 SB2（即不按到底）,观察电动机状态有何变化。想想为什么?

7. 讨论

（1）安装图与原理图绘制有什么不同? 只有安装图,没有原理图能否正确安装?

（2）端子编号有什么作用? 如何编号?

（3）按钮触头的动作过程与接触器触头的动作过程有什么不同?

（4）自锁与互锁有什么作用?

详细的安装、调试方法见课题 7。

项目 2 三相异步电动机 Y-△降压起动

1. 实训目的

（1）掌握三相异步电动机 Y-△起动控制电路的控制方法;

（2）熟悉空气阻尼式时间继电器的结构、原理及使用方法;

（3）培养电气线路安装操作能力。

2. 实训设备和器件（见表 2.6）

表 2.6

序号	名　　称	数量	序号	名　　称	数量
1	接触器	3	7	三相电动机	1
2	热继电器	1	8	木板（500 mm×600 mm）	1
3	三组合按钮	1	9	导线	
4	熔断器	5	10	接线端子排	1
5	三相电源开关	1	11	电工工具	1
6	时间继电器	1			

3. 实训安装图与原理电路图

图 2.43、图 2.44 分别是采用时间继电器自动转换的 Y-△起动电气原理图和电气安装图。

4. 实训内容和步骤

（1）阅读电气原理图和电气安装图

实训前仔细阅读原理图和安装图,弄清安装图与原理图之间的关系,明确每一个低压电器的安装位置和每一根导线的连接位置及端子编号。

（2）在安装板上绘制安装接线图

在安装木板上按照图 2.44 绘制安装接线图。

（3）固定电器元件

按照绘制的接线图将电器元件摆放在安装底板上。定位打孔后,将各电器元件固定好。要注意 JS7-1A 时间继电器的安装方位。如果设备运行时安装底板垂直于地面,则时间继电器的衔铁释放方向必须指向下方,否则违反安装要求。

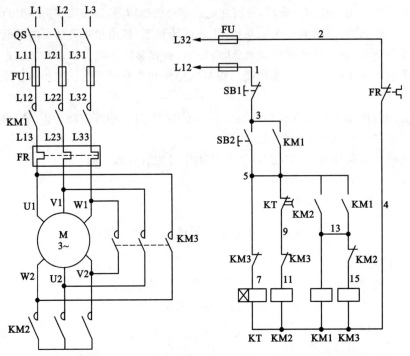

图 2.43　采用时间继电器自动转换的 Y-△ 起动电气原理图

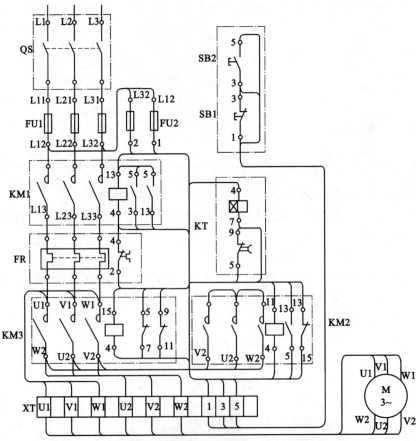

图 2.44　采用时间继电器自动转换的 Y-△ 起动电气安装图

（4）按照接线图接线

在导线连接过程中，注意将各接线端子压紧，保证接触良好和防止振动引起松脱。注意每根导线的端子号与安装图、原理图一致，特别要注意辅助电路中 5 号端子线及 13 号端子线的连接。

（5）检查线路和试验

对照原理图、接线图逐线检查，核对线号，防止错接、漏接。检查各端子处接线的紧固情况，排除接触不良的隐患。

（6）通电试验

完成上述检查后，清理安装板上的线头杂物，检查三相电源电压，将热继电器电流整定值按电动机的额定电流调节好，经实训指导教师同意后通电试验，并进行观察调整。

① 合上刀开关 QS，接通三相交流 220V 电源。

② 按下按钮 SB2，观察并记录电动机起动过程及速度变化。

③ 按下按钮 SB1，观察并记录电动机的运转状态，自锁触头的通断状态。

④ 切断电源，调整时间继电器的延迟时间。

⑤ 再按下按钮 SB2，观察并记录电动机起动过程及速度变化。

5. 讨论

（1）为什么要采取降压起动？

（2）在什么情况下采用 Y-△ 起动？

（3）调整时间继电器的延迟时间的依据是什么？

（4）在图 2.43 中，时间继电器通电延时常开与常闭触头接错，电路会出现什么情况？

项目 3　三相异步电动机反接制动控制线路

1. 实训目的

（1）熟悉常见的低压电器；

（2）了解异步电动机基本控制电路的各种保护环节；

（3）掌握速度继电器调节方法。

2. 实训设备和器件（见表 2.7）

表 2.7

序号	名　　称	数量	序号	名　　称	数量
1	交流接触器	2	8	测速仪	1
2	热继电器	1	9	三相电动机	1
3	二位按钮	1	10	木板（500 mm×600 mm）	1
4	熔断器	5	11	导线	
5	三相电源开关	1	12	接线端子排	1
6	制动电阻	2	13	电工工具	1
7	速度继电器	1			

3. 实训安装图与原理电路图

图 2.45、图 2.46 分别是三相电动机反接制动电气原理图与安装图。

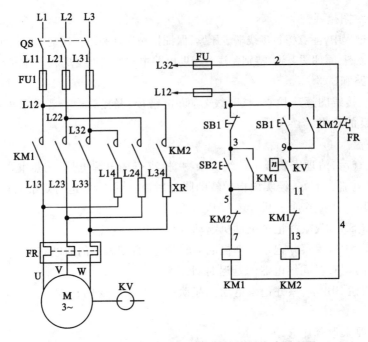

图 2.45　三相异步电动机反接制动控制线路原理图

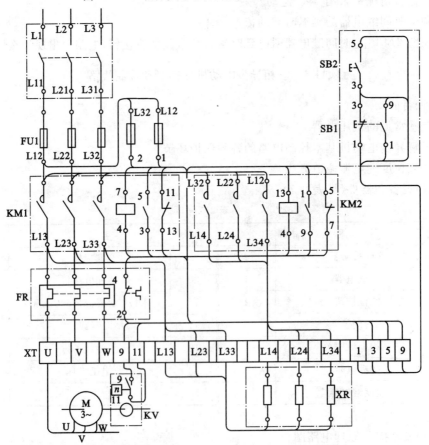

图 2.46　三相异步电动机反接制动控制线路安装图

4. 实训内容和步骤

（1）阅读电气原理图和电气安装图

实训前仔细阅读原理图和安装图,弄清安装图与原理图之间的关系,明确每一个低压电器的安装位置和每一根导线的连接位置及端子编号。

（2）在安装板上绘制安装接线图。

（3）固定电器元件

在安装木板上固定好各元件,检查速度继电器与传动装置的紧固情况。用手转动电动机轴,检查传动机构有无卡阻等不正常情况。

（4）按照接线图接线。

（5）检查线路和试验

对照原理图、接线图逐线检查,核对线号,防止错接、漏接。检查各端子处接线的紧固情况,排除接触不良的隐患。

（6）通电试验

完成上述检查后,清理安装板上的线头杂物,检查三相电源电压,经实训指导教师同意后通电试验,并进行观察调整。

① 合上刀开关 QS,接通三相交流电源;

② 按下起动按钮 SB2,电动机起动;

③ 当电动机运行正常以后,按下停止按钮 SB1;

④ 观察电动机停止过程;

⑤ 断开电源 QS,调整速度继电器的动作值;

⑥ 重新起动电动机,再次停止电动机,观察速度变化情况。

5. 讨论

（1）反接制动时,主电路为什么要串联电阻 XT?

（2）如果速度继电器损坏不能动作,电动机会出现什么情况?

（3）反接制动有什么特点?

课题 3 电气图的绘制

知识目标

1. 了解电气图的作用；
2. 了解电气图的分类；
3. 掌握电气图常用的图形符号和文字符号。

能力目标

1. 能够识读简单的电气图；
2. 能够按照规定绘制简单的电气图。

3.1 电气图的分类和作用

3.1.1 电气图的分类

电气图是表达电气信息的结构文件,电气结构信息文件是交流电气技术信息的载体。按照新的国家标准,电气图不仅包括工程技术人员熟知的概略图、逻辑图、电路图、接线图等电气简图,也包括接线表、零件表、说明书等设计文件。

下面对主要的电气图进行简单的介绍,希望读者对这些电气图的作用、特点有所了解。

1. 概略图

概略图是表示系统、分系统、装置、部件、设备、软件中各项目之间的主要关系和连接的相对简单的图形。在旧国标中称为系统图,而用概略图这一术语更为确切。表示在过程流动路线中主要包含非电气装置的一个系统的概略图称为流程简图。概略图通常采用单线表示法,可作为教学、训练、操作和维修的基础文件。图 3.1 为无线电接收机的概略图。

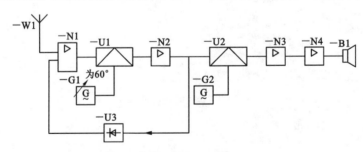

图 3.1 无线电接收机的概略图

2. 功能图

用理论的或理想的电路而不涉及实现方法来详细表示系统、分系统、装置、部件、设备、软件等功能的简图,称为功能图。

用于分析和计算电路特性或状态的,表示等效电路的功能图也可称为等效电路图,如图 3.2 所示。

主要使用二进制逻辑元件符号的功能图称为逻辑功能图,表示系统、分系统、装置、部件、设备、软件的逻辑功能。图 3.3 为定时脉冲发生器设备的逻辑功能图。

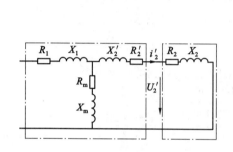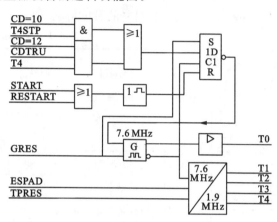

图 3.2 变压器及其负载的功能图(等效电路图)　　图 3.3 定时脉冲发生器设备的逻辑功能图

3. 电路图

电路图是表示系统、分系统、装置、部件、设备、软件等实际电路的简图,它采用按功能排列的图形符号来表示各元件和连接关系,以表示功能而无需考虑项目的实体尺寸、形状或位置。电路图可为了解电路所起的作用、编制接线文件、测试和寻找故障、安装和维修等提供必要的信息。图 3.4 为空气压缩机部分控制电路图。接触器 KM1 和 KM2 不工作时,电磁阀线圈 Y 开始工作,且指示灯亮起。

4. 接线图(表)

它是表示或列出一个装置或设备的连接关系的简图(表)。图 3.5 为含两个结构单元 +A,+B 的端子互连接线图。

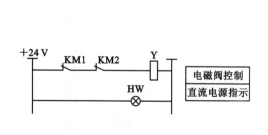

图 3.4 空气压缩机部分控制电路图　　图 3.5 含两个结构单元+A,+B 的端子互连接线图

5. 电器布置图

电器布置图是表明电路中各电气元件的位置的图样,为设备的制造、安装提供必要的资料。

6. 零件表

零件表是表示构成一个组件(或分组件)的项目(零件、元件、软件、设备等)和参考文件(如有必要)的表格。IEC 62027:2000《零件表的编制》附录 A 对尚在使用的通用名称,例如设备表、项目表、组件明细表、材料清单、设备明细表、安装明细表、订货明细表、成套设备明细表、软件组装明细表、产品明细表、供货范围、目录、结构明细表、组件明细表、分组件明细表等建议使用"零件表"这一标准的文件种类名称,而以物体名称或成套设备名称作为文件标题。例如按照 IEC 62027:2000 推荐的采用检索代号的某供水系统零件表如表 3.1 所示。该零件表主要包含该系统所用的设备材料的具体情况,如零件名称、型号、技术数据、数量等。

表 3.1　某供水系统零件表

项号	检索代号=W1	数量	单位	零件名称	型号	技术数据	质量	零件标识符	
								代码	零件号
1	P1=M1 P2=M1 P3=M1	3	只	三相鼠笼电动机	HXR 180SM4 B3	1465 r/min, 17 kW,50 HzY/D, 400/230 V	75 kg	MCOMP	R31SMAOL1
2		9	只	熔断器	SL400	3 型,160 A			SK 316285—3
3		3	只	熔断器座	ST400	3 型,160 A			SK 316286—3
4		3	只	电动机起动器	DSB350				SK 538209—BC
5		3	只	按钮	OKM30				SK 614311—CF
6		3	只	按钮	OKM30				SK 614311—CG
7		3	只	灯座	OSM2				SK 614360—LE
8		3	只	开关	ABG10				SK 661201—AB
9		3	只	灯泡	BA15d	5 W,230 V		UPC	3765498763139
10		30	m	电缆		H07RN-FSG10, 10 mm²		CCOMP	C 12345—BCD
11		1	件	文件集					9A×A11111-1

7. 说明书

说明书又包括以下几种:

(1) 安装说明文件　给出有关一个系统、装置、设备或元件的安装条件以及供货、交付、卸货、安装和测试说明或信息的文件。

(2) 试运转说明文件　给出有关一个系统、装置、设备或元件试运行和起动时的初始调节、模拟方式、推荐的设定值以及为了实现开发和正常发挥功能所需采取的措施的说明或信息的文件。

(3) 使用说明文件　给出有关一个系统、装置、设备或元件的使用说明或信息的文件。

(4) 维修说明文件　给出有关一个系统、装置、设备或元件的维修程序的说明或信息的文件,例如维修或保养手册。

3.1.2 常用电气图的作用

对于建筑电气控制技术而言,主要用到两种电气图,即电路图和接线图。

3.1.2.1 电路图的作用、绘制原则和阅读方法

1. 电路图的作用

电路图是表示系统、分系统、装置、部件、设备、软件等实际电路的简图,也表示电流从电源到负载(如电动机)的传送情况和电器元件的动作原理,采用按功能排列的图形符号来表示各元件和连接关系,以表示功能而无须考虑项目的实际尺寸、形状和位置。电路图可为了解电路所起的作用、编制接线文件、测试和寻找故障、安装和维修提供必要的信息。现场常把这样的电路图称作电气原理图。

2. 电路图的绘制原则

系统图和框图对于从整体上理解系统或装置的组成和主要特征无疑是十分重要的。然而,要达到详细理解电气作用原理,进行电气接线,分析和计算电路特性,还必须有另外一种图,这就是电气原理图。下面以图 3.6 所示的电气原理图为例介绍电气原理图的绘制原则、图幅分区以及标注方法。

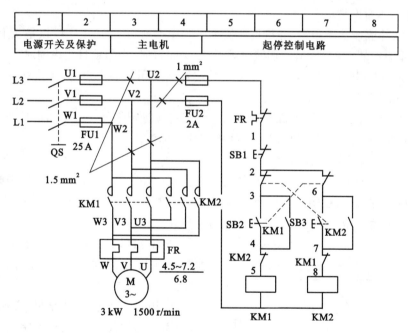

图 3.6 三相异步电动机正反转控制电路图

(1)电气原理图的绘制原则

① 电气原理图一般分主电路(主回路)和辅助电路(辅助回路)两部分。主电路就是从电源到电动机大电流通过的路径,由熔断器、接触器主触点、热继电器等组成;辅助电路包括控制电路、照明电路、信号电路及保护电路等,由继电器和接触器的线圈、继电器的触点、接触器的辅助触点、按钮、照明灯、信号灯、控制变压器等电器元件组成。一般主电路画在辅助电路的左侧或上面。

② 控制系统内的全部电机、电器和其他器械的带电部件都应在原理图中表示出来。同一

种类的电气元件用同一字母符号后加数字序号来区分,例如电路中的两个接触器分别用 KM1 和 KM2 来表示。

③ 原理图中各电气元件不画实际的外形图,而采用国家规定的统一标准图形符号,文字符号也要符合国家标准规定。

④ 原理图中,各个电气元件和部件在控制线路中的位置应根据便于阅读的原则安排,同一电气元件的各个部件可以不画在一起。例如,接触器、继电器的线圈和触点可以不画在一起。对元件中功能相关的各部分可以采用集中表示法、半集中表示法、分开表示法。集中表示法是指将一个组合符号(就是将标准中已规定的符号进行适当的组合所派生的图形符号)的各部分列在一起的表示法。标准中尽可能完整地给出了符号要素、限定符号和一般符号,但只给出有限的组合符号的例子。半集中表示法是指把符号各部分(通常用于具有机械功能联系的元件)在图上展开的表示方法,它利用连接符号来连接具有功能联系的各元件,以清晰表示电路布局。分开表示法是指把图形符号各部分(用于有功能联系的元件)分散于图上的表示方法,应采用其项目代号表示元件各部分之间的关系,以清晰表示电路布局。

⑤ 图中元件、器件和设备的可动部分都按没有通电和没有外力作用时的状态画出。

⑥ 原理图的绘制应布局合理,排列均匀。为了便于看图,可以水平布置,也可以垂直布置,图 3.6 中为垂直布置。

⑦ 电气元件应按功能布置,并尽可能按工作顺序排列,其布局顺序应该是从上到下、从左到右。电路垂直布置时,类似项目宜横向对齐;水平布置时,类似项目应纵向对齐。

⑧ 电气原理图中,有直接联系的交叉导线连接点要用黑圆点表示,无直接联系的交叉导线连接点不画黑圆点。

⑨ 为了安装和检修方便,电机和电器的接线端均应标记编号。主电路的接线端一般用一个字母附加数字加以区分,辅助电路的接线端用数字标注。

(2) 图幅分区及符号位置索引

为了便于确定图上的内容,也为了在用图时查找图中各项目的位置,往往需要将图幅分区。图幅分区的方法是:在图的边框处,竖边方向用大写拉丁字母,横边方向用阿拉伯数字,编号顺序应从左上角开始。图幅分区式样如图 3.7 所示。

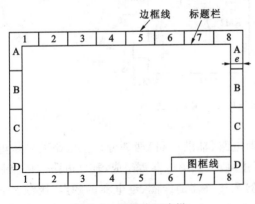

图 3.7　图幅分区式样

图幅分区以后,相当于在图上建立了一个坐标。项目和连接线的位置可用如下方式表示:

① 用行的代号(拉丁字母)表示;

② 用列的代号(阿拉伯数字)表示;

③ 用区的代号表示。区的代号为字母和数字的组合,且字母在前,数字在后。

在具体使用时,对水平布置的电路,一般只需标明行的标记;对垂直布置的电路,一般只需标明列的标记;复杂的电路需标明组合标记。例如图 3.6 中只标明了列的标记。

图 3.6 中,图区编号下方的“电源开关及保护”等字样表明它对应的下方元件或电路的功能,使读者能清楚地知道某个元件或某部分电路的功能,以利于理解全电路的工作原理。

3. 电气原理图阅读方法

(1) 看主电路的方法步骤

① 看用电器。用电器系指消耗电能的用电设备或用电器具,如电动机、电弧炉等。看图时首先要看清楚有几个用电器以及它们的类别、用途、接线方式、特殊要求等。以电动机为例,从类别上讲,有交流电动机和直流电动机之分。而交流电动机又有异步电动机和同步电动机之分,异步电动机又分鼠笼式和绕线式。

② 看用电器是用什么电器元件控制的。控制用电器的方法很多,有的直接用开关控制,有的用接触器或继电器控制,有的用各种起动器控制。

③ 看主电路中其他元器件的作用。通常主电路中除了用电器和控制用电器的接触器或继电器外,还常接有电源开关、熔断器以及保护器件。

④ 看电源。主要看主电路电源电压是 380 V 还是 220 V,是由母线汇流排或配电柜供电(一般为交流电)还是由发电机供电(一般为直流电)。

(2) 看辅助电路的方法步骤

① 看电源。要搞清楚辅助电源是交流电还是直流电,电源是从什么地方接来的以及电压等级。通常辅助电路的电源是从主电路的两根相线上接来的,其电压为单相 380 V。如果是从主电路的一根相线和一根中性线上接来的,电压就是单相 220 V;如果是从控制变压器上接来的,常用电压为 127 V、36 V 等。当辅助电源为直流电时,其电压一般为 24 V、12 V、6 V 等。

② 看辅助电路是如何控制主电路的。在电路图中,整个辅助电路可以看成是一个大回路,习惯上称为二次回路。在这个大回路中又可分成几个具有独立性的小回路,每个小回路控制一个用电器或用电器的一个动作。当某个小回路形成闭合回路并有电流流过时,控制主电路的电器元件(如接触器或继电器)就得电动作,把用电器(如电动机)接入电源或从电源切除。

③ 研究电器元件之间的相互关系。电路中一切电器元件都不是孤立的,而是互相联系、互相制约的。在电路中有时 A 电器元件控制 B 电器元件,甚至又用 B 电器元件去控制 C 电器元件。这种互相制约的关系有时表现在同一个回路,有时表现在不同的几个回路中。

④ 研究其他电气设备和电器元件,如整流设备、照明灯等,了解它们的线路走向和作用。

3.1.2.2 接线图的作用、绘制原则和阅读方法

接线图是表示和列出一个装置或设备的连接关系的简图。接线图是电路图的具体实现形式,可直接用于安装配线,现场常常称为电气安装接线图。电气安装接线图只表示电器元件的安装位置、实际配线方式,而不明确表示电路原理和电器元件间的控制关系。接线图的特点是所用电气设备和电器元件按其所在实际位置绘制在图纸上,如接触器或继电器的线圈、主触点和辅助触点是按照实际元器件的结构画在一起,再用短长线或虚线框起来,这样来表示它们是一个电器元件。图中的每个电器元件均用同一代号标注,有多少个电器元件就有多少个电器元件围框,这表示它们都是安装在同一个配电盘上。在配电盘上都有接线板或接线端子,就是用它们连接配电盘内外的电路。

(1) 接线图的绘制原则

接线图能够表明电气控制电路中所有电机、电器的实际位置,标出各电机、电器之间的关系和接线去向,为安装电气设备、在电器元件之间进行配线、检修电气故障提供必要资料。电气安装接线图是根据电器位置布置最合理、连接导线最经济等原则来安排的,一般应依据下列原则绘制,并符合国家相关标准:

① 电器不画实体,以图形符号代表,各电器元件的位置均应与实际安装位置一致。与电气原理图不同,在接线图中同一电器元件的各个部分(触头、线圈等)必须画在一起。

② 电气接线图一律采用细线条绘制。电器元件数量较少、接线关系不复杂时,可直接画出元件间的连线。但对于复杂部件,电器元件数量多、接线较复杂的情况,一般是采用走线槽,只需在各电器元件上标出接线号,不必画出各元件间的连线。

③ 接线图中的各电器元件的文字符号及接线端子的编号应与电路图一致,便于接线和检修。

④ 不在同一控制屏(柜)或控制台的电机或电器的导线连接应通过接线端子进行。

⑤ 连接导线时,应标明导线的规格、型号、根数及穿线管的尺寸等。

(2) 电气安装接线图的阅读方法

看安装接线图,一般是先看主电路,再看辅助电路。看主电路是从引入的电源线开始,顺次往下看,直至用电器(如电动机)。主要目的是弄清用电器是怎样获得三相电源的,三相电源线经过了哪些电器元件才到达用电器的,以及为什么要经过这些电器元件。看辅助电路要按每个小回路去看。看每个小回路时,先从电源起始点(相线)去看,经过哪些电器元件又回到另一相电源(或中性线)。按动作顺序对各个小回路逐一分析研究,具体方法如下:

① 与电路图对照着看

虽然接线图是根据电路图绘制的,但它并不明显表示电路的工作原理,因此看接线图时,只知道电器元件的安装位置、接线方式还不够,还必须对照电路图,搞清楚各个电器元件在电气设备中的作用,主回路和辅助回路各由哪些元器件组成,相互之间是如何接线的,它们是怎样完成电气动作的。

② 根据回路线号了解主电路、辅助电路的走向和连接方法

回路线号是电气设备与电气设备、电器元件与电器元件、导线与导线之间的连接标记。连接两个电气设备或电器元件的导线,其两端在图纸上具有同一个线号。也就是说,凡是具有同一线号的导线都是同一根导线。线号的作用是:根据线号了解线路走向并进行布线,了解元器件及电路连接方法;了解辅助电路是经过哪些电器元件而构成回路的;了解用电器的接线方法。

3.2 电气图用文字符号和图形符号

电气图用文字符号和图形符号是电气工程语言,作为一名电气工程技术人员,必须掌握电气图用文字符号和图形符号,否则就很难看懂一套电气信息结构文件。

电气图用文字符号和图形符号是绘制概略图、功能图、电路图等功能性简图的依据。使用国际通用的工程语言是我国电气工程技术与国际接轨的重要保证,因为电气工程技术已深入到机械、电力、建筑、冶金、煤炭、石油、铁道、交通、电子、光电、兵器、船舶、化工、纺织、邮电、航空航天、信息、国防科技、现代农业、生物医学等各个领域。

电气系统图中,电器元件的图形符号和文字符号必须有统一的标准。表 3.2 中列出了电气图中常用的图形符号及文字符号新旧对照。

表 3.2　电气图中常用的图形符号及文字符号新旧对照表

名称	新标准 图形符号	文字符号	旧标准 图形符号	文字符号	名称	新标准 图形符号	文字符号	旧标准 图形符号	文字符号
一般三极电源开关		QS		K	转换开关		SA	与新标准相同	HK
低压断路器		QF		UZ	熔断器		FU		FD
位置开关 常开触头		SQ		XK	热继电器 热元件		KR 或 FR		RJ
位置开关 常闭触头					热继电器 常闭触头				
位置开关 复合触头					时间继电器 线圈		KT		SJ
按钮 起动		SB		QA	时间继电器 常开延时闭合触头				
按钮 停止				TA	时间继电器 常闭延时断开触头				
按钮 复合				AN	时间继电器 常闭延时闭合触头				
接触器 线圈		KM		C	时间继电器 常开延时断开触头				
接触器 主触头					继电器 中间继电器线圈		KA		ZJ
接触器 常开触头					继电器 欠压继电器线圈				QYJ
接触器 常闭触头					继电器 过电流继电器线圈		KI		GLJ
速度继电器 常开触头		KS		SJ	继电器 欠电流继电器线圈				QLJ
速度继电器 常闭触头									

续表 3.2

名称		新标准		旧标准		名称	新标准		旧标准	
		图形符号	文字符号	图形符号	文字符号		图形符号	文字符号	图形符号	文字符号
继电器	常开触头		相应继电器符号		相应继电器符号	他励直流电动机		M		ZD
	常闭触头					复励直流电动机				
电位器			RP	与新标准相同	W	直流发电机		G		ZF
制动电磁铁			YB		DT	三相笼型异步电动机		M		D
电磁离合器			YC		CH	三相绕线转子异步电动机				
照明灯			EL	EL	ZD	单相变压器		T		B
信号灯			HL		XD	整流变压器				ZLB
						照明变压器				ZB
桥式整流装置			VC		ZL	控制变压器		TC		B
电阻器		或	R		R	三相自耦变压器		T		ZOB
接插器			X		CZ	半导体二极管				D
电磁吸盘			YH		DX	PNP三极管		V		T
串励直流电动机			M		ZD	NPN三极管				T
并励直流电动机					ZD	晶闸管				SCR

下面对图形符号和文字符号作简要介绍。

3.2.1 图形符号

1. 图形符号的组成

通常将用于图样或其他文件以表示一个设备或概念的图形、标记或字符统称为图形符号,它由一般符号、符号要素、限定符号等组成。

(1) 一般符号

用来表示一类产品或此类产品特征的一种通常很简单的符号,称为一般符号。如电机的一般符号为:"M"表示电动机,"G"表示发电机。

(2) 符号要素

一种具有确定意义的简单图形,必须同其他图形组合以构成一个设备或概念的完整符号。

(3) 限定符号

用来提供附加信息的一种加在其他符号上的符号,称为限定符号。限定符号不能单独使用,它可使图形符号更具多样性。

2. 电气图用图形符号的取向

GB 4728 中的许多符号设计成从左到右的信号流,如方框符号、二进制逻辑元件符号和模拟元件符号等。也有许多符号设计成从上到下的信号流,如触点、开关的符号。旧国标中触点和开关的符号都是设计成水平放置的,并且没有方向要求,而新国标触点或开关的方向取垂直,并且静触点在上方、动触点在下方,或者说电源侧在上方、负荷侧在下方,这是有一定道理的,因为现实生活中闸刀总是垂直安装的,合闸刀开关总是从下往上合。

虽然许多符号设计成从左到右或从上到下的信号流,但在不改变符号含义的前提下,符号可根据图面布置的需要旋转或成镜像放置,但文字和指示方向不能倒置。符号的取向规则如表 3.3 所示。

表 3.3　符号的取向规则

图上所需信号流方向		示　　例		
方向	取 向 规 则	方框符号	二进制逻辑元件	触点符号
从左到右 或 从上到下	该符号应按 GB/T 4728 相同的方法表示	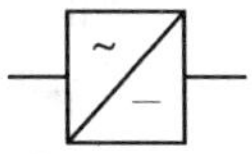	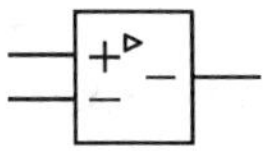	
从下到上 或 从左到右	该符号应按 GB/T 4728 相同的方法表示,并按逆时针方向旋转 90°,从下到上应以箭头表示		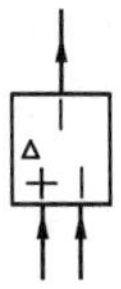	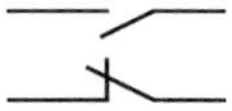
从右到左 或 从下到上	必须设计一个新符号,以便表示在右(下)边的输入和其标记以及在左(上)边的输出和其标记,连接线上应以箭头表示出从右(下)到左(上)的方向		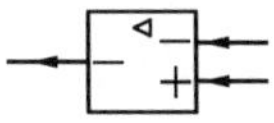	
从上到下 或 从右到左	必须按照从右(下)到左(上)流向的方法设计一个新符号,并将符号按逆时针方向旋转 90°,从右到左应以箭头表示		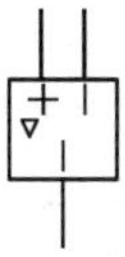	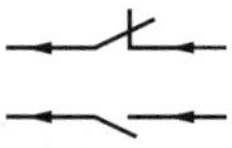

3.2.2　文字符号

文字符号适用于电气技术领域中文件的编制,也可表示在电气设备、装置和元器件上或其近旁,以标明电气设备、装置和元器件的名称、功能和特征。文字符号分为基本文字符号(单字母或双字母)和辅助文字符号。文字符号用大写正体拉丁字母。

1. 基本文字符号

基本文字符号有单字母和双字母符号两种。

单字母符号是按拉丁字母将各种电气设备、装置和元器件划分为 23 个大类,每一大类用一个专用单字母符号表示。如"C"表示电容器类,"R"表示电阻器类。

双字母符号是由一个表示种类的单字母符号与另一字母组成。其组合形式是单字母符号在前,另一个字母在后的次序列出。如"F"表示保护器件类,而"FU"表示熔断器。

2. 辅助文字符号

辅助文字符号用来表示电气设备、装置和元器件以及线路的功能、状态和特征。基本由英语单词前面的字母组成,如"E"(Earthing)表示接地、"DC"(Direct Current)表示直流、"OUT"(Output)表示输出等。辅助文字符号也可放在表示种类的单字母符号后边组成双字母符号,如"YB"表示电磁制动器、"SP"表示压力传感器等。为了简化文字符号,若辅助文字符号由两个以上字母组成时,允许只采用其第一位字母进行组合,如"MS"表示同步电动机等。辅助文字符号还可以单独使用,如"ON"表示接通,"PE"表示保护接地等。

3. 补充文字符号的原则

如基本文字符号和辅助文字符号不能满足使用要求,可按国家标准的符号组成规则予以补充。

在不违背国家标准原则的条件下,可采用国际标准中规定的电气技术文字符号;在优先采用标准中规定的单字母符号、双字母符号和辅助文字符号的前提下,可补充标准中未列出的双字母符号和辅助文字符号;文字符号应按有关电气名词术语国家标准或专业标准中规定的英文术语缩写而成。基本文字符号不得超过两个字母,辅助文字符号一般不能超过三个字母;因拉丁字母"I"和"O"易同阿拉伯数字"1"和"0"混淆,不允许单独作为文字符号使用。

小　结

本课题主要介绍了电气图形符号及控制线路绘制规则;重点介绍了电气图的作用、绘制原则及方法。

思考题与习题

3.1　控制电路图共有几种? 它们之间有什么区别? 结合实际情况说明每种电路图的用途。

3.2　电气原理图的绘制有哪些原则?

3.3　主电路的识图方法、步骤?

3.4　辅助电路的识图方法、步骤?

3.5　接线图的绘制原则?

课题 4 常用施工机械的电气控制

知识目标

1. 了解振动器、搅拌机、附墙电梯及塔式起重机的结构和生产工艺过程;

2. 通过对振动器、搅拌机、附墙电梯、塔式起重机的电气控制过程进行分析,掌握分析电气控制系统的方法和电气控制电路图的阅读方法。

能力目标

1. 能够对振动器、搅拌机、附墙电梯、塔式起重机等建筑施工生产设备的电气控制系统进行维修、安装和调试;

2. 能够对简单的施工设备的电气控制系统进行改造。

4.1 混凝土振动器控制电路

混凝土振动器是一种振动密实混凝土的施工机械。施工时,通过混凝土振动器产生具有一定频率、振幅和激振力的振动能量,并通过某种方式传递给混凝土,使混凝土内的骨料和水泥浆在模板中能得到致密的排列和充分的填充。

4.1.1 混凝土振动器分类

混凝土施工中使用的振动器实际机械品种有很多,按照不同的方式有不同的分类。

(1) 按照振动器对混凝土的作用方式不同可分为内部振动器、附着振动器、表面振动器和振动台。

内部振动器是一种可以插入到混凝土中对混凝土进行振动密实的机械,目前,绝大部分采用高频振动。

附着振动器利用夹具固定在施工模板或振动平台上,通过模板或平台传递振动。

表面振动器实际上是附着振动器的一种变形,它是在附着振动器下装上一个底板,工作时将底板放在混凝土表面上,并沿混凝土构件表面缓慢滑移,振动能量从混凝土表面传入。表面振动器又称为平板振动器。

振动台是一种产生低频振动的大面积工作平台,振动装置安装在台架下部,对制作构件的混凝土拌合料进行振动密实的机械。

(2) 按照振动器的不同驱动方式,可以将振动器分为电动振动器、气动振动器、液压驱动振动器和内燃机驱动振动器。

气动和液压振动器受使用条件限制,内燃机驱动的振动器只有在缺乏电源的场合使用,而电动振动器则由三相电动机作为动力驱动源。在建筑施工现场,电动插入式振动器、电动平板振动器使用最为广泛。

4.1.2　电动混凝土振动器的结构和工作原理

1. 插入式振动器的结构和工作原理

插入式振动器又叫内部振动器,主要由电动机、软轴和振动棒组成,如图 4.1 所示。工作时,将振动棒插入已浇注的混凝土中,依靠振动棒振动时所产生的高频机械振动波(每分钟可达 8000~10000 次)将混凝土振捣密实。

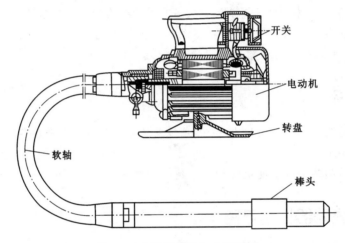

图 4.1　电动软轴插入式振动棒

插入式振动器一般使用二极三相交流异步电动机,为了提高软轴的转速(5000~8000 r/min),在电动机与软轴之间装有增速器。振动器产生振动的主要工作部件是振动棒,它是利用重心不对称的物体转动时产生的离心力来产生振动的,常用的有电动软轴偏心式振动棒和电动软轴行星式振动棒。电动软轴偏心式振动棒如图 4.2 所示,其主要部件是偏心轴,靠偏心轴的转动产生高频振动。

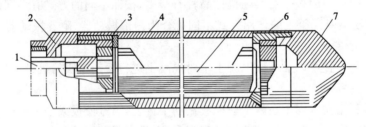

图 4.2　电动软轴偏心式振动器

1—软轴丝头;2—胶管接头;3—轴承座;4—棒壳;5—柱形偏心子;6—棒头;7—轴承座

行星式振动器的振动棒内采用行星式振动子,其工作原理如图 4.3 所示。工作时,电动机通过软轴带动行星振动子自转,振动子在自转的同时沿外滚道作行星式滚动公转,这种复合运动使棒体的振动频率高达 14000 次/min。

2. 表面振动器

表面振动器是通过振动混凝土外表面将振动传入混凝土内部,使混凝土振捣密实的机械。它由电动机振子与平板或模板组成平板式或附着式振动器,如图 4.4 所示。

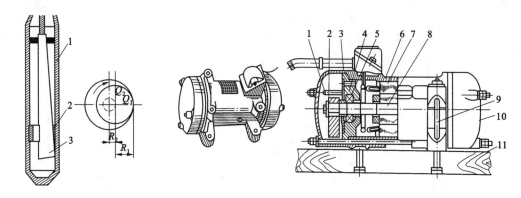

图 4.3　电动软轴行星式振动器

1—棒壳；2—滚道；3—滚锥；

R_1—滚锥自转半径；R_2—滚锥公转半径；

Q_1—滚锥中心；Q_2—棒头中心

图 4.4　表面振动器

1—螺栓；2—偏心块；3—轴承盖；4—轴承座；

5—轴承；6—机壳；7—定子；8—转子轴；

9—底脚螺丝；10—端盖；11—底板

从图 4.4 中可以看出，电动机振子由电动机和转轴两端安装的两块偏心块构成，转子转动带动偏心块转动，从而产生周期变化的离心力，使电动机整体(即电动机振子)产生高频振动。

4.1.3　混凝土振动器控制线路

混凝土振动器产生高频振动的方法有两种：一种是直接使用工频电源驱动电动机，再由增速装置增速产生约 10000 Hz 的振动频率；另外一种方式就是使用 200 Hz 的变频机组供电。前一种方式设备内部结构复杂，故障率较高，但施工方便、控制简单，因此在建筑施工企业得到广泛的应用；后一种方法振动器结构简单，设备故障率低，但施工时需要专门的变频电源。

1. 使用工频电源直接驱动电动机的控制电路

使用工频电源直接驱动的振动器控制电路如图 4.5 所示，图中旋钮开关安装在电动机上部，合上电源 QS，然后直接扭动旋钮开关 SA，振动器开始工作。

2. 变频电源供电的控制电路

图 4.6 为变频机组供电的振动器控制电路，M 为三相交流电动机，G 为频率为 200 Hz 的三相交流发电机。

图 4.6(a)所示的控制电路中，有多台振动器连接于高频电源，工作时合上开关 QS1，电动机 M 起动带动发电机 G 产生200 Hz交流电，合上 QS2 接通振动器的电源，扭动振动器上的旋钮开关 SA1，振捣器开始工作。

图 4.6(b)所示的控制电路中，振动器操作手把上设置机械自锁式按钮 SB，按一下振动器手把上的按钮 SB，变压器 T

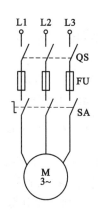

图 4.5　工频电源驱动电动机的控制电路

副边绕组接通，连接在变压器 T 副边的电磁铁 YA 吸合，使开关 Q 闭合，进而使接触器 KM1 通电吸合。随后 KM1 的主触头闭合使电动机 M 起动，带动发电机 G 产生 200 Hz 交流电，KM1 的辅助常开触点闭合使时间继电器 KT 通电吸合。KT 延时期间，发电机完成起动。KT 的常开延时闭触点闭合后使接触器 KM2 通电吸合，KM2 的主触点闭合，接通振捣器电动

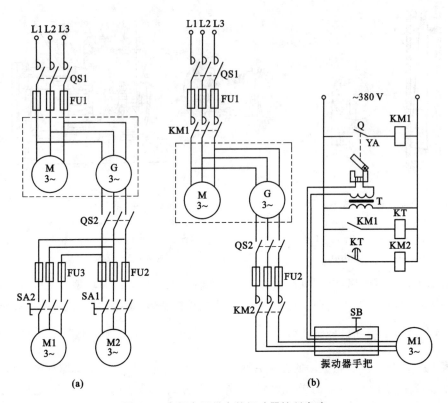

图 4.6   变频电源供电的振动器控制电路

机的电源,振捣器开始工作。停车时再按一下按钮 SB,电磁铁断电释放,Q 断开,KM1、KT、KM2 相继失电,振捣器停止工作。

4.2   混凝土搅拌机械控制电路

混凝土搅拌机是一种将一定比例的水泥、砂、石以及添加剂搅拌成混凝土的施工机械,它是建筑工地使用频率最高的施工机械之一。

4.2.1   混凝土搅拌机的构成及分类

4.2.1.1   混凝土搅拌机的分类

混凝土搅拌机的种类较多,通常按搅拌形式、出料方式和搅拌轴的位置对其进行分类。

1. 按搅拌形式分类

（1）自落式搅拌机

自落式搅拌机筒体为圆筒,其内壁焊有若干搅拌叶片,通过筒体的旋转使叶片上的物料提升至一定高度后再自由落下来,以达到拌和物料的目的。自落式搅拌机的结构特点是叶片和筒体没有相对运动,在滚筒转动的过程中,利用原料的自重下落进行搅拌。

（2）强制式搅拌机

强制式搅拌机是搅拌筒不动,由筒内旋转轴上均置的叶片强制搅拌物料。这种搅拌机搅拌质量好,生产效率高,但动力消耗大,且叶片磨损快。它的结构特点是叶片和筒体存在相对运动,依靠叶片的搅动完成混凝土的搅拌。

2. 按出料方式分类

(1) 反转出料式搅拌机

反转出料式搅拌机的筒体两端敞开,筒体正转时进料搅拌,出料时反转。

(2) 倾翻出料式搅拌机

倾翻出料式混凝土搅拌机搅拌部分的结构、原理与反转出料式相似,不同的是筒体只有一端敞开,物料的进出都用此端,进料时口朝上,出料时口朝下,每搅拌一次搅拌筒就要翻转一次。

3. 按搅拌轴的位置分类

(1) 立轴式(垂直轴式)搅拌机

强制式搅拌机的搅拌轴垂直设置时称为立轴式搅拌机。目前立轴式搅拌机在小型混凝土搅拌站使用较为广泛。

(2) 卧轴式(水平轴式)搅拌机

强制式搅拌机的搅拌轴水平设置时称为卧轴式搅拌机,它又分为单卧轴和双卧轴两种。

4.2.1.2　混凝土搅拌机的组成

无论何种混凝土搅拌机,其基本构成是相似的,一般由上料系统、搅拌系统、供水系统、电气控制系统和底盘组成。图4.7为最常见的JZC350型混凝土搅拌机,下面以此为例介绍搅拌机的基本构成及工艺过程。

图 4.7　JZC350 型混凝土搅拌机

1. 上料系统

上料系统的作用是将水泥、砂、石等物料投入到搅拌筒中。其上料过程是:首先通过人工将水泥、砂、石等投入到料斗中;按下料斗控制按钮,料斗在电动机的牵引作用下自动上升,到达预定位置后自动停止并卸下物料;卸料完成后按下料斗下放按钮,料斗自动下降,到达预定位置后自动停止。在上、下运行过程中,如果出现意外断电,料斗将被抱闸锁死,以防发生坠落事故。

2. 搅拌系统

搅拌系统的作用是将混凝土物料搅拌均匀,并送出搅拌筒。JZC350型混凝土搅拌机的搅拌筒正转时进料和搅拌物料,反转时送出物料,因此搅拌系统的拖动电动机有正、反两个旋转方向。

3. 供水系统

搅拌给水系统有两种方式,一是利用外部管网压力供水,二是搅拌机自带水泵供水,这两种情况都采用电磁阀控制供水水嘴。

4. 电气系统

上料机构、搅拌系统各需一个电动机作为原动力,电气系统负责对各部分的运行过程进行控制。

5. 底盘

底盘的作用是支撑搅拌机的各部分。

4.2.2 搅拌机的控制过程分析

图 4.8 为 JZC350 型双锥反转自落式搅拌机的控制电路,它由上料控制系统、搅拌出料控制系统和给水控制系统组成。电动机 M1 为搅拌电动机,M2 为上料电动机。M1 正转搅拌、反转出料;M2 正转上料、反转放下料斗。利用外部管网压力供水,电磁阀 YV 控制给水水嘴。SQ1、SQ2 为料斗上、下限位继电器。

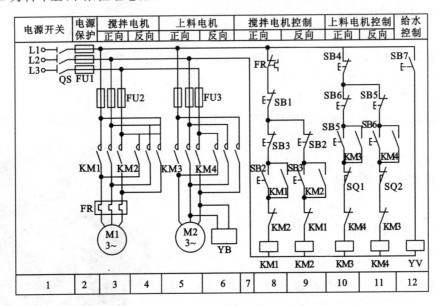

图 4.8 JZC350 型双锥反转自落式搅拌机电气控制电路

1. 上料系统控制过程

① 料斗上升过程

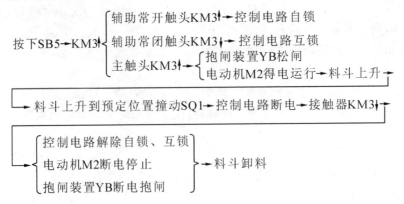

② 料斗放下过程

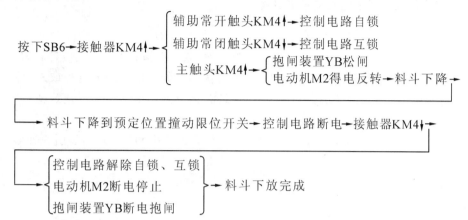

按下SB6→接触器KM4↑
- 辅助常开触头KM4↑→控制电路自锁
- 辅助常闭触头KM4↓→控制电路互锁
- 主触头KM4↑
  - 抱闸装置YB松闸
  - 电动机M2得电反转→料斗下降→

→ 料斗下降到预定位置撞动限位开关→控制电路断电→接触器KM4↓

→
- 控制电路解除自锁、互锁
- 电动机M2断电停止
- 抱闸装置YB断电抱闸
→ 料斗下放完成

2. 搅拌、出料过程

电动机 M1 正转时搅拌,反转时出料。

① 正转搅拌过程

按下 SB2→接触器 KM1↑
- 辅助常开触头 KM1↑→控制电路自锁
- 辅助常闭触头 KM1↓→控制电路互锁
- 主触头 KM1↑→电动机 M1 得电搅拌

② 反转出料过程

当混凝土搅拌完成后,控制搅拌筒出料有两种操作方式:一是先按下停止按钮 SB1,再按下起动按钮 SB3;二是直接按下反转出料按钮 SB3。下面按照后一种方法介绍出料控制过程。

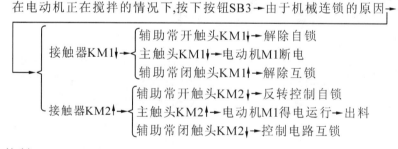

在电动机正在搅拌的情况下,按下按钮SB3→由于机械连锁的原因→
- 接触器KM1↓
  - 辅助常开触头KM1↓→解除自锁
  - 主触头KM1↓→电动机M1断电
  - 辅助常闭触头KM1↓→解除互锁
- 接触器KM2↑
  - 辅助常开触头KM2↓→反转控制自锁
  - 主触头KM2↓→电动机M1得电运行→出料
  - 辅助常闭触头KM2↓→控制电路互锁

3. 给水控制

搅拌机给水由具有机械自锁功能的按钮 SB7 控制,给水时按下按钮 SB7,电磁阀 YV 通电,给水系统给水;不需要给水时,再次按下按钮 SB7,解除自锁,电磁阀 YV 断电,水阀关闭停止供水。

4.3 附墙式升降机控制电路

随着高层建筑施工项目的不断增多,高层建筑施工中的施工机械使用量也在不断加大,其中运送货物和人员的垂直运输设备——附墙式升降机更是广泛地使用在高层建筑的施工工地,成为高层建筑施工中必不可少的施工机械之一。

4.3.1　附墙式升降机的结构及其分类

1. 附墙式升降机的分类

附墙式升降机按用途划分有三种形式:载货电梯、载人电梯和人货两用电梯。为了提高工作效率,一般要求载货电梯有较强的起重能力和较快的起升速度。载人电梯或人货两用电梯则对安全装置和调速平层系统有较高的要求。目前,人货两用电梯在高层建筑施工中使用较为广泛。

附墙式升降机按驱动形式可分为钢索曳引、齿轮齿条曳引和星轮滚道曳引三种形式。

按吊厢数量,附墙式升降机又可分为单吊厢式和双吊厢式。

按承载能力,附墙式升降机可分为两级,一级载重量为 1000 kg 或载人 12 名,另一级载重量为 2000 kg 或载人 24 名。

2. 附墙式升降机的构成

附墙式升降机类型不同,其构成也有相应差异,下面以建筑施工现场广泛使用的齿轮齿条驱动的附墙式升降机为例介绍其基本构成。

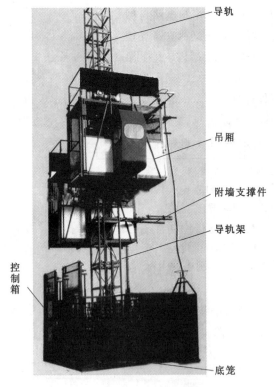

图 4.9　附墙式升降机

齿轮齿条驱动的附墙式升降机主要由带有底笼的平面主框架结构、吊厢、立柱导轨架、驱动装置、安全装置、电控系统等部件组成,如图 4.9 所示。

(1) 立柱导轨架

立柱通常由无缝钢管焊接成桁架结构并带有齿条的标准节组成,既是支承柱,又是导轨柱。

(2) 带底笼的安全栅

电梯的底部通常有一个便于安装立柱段的平面主框架。在主框架上立有带镀锌铁网状护围的底笼,该底笼在地面上把整个电梯围起来,以防止电梯升降时闲人进出而发生事故。

(3) 吊厢(或吊笼)

吊厢既是乘人载物的容器,又是安装驱动装置和架设或拆卸支柱的场所。吊厢由型钢焊接骨架,顶部和周壁由方眼编织网围护结构组成。

吊厢顶上设有提升标准节接高和拆卸用的小吊杆(手摇或电动)。在安装或拆卸电梯时,厢顶可当做工作平台,工人可站在厢顶上进行操作。

吊厢两侧均装有门。吊厢的一侧为入口门,另一侧则为通向楼层的门。吊厢门都带有机械和电器联锁装置,当厢门打开时,电器联锁使电梯不能运行。

(4) 驱动装置

驱动装置安装在吊厢上,负责驱动吊厢上下运行。齿轮齿条驱动机构可为单驱动、双驱动甚至三驱动。采用双驱动或三驱动的形式,是在一套传动机构发生故障时,其他驱动装置迅速替代故障部分,从而提高系统的安全性。

升降机一般采用多挡(4~5挡)涡流制动调速,由主令开关、涡流制动器和绕线式电机组成的开环调速系统可以消除冲击现象,实现平稳地起动和制动,使乘员没有不适的感觉,提高了运行质量与安全性。

(5)安全装置

① 限速制动器

吊厢在超过规定的速度约15%的情况下运行时,该套装置能自动起作用,使电梯马上停止工作。

② 电机制动器

设有内抱制动器和外抱电磁制动器等。

③ 紧急制动器

设有手动楔块制动器和脚踏液压紧急刹车等,在限速和传动机构都发生故障时,可紧急实现安全制动。

④ 限位装置

设在立柱顶部,由限位碰铁和限位开关构成,可防止冒顶。

设在楼层的为分层停车限位装置,可实现准确停层。

设在立柱下部的限位器可不使吊厢超越下部极限位置。

(6)电气控制与操纵系统

电梯的电器装置安装在吊厢内壁的厢内。为了便于控制电梯升降和以防万一,一般考虑地面、楼层和吊厢内均能独立进行操作,即在上述三处都有上升、下降和停止的按钮开关箱。在楼层上,开关箱放在靠近平台栏栅或入口处。

4.3.2 典型附墙式升降机电气控制电路分析

附墙式升降机典型控制电路见图4.10。

1. 工作原理

控制电路中使用了既有电压线圈又有电流线圈的交流电流继电器KC1、KC2。KC1、KC2的动作特点为:当电压线圈无电压时触点断开;当电压线圈有电压但电流线圈电流大于整定值时,触点也断开;只有当电压线圈有电压且电流线圈电流小于整定值时,触点才闭合。在控制电路的工作过程中,将依据通过继电器KC1、KC2的电流大小,依次分段切除电阻。

在上升Ⅰ、Ⅱ挡和下降Ⅰ、Ⅱ、Ⅲ挡低速运行中,驱动电动机采用涡流制动调速,转子电流越大,制动转矩越大,转速越低,从而实现电动机转速平滑地变化;在上升Ⅲ、Ⅳ、Ⅴ或Ⅵ挡和下降Ⅲ、Ⅳ、Ⅴ、Ⅵ挡中,采用转子回路串电阻起动以及转子回路串电阻调速,其方法是:利用两个交流电流继电器KC1和KC2交替动作,顺序切除电动机转子回路的电阻,最终根据挡位的不同保留部分电阻运行,实现调速运行。继电器KC1、KC2电流线圈连接在主回路中电流互感器TA的二次侧,电压线圈和加速接触器辅助触点串接在控制回路中。

2. 控制过程分析

主令开关SA置0位为停止,左右分别为下降、上升各六个挡位。

上升Ⅰ挡与Ⅱ挡的控制结果相同,电动机工作在转子串全部电阻且涡流制动器进行制动

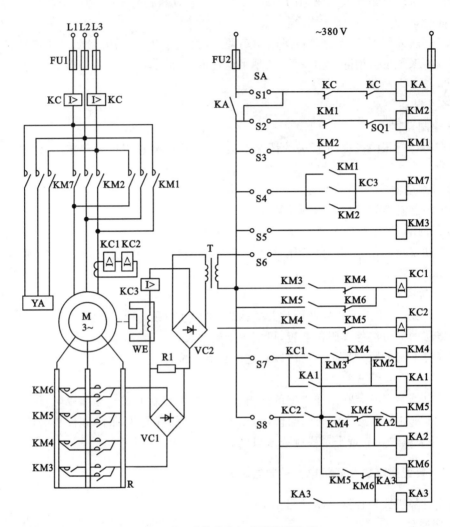

图 4.10　附墙升降机典型控制电路

的低速运行状态;上升Ⅲ挡,电动机转子串三级电阻运行;上升Ⅳ挡,通过电流继电器 KC1 分段切除两级电阻,电动机工作在转子串两级电阻的状态下运行;上升Ⅴ挡与Ⅵ挡的控制结果相同,通过电流继电器 KC1、KC2 进行控制,分段切除全部电阻,电动机工作在自然特性下高速运行。

　　下降Ⅰ挡,电动机依靠重物的重力驱动转子运转,涡流制动器产生制动力矩下放重物;下降Ⅱ挡与Ⅲ挡的控制过程相同,电动机工作在转子串全部电阻且涡流制动器进行制动的低速运行状态;下降Ⅳ挡,电动机转子串三级电阻运行;下降Ⅴ挡,通过电流继电器 KC1 分段切除两级电阻,电动机工作在转子串两级电阻的状态下运行;下降Ⅵ挡,通过电流继电器 KC1、KC2 进行控制,分段切除全部电阻,电动机工作在自然特性下高速运行。

　　主令开关 SA 触点闭合表见表 4.1。

表 4.1 主令开关 SA 触点闭合表

触点\手柄	下降						零位	上升					
	Ⅵ	Ⅴ	Ⅳ	Ⅲ	Ⅱ	Ⅰ	0	Ⅰ	Ⅱ	Ⅲ	Ⅳ	Ⅴ	Ⅵ
1							×						
2								×	×	×	×	×	×
3	×	×	×	×	×								
4	×	×	×	×	×	×		×	×	×	×	×	×
5	×	×	×								×	×	×
6			×	×	×			×	×				
7	×	×									×	×	×
8	×											×	×

（1）准备状态

主令开关 SA 置于零位，触点 S1 闭合，零压保护继电器 KA 得电，控制回路电源接通为上升或下降做好准备。

（2）上升控制过程

① 主令开关 SA 置于上升Ⅰ挡或Ⅱ挡，触点 S2、S4、S6 闭合。

S2 闭合，接触器 KM2 通电吸合，KM2 的主触头闭合使电动机通电运转，吊厢开始上升；KM2 辅助常开触点和触点 S4 闭合，接触器 KM7 通电吸合；KM2 的辅助常开触点闭合，电磁制动器 YA 通电松闸。

S6 闭合，变压器 T 与电源接通，经过变压器 T 变压后将降低的电压作用在涡流制动器 WE 上，涡流制动器 WE 产生制动力矩。

上升Ⅰ挡或Ⅱ挡，电动机工作在转子串入全部电阻、涡流制动器产生制动转矩调速的低速运行状态。

② 主令开关 SA 置于上升Ⅲ挡时，触点 S2、S4、S5 闭合。

S2、S4 闭合的作用与 SA 置Ⅰ挡或Ⅱ挡情况相同。

S5 闭合，接触器 KM3 通电吸合，KM3 的主触点闭合，将转子回路的第一级电阻切除，电动机转子绕组串三级电阻开始起动。

③ 主令开关 SA 置于上升Ⅳ挡时，触点 S2、S4、S5、S7 闭合。

S2、S4 闭合，与 SA 置Ⅰ挡或Ⅱ挡情况相同。

S5 闭合，接触器 KM3 通电吸合，KM3 的主触点闭合将电动机转子绕组的第一级电阻切除，电动机串三级电阻开始起动；KM3 的辅助常开触点闭合，使继电器 KC1 的电压线圈通电，同时起动电流经电流互感器变换后加于电流继电器 KC1、KC2 的电流线圈。尽管 KC2 的电流线圈中有电流接入，但因电压线圈未接通而不能起作用。KC1 将依据通过的电流的变化情况切除转子回路的第二级电阻。

继电器 KC1 的具体动作过程分析如下：

KC1 接入的起始阶段,流过 KC1 的电流线圈的电流大于整定电流,故 KC1 的触点断开,接触器 KM4 不吸合,随着电动机加速,起动电流逐步减小,当 KC1 的电流线圈的电流降低到整定值以下时,继电器 KC1 的触点闭合使接触器 KM4 和中间继电器 KA1 通电吸合。KA1 通电吸合后,常开触点 KA1 闭合自锁了接触器 KM4 所在的支路。接触器 KM4 吸合后,主触头 KM4 闭合将第二级电阻切除;串联在电压线圈 KC1 支路的辅助常闭触点 KM4 断开,使继电器 KC1 失电释放(接触器 KM4 通过中间继电器 KA1 的自锁依然保持吸合状态)。

上升 IV 挡,电动机工作在转子回路串两级电阻调速的运行状态。

④ 主令开关 SA 置于上升 V 挡或 VI 挡时,触点 S2、S4、S5、S7、S8 闭合。

S2、S4、S5、S7 闭合,其作用与 IV 挡相同。

S8 闭合,电流继电器 KC1、KC2 将会配合动作,在 KC1、KC2 的共同作用下,控制电路将依据定子电流的大小分段自动切除全部串入的转子电阻。KC1 的动作过程与 IV 挡相同,KC2 的动作过程分析如下:

当 KC1 动作使 KM4 通电吸合后,由于串联在继电器 KC2 支路的辅助常开触点 KM4 闭合,使继电器 KC2 的电压线圈通电,同时 KM4 的主触头闭合切除了第三级电阻。KM4 的主触头切除第三级电阻的瞬间,电动机定子电流增大,此电流大于继电器 KC2 的整定值,KC2 不能动作,电动机定子绕组串最后一级电阻运转,转速将开始升高。随着电动机转速的升高,电动机定子电流逐渐减小,当定子绕组通过的电流小于 KC2 的整定值时,KC2 动作。KC2 的触头闭合接通了中间继电器 KA2 和接触器 KM5 的支路,使 KA2 和 KM5 吸合。KA2 的吸合自锁了 KA2 所在的支路。KM5 的吸合,其主触头 KM5 切除了第三级电阻;辅助常开触头 KM5 接通了中间继电器 KA3,使 KA3 通电吸合。KA3 吸合后,一是自锁 KA3 所在的支路,二是使接触器 KM6 吸合,切除最后一级电阻,使电动机运行在自然特性状态。

上升 V 挡或 VI 挡,控制电路分段依次切除串在转子回路的四级电阻,电动机运行在自然特性状态。

(3) 下降控制过程

① 主令开关 SA 置于下降 I 挡,触点 S4、S6 闭合。

S6 闭合,使涡流制动器 WE 接通,WE 产生制动力矩调速。电流继电器 KC3 得电吸合,KC3 的常开触头闭合使接触器 KM7 通电吸合,抱闸电磁铁 YA 松闸。

下降 I 挡,电动机工作在定子不接电源,转子在重力作用下沿重力方向运转,通过涡流制动器制动减速的低速运行状态。

② 主令开关 SA 置于下降 II 挡或 III 挡时,触点 S3、S4、S6 闭合。

S3、S4 闭合,使电动机下降,接触器 KM1 和松闸接触器 KM7 通电,抱闸装置松闸,电动机定子接通电源,电动机开始下降。

S6 闭合,使变压器 T 连接在电源上,涡流制动器产生制动力矩调速。

下降 II 挡或 III 挡,电动机工作在转子串全部电阻,涡流制动器通电产生制动力矩的低速运行状态。

③ 主令开关 SA 置于下降 IV 挡时,触点 S3、S4、S5 闭合。

S3、S4 闭合,使电动机下降,接触器 KM1 和松闸接触器 KM7 通电,作用同 II 挡或 III 挡状态。

S5 闭合,使接触器 KM3 得电,KM3 的主触点闭合将电动机第一级电阻切除,电动机在转子串三级电阻的情况下开始起动运行。

④ 主令开关 SA 置于下降 V 挡时,触点 S3、S4、S5、S7 闭合。

S3、S4、S5 闭合,作用同 Ⅱ 挡或 Ⅲ 挡状态。

S7 闭合,使电流继电器 KC1 的控制起作用。此时,电流继电器 KC1 将根据电动机定子绕组电流的大小变化切除转子回路的第二级电阻。其控制过程分析如下:

KC1 接入的起始阶段,流过 KC1 电流线圈的电流大于整定电流,故 KC1 的触点断开,接触器 KM4 不吸合。随着电动机加速,起动电流逐步减小,当 KC1 电流线圈的电流降低到整定值以下时,继电器 KC1 的触点闭合,接触器 KM4 和中间继电器 KA1 通电吸合。KA1 通电吸合后,使 KA1 常开触点闭合,自锁了接触器 KM4 所在的支路。接触器 KM4 吸合后,闭合的主触头 KM4 将第二级电阻切除;而串联在电压线圈 KC1 支路的辅助常闭触点 KM4 断开,使继电器 KC1 失电释放(接触器 KM4 通过中间继电器 KA1 的自锁依然保持吸合状态)。

下降 V 挡,电动机工作在分段切除两级转子电阻、转子回路串两级电阻调速的运行状态。

⑤ 主令开关 SA 置于下降 Ⅵ 挡时,触点 S3、S4、S5、S7、S8 闭合。

S3、S4、S5、S7 闭合,作用同 V 挡状态。

S8 闭合,使电流继电器 KC2 工作。KC1、KC2 将依次切除四级电阻,KC1 的控制过程与 V 挡的情况相同。KC2 的动作过程分析如下:

当 KC1 动作使 KM4 通电吸合后,由于串联在继电器 KC2 支路的辅助常开触点 KM4 闭合,使继电器 KC2 的电压线圈通电,同时 KM4 的主触头闭合切除了第三级电阻。KM4 的主触头切除第三级电阻的瞬间,电动机定子电流增大,此电流大于继电器 KC2 的整定值,KC2 不能动作,电动机定子绕组串最后一级电阻运转,转速将开始升高。随着电动机转速的升高,电动机定子电流逐渐减小,当定子绕组通过的电流小于 KC2 的整定值时,KC2 动作。KC2 的触头闭合接通了中间继电器 KA2 和接触器 KM5 的支路,使 KA2 和 KM5 吸合。KA2 的吸合自锁了 KA2 所在的支路。KM5 的吸合,其主触头 KM5 切除了第三级电阻;辅助常开触头 KM5 接通了中间继电器 KA3,使 KA3 通电吸合。KA3 吸合后,一是自锁 KA3 所在的支路,二是使接触器 KM6 吸合,切除最后一级电阻,使电动机运行在自然特性上。

下降 Ⅵ 挡,控制电路分段依次切除串在转子回路的四级电阻,电动机运行在自然特性上。

4.4 塔式起重机控制电路

塔式起重机又称塔吊,是常用的起重运输机械。由于塔式起重机具有回转半径大、提升高度高、占地面积小、操作简单、拆装容易等优点,在多层、高层建筑的施工中得到了广泛应用。

4.4.1 塔式起重机的分类及特点

塔式起重机有很多分类方法,通常是按起重量大小和结构分类。表 4.2 列出了按起重机的行走机构、变幅方式、回转机构的部位及爬升方式分类的情况。

表 4.2　塔式起重机的分类及特点

分类	类型	简　图	特　　点
按行走机构分	固定式		塔身固定在混凝土基础上,不能在平面位置移动
按行走机构分	自行式		塔身可以在平面位置移动,按照移动方式的不同,自行式分为轨道式和机动式。轨道式可以负载行驶,同时完成垂直和水平运输,使用安全,应用较为普遍,但需铺设轨道,装拆较为费时;机动式有汽车式、履带式和轮胎式等,作业时对地面要求较高
按变幅方式分	动臂变幅式		利用动臂俯仰实现变幅,具有结构轻巧、自重小、用钢省、能增加起重高度、装拆方便等优点。但变幅较小,吊重水平移动时功率消耗大,经济效果差
按变幅方式分	小车运行式		利用运行小车在起重臂下的轨道上运行,实现变幅,具有有效幅度大、变幅所需时间少、工效高、操作方便、安全性好等优点。但起重臂架结构较重,用钢量也较大
按回转部位分	上回转式		塔尖、起重臂、平衡臂回转,底部轮廓尺寸较小,可附着在建筑物上,适应面较广。但重心高,对整机稳定性不利,安装、拆卸费工费时
按回转部位分	下回转式		塔身在底盘上旋转,受力状态较好,自重较轻,能整体拖运,便于转移,重心低,冲击荷载影响小。但下部占用空间大,不利于材料堆放,不能附着在建筑物上,起升高度不大

分类	类型	简 图	特 点
按塔顶升高方式分	内爬式		利用建筑物的骨架作为塔身支承,随着建筑物增高而爬升,塔身短且无附着装置,不占建筑场地。但起重负荷全部由建筑物承担,需用套架和爬升设备,增加了施工组织的复杂性,机械本身装拆亦较困难
	附着式		塔身靠建筑物支持,稳定性好,能自身接高,起重能力可充分利用,材料堆放方便。但建筑物需设附着装置,并需适当加强

目前在建筑施工现场运用较多的是上回转、自升、固定、平臂式塔吊。自升是指塔吊依靠自身的专门装置,增、减标准节或整体爬升的塔吊。

4.4.2 塔式起重机的组成与工作机构

塔式起重机类型很多,不同类型的塔式起重机的构成及工作方式存在一些差异。QTZ80型塔式起重机为水平臂架、小车变幅、上回转自升式。该机的最大工作半径为 55 m;独立式起升高度为 46 m,附着式起升高度可达 150 m。下面以 QTZ80 型塔式起重机为例,介绍塔式起重机的运行工艺与工作过程。

图 4.11 为 QTZ80 型塔式起重机主体结构示意图。

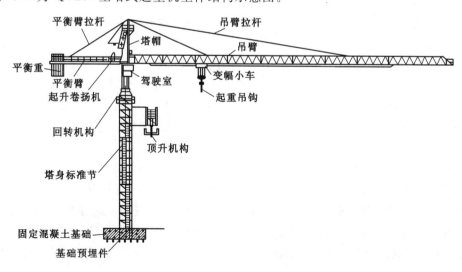

图 4.11　QTZ80 型塔式起重机主体结构示意图

1. 塔式起重机的组成

塔式起重机由金属结构部分、机械传动部分、电气系统和安全保护装置组成。电气系统由电动机、控制系统和照明系统组成。

2. QTZ80 塔式起重机的工作机构

重物的运输是通过操作控制开关,控制吊钩提升机构、塔臂回转机构和小车行走机构来实现的,塔身的升降是通过液压顶升机构完成的。

图 4.12　提升机构实物图

① 提升机构

提升机构负责垂直方向的运输。为了提高生产效率,充分满足施工要求,针对不同的起吊重量,提升机构的运行速度不同。提升机构的驱动电动机 M3 采用 YZR225-4/8 滑环涡流制动电动机,工作时有 5 挡速度,分别为变极调速、转子回路串电阻调速、液压推杆涡流制动调速和涡流制动调速。图 4.12 为提升机构实物图。

提升机构采用液压推杆制动器制动,其制动器兼具调速功能。起动时液压电动机 M2 由电动机 M3 的转子绕组供电,该电压低于 M2 的额定电压,使制动器处于半制动状态,高速运转时由外接电源供电,制动器处于完全松闸状态,断电时制动机构处于制动锁死状态。

涡流制动器在提升机构低速运转时通电制动,实现调速。

提升机构设有力矩超限保护、提升高度限位保护和高速限重保护。当提升机构起吊的负载力矩超过允许值时,力矩超限保护动作,使提升机构断电抱闸。为了防止冲顶事故,当起吊重物上升的高度超过允许范围时,提升高度限位保护动作,使提升机构只能下降,不能上升。重载时,提升机构的运行速度不能太高;否则,高速限重保护将动作,使提升机构自动处于低速状态。

② 回转机构

回转机构负责在吊臂半径平面范围内运送重物,驱动电动机 M5 型号为 YD132-4/8/16,运行速度有三种,分别在 4、8、16 极下运行。

制动方式为液压推杆制动,液压制动电动机为 M4,M4 通电时抱闸锁死进行准确定位。

回转机构设有回转角度限位保护。其保护分为两级,一是临界减速,二是极限断电。当回转机构转动的角度超过临界位置时,临界限位保护装置动作,此时回转机构自动处于低速运转状态。回转机构超过极限位置时,系统将断电停车,以后只能反方向起动,直到离开极限位置后系统才能恢复正常状态。

③ 小车牵引机构

小车牵引机构是载重小车变幅的驱动装置,驱动电动机 M6 型号为 YD132-4/8/16,经由圆柱蜗轮减速器带动卷筒,通过钢丝绳使载重小车分别以三种速度在起重臂轨道上来回变幅运动。牵引钢丝绳一端缠绕后固定在卷筒上,另一端则固定在载重小车上。变幅时通过钢丝绳的收、放来保证载重小车正常工作。图 4.13 为小车变幅机构示意图,图 4.14 为小车变幅机构实物图。

小车牵引机构采用直流电磁制动器 YB 断电抱闸制动,小车停止时抱闸锁死。

小车牵引机构设有前后临近终点减速保护、前后终点极限保护和力矩超限保护。当小车行走至临近终点时,临近终点减速保护动作,小车自动从高速转换到低速运转;当小车行走到终点极限位置时,小车牵引机构将断电抱闸,小车停止行走,以后小车只能反方向起动;由于起重机的最大允许负载是用最大力矩来描述的,在不同的吊臂位置,同样的重物负载力矩不同。因此,小车在运载重物前进时,可能出现力矩超限,当力矩超限时力矩超限保护装置动作,系统将自动切断向前支路,小车只能后退运行。

导向滑轮　变幅小车　变幅机构　变幅钢丝绳　导向滑轮

图 4.13　小车变幅机构示意图

图 4.14　小车变幅机构实物图

④　液压顶升机构

液压顶升机构的工作主要靠安装在爬升架内侧面的一套液压油缸、活塞、泵、阀和油压系统来完成。当需要顶升时,由起重吊钩吊起标准节,送进引入架,把塔身标准节与下支座的 4 个 M45 连接螺栓松开,开动电动机使液压缸工作,顶起上部机构,操纵爬爪支持上部重量,然后收回活塞,再次顶升,这样两次工作循环可加装一个标准节。其工作过程如图 4.15 所示。

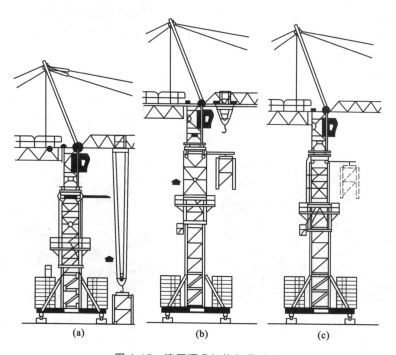

(a)　(b)　(c)

图 4.15　液压顶升机构加节过程

(a) 升塔准备;(b) 顶升作业;(c) 加节作业

3. 安全保护装置

QTZ80 设有吊钩提升高度限位保护、小车幅度限位保护、力矩超限保护、回转角度限位保护、零位保护、过载保护和短路保护等保护环节。图 4.16 为限位保护装置安装位置示意图。

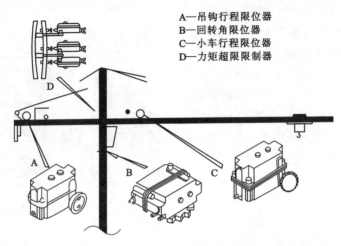

A—吊钩行程限位器
B—回转角限位器
C—小车行程限位器
D—力矩超限限制器

图 4.16　限位保护装置安装位置示意图

① 吊钩提升高度限位

为了防止吊钩行程超越极限碰撞吊臂结构和触地乱绳,在提升机构的卷筒另一端装有提升高度限位器(多功能限位开关),高度限位器可根据实际需要进行调整。提升机构运行时,卷筒转动的圈数也就是吊钩提升的高度,通过一个小变速箱传递给行程开关。当吊钩上升到预定的极限高度时,行程开关动作,切断起升方向的运行。再次起动只能向下降钩。图 4.17 为吊钩提升高度限位实物图。

② 小车幅度限位

为了防止小车前进或后退发生越位和碰撞事故,在小车牵引机构旁设有限位装置,内有多功能行程开关,小车运行到臂头或臂尾时,碰撞多功能行程开关,小车将停止运行。再开动时,小车只能往吊臂中央运行。图 4.18 为小车幅度限位实物图。

图 4.17　吊钩提升高度限位实物图

图 4.18　小车幅度限位实物图

③ 力矩超限保护

为了保证塔吊的起重力矩不大于额定力矩,塔吊设有力矩保护装置。力矩保护装置安装在塔顶结构主弦杆上。塔吊负载时,主弦杆因负载产生变形。当载荷超过额定值时,主弦杆的变形通过放大杆的作用压迫限位器触头,卷扬机的起升及变幅小车的向外运动将停止,这时只能将小车向内变幅方向运动,以减小起重力矩,然后再驱动提升方向。

④ 回转角度限位保护

回转机构的回转角度超过限度时,将损坏电缆,因此必须限制吊臂回转角度。其保护分为两级,一是临界减速,二是极限断电。当回转机构转动的角度超过临界位置时,临界限位保护装置动作,此时回转机构自动处于低速运转状态;当超过极限位置时,回转机构断电抱闸,并只能反方向转动。图 4.19 为回转角度限位保护实物图。

图 4.19 回转角度限位保护实物图

⑤ 零位保护

塔吊开始工作时,必须先把控制起升、回转、小车行走用的主令开关操作手柄置于零位,开启电源后,塔吊各机构才能开始工作,这样可以防止各机构在工作过程中突然掉电而再次来电引起的误动作。

⑥ 短路保护与过载保护

各工作机构电源的引入,使用低压断路器作为短路保护与过载保护之用。为了防止提升机构过载,在提升机构中专门设置了限流保护装置,当提升电动机内的电流超过额定值时,保护装置迅速动作。

4.4.3 QTZ80 型塔式起重机电气控制电路分析

前面对 QTZ80 型塔吊的各工作机构及保护作了介绍,对其工作过程也有了基本的了解,下面将对其控制电路进行详细分析。

1. 主电路分析

图 4.20 为 QTZ80 型塔式起重机主电路,M1 是塔机自升系统液压顶升电动机,M3 是 YZR225-4/8 滑环变极涡流制动电动机,用于起升重物,M2、M4 为涡流制动电动机,M5、M6 分别为塔臂回转电动机和小车行走电动机,型号为 YD132-4/8/16,YB 为直流磁力制动器。电源总开关 QF1 为 DZ20-100 型低压断路器,可对主回路进行短路及过载保护。QF2、QF3、QF4、QF5 分别为液压顶升电动机、起升电动机、旋转电动机、小车电动机主回路低压断路器,可分别对该回路进行短路及过载保护。1KM1 为电源控制接触器,控制顶升机构之外各机构的电源和控制电路的电源。FA 为限流保护器,当提升电动机 M3 电流超过额定值时动作,切断起升机构控制回路电源。

(1)提升机构电动机的控制

提升机构驱动电动机 M3 和液压制动电动机 M2 使用 10 个接触器控制它们的不同运行状态,其中 2KM3、2KM4 控制上升和下降,运行中必有一个吸合。其余接触器动作关系如下:

① 接触器 2KM1、2KM5、2KM6 吸合,电动机 M3 定子绕组接成 8 极、转子串两级电阻;涡流制动器将接通电源制动;电动机 M2 的电源引自电动机 M3 转子绕组,此时,作用在电动机 M2 上的实际电压低于额定电压,液压推杆制动器处于半制动状态。此时,电动机 M3 的轴上存在四个转矩:一是电磁转矩;二是液压推杆制动器产生的制动转矩;三是涡流制动器产生的制动转矩;四是负载转矩。在四个转矩的共同作用下,电动机 M3 处于低速运转状态。

② 接触器 2KM2、2KM5、2KM6 吸合,电动机 M3 定子绕组接成 8 极、转子串两级电阻;作用在电动机 M2 上的电压为额定电压,液压推杆制动器处于完全松闸状态;涡流制动器有两

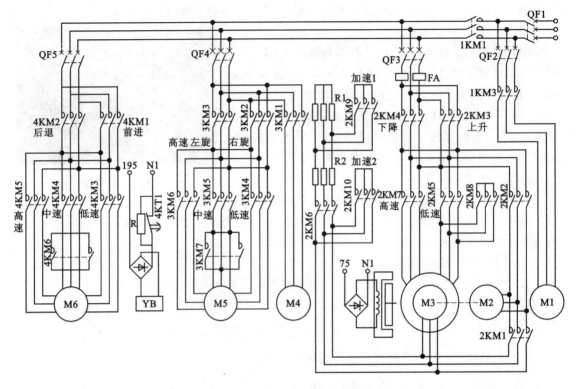

图 4.20　QTZ80 型塔吊的主电路

种情况,一是与电源连接产生涡流制动,二是断开电源无涡流制动。涡流制动转矩与负载转矩共同作用或只有负载转矩作用在电动机 M3 轴上,使电动机 M3 处于次低速运转状态。

③ 接触器 2KM2、2KM5、2KM6、2KM9、2KM10 吸合,电动机 M3 定子绕组接成 8 极;电动机 M2 接外部电源,液压推杆制动器处于完全松闸状态;涡流制动器不工作。只有负载转矩作用在电动机 M3 轴上,使电动机 M3 处于较高速运转状态。

④ 接触器 2KM2、2KM6、2KM7、2KM8、2KM9、2KM10 吸合,电动机 M3 定子绕组接成 4 极;电动机 M2 接外部电源,液压推杆制动器处于完全松闸状态;涡流制动器不工作。只有负载转矩作用在 M3 轴上,使电动机 M3 处于高速运转状态。

（2）小车变幅电动机的控制

小车变幅机构电动机 M6 和直流电磁抱闸装置由 6 个接触器控制。接触器 4KM1、4KM2 控制前进后退,运行中必有一个吸合,并使 YB 松闸。其余接触器动作关系如下:

① 4KM3 吸合,电动机 M6 接成△16 极低速运行。

② 4KM4 吸合,电动机 M6 接成 Y8 极中速运行。

③ 4KM6、4KM5 吸合,电动机 M6 按 2△4 极接法高速运转。

（3）回转机构电动机的控制

回转机构驱动电动机 M5 和液压推杆制动电动机 M4 用 7 个接触器控制。接触器 3KM1 控制液压制动电动机 M4 的电源,制动器通电松闸;接触器 3KM2、3KM3 控制回转机构正、反转。其余接触器动作关系如下:

① 3KM4 吸合,电动机 M5 接成△16 极低速运行。

② 3KM5 吸合,电动机 M5 接成 Y8 极中速运行。

③ 3KM6、3KM7 吸合,电动机 M5 按 2△4 极接法高速运转。

(4) 液压顶升机构电动机的控制

液压顶升机构驱动电动机 M1,工作在塔吊顶升状态,由接触器 1KM3 控制。

2. 控制电路控制过程分析

图 4.21 为 QTZ80 型塔吊的控制电路。

图 4.21 中 1SB1 为塔吊总起动按钮,1SB2 为总停车按钮,1SB3 为紧急停车按钮;1SB4 与 1SB5 分别为顶升机构停、起控制按钮;主令开关 SA1、SA2、SA3 分别控制起升机构、回转机构和小车变幅机构。

(1) 总电源控制过程

合上低压断路器 QF1、QF2、QF3、QF4、QF5,为系统起动做准备。

在控制开关 SA1,SA2,SA3 手柄处于零位时,首先合上控制线路总开关 QS1,再按下总起动按钮 1SB1,此时,电流从一端经 1SB3、1SB2、1SB1、SA1、SA2、SA3、1KM1 流到另外一端,控制电源的接触器 1KM1 得电吸合并自锁,在力矩限位器 1SQ1 正常的情况下,接触器 1KM2 也通电吸合,主回路和控制回路电源分别接通,塔吊处于待命状态。

电网断电时,1KM1 失电,主回路和控制回路电源被切断。当恢复供电后,必须先将各控制开关返回零位,再按下总起动按钮 1SB1 方可重新起动,实现了零电压保护。

(2) 力矩限位控制过程

如果力矩保护开关 1SQ1 处于正常闭合状态,电源接触器 1KM1 闭合,力矩保护接触器 1KM2 吸合,小车行走(向前)和起升(上升)控制线路接通。当力矩超限时,1SQ1 断开,1KM2 失电,这时增大力矩(小车向前或起吊向上)操作被停止,只能进行减小力矩(小车向后或吊钩向下)操作,实现了力矩超限保护。在力矩减小到额定值范围以内时,1SQ1 复位,此时,小车变幅机构向前或提升机构向上操作仍不能进行,必须重新按下总起动按钮 1SB1 才能恢复 1KM2 通电吸合状态。

(3) 提升机构控制过程

提升控制主令开关 SA1 分别置于不同挡位,可用高低不同的速度起吊或下放重物。提升控制主令开关 SA1 触点闭合见表 4.3。

表 4.3　起升控制开关 SA1 触点闭合表

触点编号	下　　降					停车	上　　升				
	V	IV	III	II	I		I	II	III	IV	V
S0						×					
S1				×			×				
S2	×	×	×	×			×	×	×	×	×
S3							×	×			
S4	×	×	×	×	×						
S5	×										×
S6	×	×								×	×
S7				×			×				

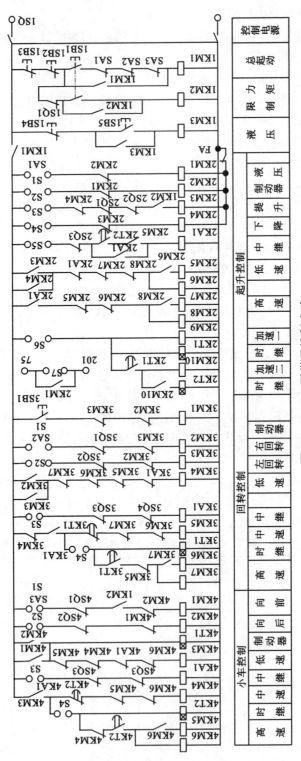

图4.21 QTZ80型塔吊控制电路

提升控制电路如图 4.22 所示。为了清楚地描述提升控制电路的工作过程,下面将提升状态的五个挡位对应的控制电路分解叙述。

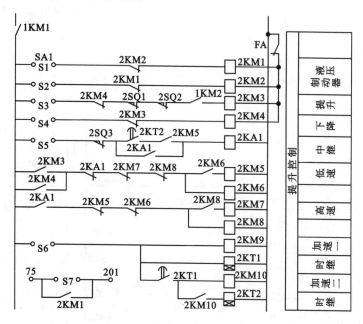

图 4.22　提升控制电路

① 控制开关拨至上升 Ⅰ 挡,触点 S1、S3 闭合,控制电路接通部分见图 4.23。

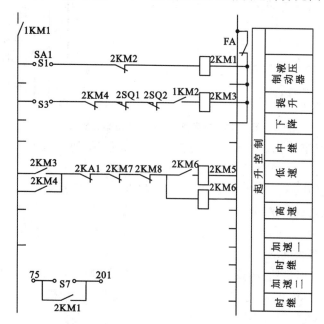

图 4.23　提升 Ⅰ 挡控制电路分解图

接触器 2KM1 吸合;力矩限制接触器 1KM2 触头处于闭合状态,接触器 2KM3 得电;接触器 2KM6、2KM5 先后得电。主线路中触头 2KM6 闭合,电动机 M3 转子电阻全部接入;触头 2KM1 闭合,电动机 M3 转子电压加在液压制动器电动机 M2 的定子绕组上,电动机 M2 上的电压低于额定电压,电动机 M2 处于半制动状态;触头 2KM5 闭合,滑环电动机 M3 定子绕组按 8 极连接;触头 2KM3 闭合,电动机 M3 得电低速正转(上升);触头 2KM1 闭合,75 号线端与 201 号线端接通,110 V 的交流电经桥式整流后供给涡流制动器,产生制动转矩。在负载转矩、液压推杆制动器的半制动力矩、涡流制动器的制动力矩共同作用下,电动机 M3 在 I 挡低速起动运转。

　　② 控制开关拨至上升第 II 挡,触点 S2、S3、S7 闭合,控制电路接通部分见图 4.24。

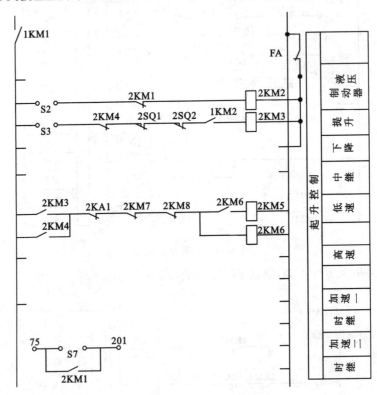

图 4.24　提升 II、III 挡控制电路分解图

　　当控制开关拨至第 II 挡,S2、S3、S7 闭合,触点 S1 断开,使接触器 2KM1 断电释放,常闭触头 2KM1 复位;触点 S2 闭合,使接触器 2KM2 通电吸合;触点 S3 闭合,使接触器 2KM3 继续通电吸合。主电路中触头 2KM1 断开、2KM2 闭合,使外部电源直接作用在液压制动器电动机 M2 上,制动器完全松闸;触点 S7 闭合,使涡流制动器继续保持制动状态;触头 2KM5、2KM6 依然闭合,电动机 M3 仍为 8 极接法。在负载力矩和涡流制动器的制动力矩共同作用下,电动机 M3 在 II 挡速度下运转。

　　③ 控制开关拨至第 III 挡,触点 S2、S3 依然闭合,只有触点 S7 断开,触点 S7 断开使涡流制动器断电,涡流制动解除,电动机 M3 仍为 8 极接法。此时,电动机在只有负载转矩的作用下运转。

　　④ 控制开关拨至第 IV 挡,触点 S2、S3、S6 闭合,此时,控制电路的分解图如图 4.25 所示。

　　触点 S2、S3 继续闭合,使接触器 2KM2、2KM3、KM5、KM6 依然通电吸合;触点 S6 闭合,使接触器 2KM9、时间继电器 2KT1 通电吸合。经过一段时间延时后,时间继电器的延时闭合触头 2KT1 闭合,使接触器 2KM10 通电吸合,进而使时间继电器 2KT2 得电。电动机 M3 转

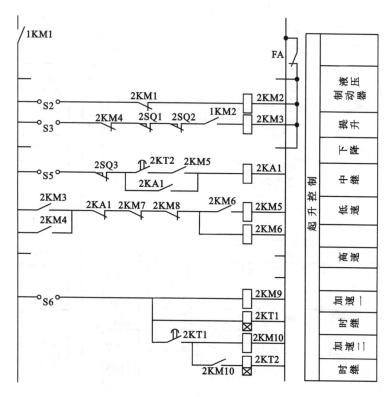

图 4.25 提升 Ⅳ 挡控制电路分解图

子串入的电阻 R1、R2 因 2KM9 和 2KM10 间隔一段时间后依次闭合先后被短接,电动机 M3 得到两次加速。

时间继电器 2KT2 的延时闭合触头闭合,接通中间继电器 2KA1 控制支路的一部分电路,由于触点 S5 断开,所以 KA1 并没有吸合,2KT2 延时触头的闭合只是为下一步改变电动机定子绕组接法实现高速运转做好准备。

⑤ 控制开关拨至第 Ⅴ 挡,触点 S2、S3、S5、S6 闭合,图 4.26 为该情况下控制电路的分解图。

触点 S2、S3 继续闭合,使接触器 2KM2、2KM3 依然通电吸合,进而使 KM5、KM6 所在的回路依然连通;触点 S6 闭合,使 2KM9、2KM10、2KT1、2KT2 依然通电吸合;但是,触点 S5 的闭合使中间继电器 2KA1 得电自锁,中间继电器 2KA1 的常闭触头动作,切断了接触器 2KM5、2KM6 所在的支路,接触器 2KM5、2KM6 断电释放,其常闭触头复位使接触器 2KM8、2KM7 相继通电吸合。

主电路中,触头 2KM6 断开,将 M3 转子电阻从电路中切除;触头 2KM5 断开,2KM8、2KM7 闭合,将电动机定子绕组接为 4 极,电动机高速运转。

⑥ 提升机构的保护环节动作过程

2SQ1、2SQ2、2SQ3 为限位继电器,分别做力矩超限保护、提升高度限位保护和高速限重保护。

A. 力矩超限保护

负载力矩超限时 2SQ1 动作,连接在接触器 2KM3 所在的支路断开,上升接触器 2KM3

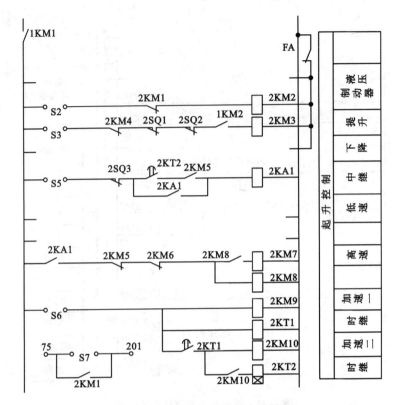

图 4.26　提升 V 挡控制电路分解图

断电释放,提升动作被禁止。同时,总电源控制线路中单独设置的力矩保护接触器 1KM2 断电,串联在接触器 2KM3 支路的常开触头 1KM2 断开,再次提供了力矩限位保护。此时,提升机构只能下降运行。

　　B. 高度限位保护

　　当提升高度超限,高度限位保护开关 2SQ2 动作,提升线路切断,2KM3 失电,提升动作被禁止。此时,提升机构只能下降运行。

　　C. 高速限重保护

　　当控制开关在第 V 挡,定子绕组接为 4 极,转子电阻被短接,电动机高速运转。若起重量超过 1.5 t 时,超重开关 2SQ3 动作,中间继电器 2KA1 断电释放,接触器 2KM7、2KM8 相继断电释放,2KM6、2KM5 相继通电吸合,电动机定子绕组自动由 4 极接法变为 8 极接法,电动机低速运转。

　　D. 电动机 M3 过电流保护

　　提升机构线路中接有瞬间动作限流保护器 FA 常闭触头,当电动机定子电流超过额定电流时 FA 动作,切断提升机构控制电路中相关控制器件的电源,电动机 M3 停止运转,液压推杆制动器断电抱闸。

　　(4) 小车变幅行走机构的控制过程

　　图 4.27 为小车变幅行走机构控制电路。图中主令开关 SA3 控制行走机构的行走动作,小车可以以高、中、低三种速度向前或向后行走。4SQ1、4SQ2、4SQ3、4SQ4 为小车极限终点、临界终点限位开关。

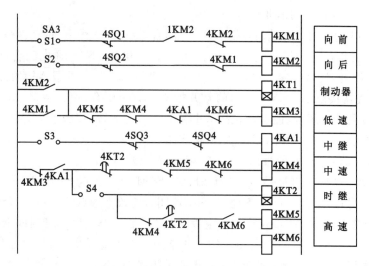

图 4.27 小车变幅行走机构控制电路

小车行走控制主令开关 SA3 触点闭合表见表 4.4。下面分析小车行走机构的控制过程。

表 4.4 小车行走控制主令开关 SA3 触点闭合表

触点编号	向 后			停车	向 前		
	Ⅲ	Ⅱ	Ⅰ		Ⅰ	Ⅱ	Ⅲ
S0				×			
S1					×	×	×
S2	×	×	×				
S3	×	×				×	×
S4	×						×

① 控制开关 SA3 拨至向前Ⅰ挡

将控制开关 SA3 拨至向前Ⅰ挡,触点 S1 闭合。若负载力矩未超限,则 1KM2 触头处于闭合状态,接触器 4KM1 通电吸合。主触头 4KM1 闭合,使电源按前进相序接通;串联在接触器 4KM2 支路的常闭触头 4KM1 断开,互锁向后运行的支路;时间继电器 4KT1 和接触器 4KM3 所在的支路通电,4KT1、4KM3 分别通电吸合。接触器 4KM3 吸合后,主触头 4KM3 闭合,将电动机 M6 按△16 极接法开始运转;串联在中、高速支路的常闭触头 4KM3 断开实现互锁。4KT1 吸合后,并联在制动电磁铁回路的分压电阻上的常闭延时断开触头延时断开,制动器做好制动准备。

直流电磁制动器 YB 通过 195 号线从线间变压器获得 48 V 交流电压,制动器通电松闸时切除电阻,制动器获得 48 V 电压。接触器 4KM1 通电吸合后,使时间继电器 4KT1 通电吸合,经过一段时间的延时,常闭延时断开触头 4KT1 断开,电阻 R 串入 YB 回路分压,直流电磁制动器 YB 保持工作电压 20 V。给直流电磁制动器 YB 加 48 V 电压闸闸,松闸后加 20 V 电压保持松闸状态,其原因是:松闸时需要的电磁力较大,需要较大的电流,故所加电压高;松闸后加 20 V 电压,足以保持松闸状态,同时为及时抱闸做准备。

② 控制开关 SA3 拨至向前Ⅱ挡

控制开关 SA3 置于向前Ⅱ挡后,触点 S1、S3 闭合。触点 S1 闭合,依然保持接触器 4KM1 通电吸合以后的上升运行状态。触点 S3 闭合,使中间继电器 4KA1 通电吸合,中间继电器的常闭触头 4KA1 断开,使接触器 4KM3 断电释放,电动机 M6 按△16 极连接的方法和中、高速互锁被解除;串接在接触器 4KM4 回路的常开触头 4KA1 闭合,使接触器 4KM4 通电吸合。接触器 4KM4 的主触头闭合,使电动机按 Y8 极接法中速运转;接触器 4KM4 串接在接触器 4KM3 回路的常闭辅助触头断开,互锁高、低速支路。

③ 控制开关 SA3 置于向前Ⅲ挡

控制开关 SA3 置于向前Ⅲ挡后,触点 S1、S3、S4 闭合。触点 S1 闭合,依然保持接触器 4KM1 通电吸合以后的上升运行状态,触点 S3、S4 闭合将改变触点 S3 单独闭合时的状态。触点 S3 闭合,中间继电器 4KA1 继续保持通电吸合状态。触点 S4 闭合,使时间继电器 4KT2 通电吸合,经一段时间延时后时间继电器 4KT2 的常闭延时开触头断开,接触器 4KM4 断电释放,电动机 M6 采用的 Y8 极接法被解除;常开延时闭触头 4KT2 闭合,接触器 4KM6、4KM5 先后通电吸合。接触器 4KM6、4KM5 的主触头相继闭合,电动机 M6 按 2△4 极接法高速运转;串联在低、中速支路中的常闭触头 4KM6、4KM5 断开实现互锁。

④ 向前与向后运行的换接

小车在向前行走的过程中,如果需要向后行走,应该将控制开关手柄先拨回零位,使控制电路恢复零位状态,再将控制开关拨至向后运行的相应挡位,其控制原理与向前行走一样。

⑤ 小车变幅行走机构的保护环节

为了防止小车行走机构向前或向后行走时超过行走范围而引发撞击事故,小车行走机构设有终点限位保护。限位保护设有两级,其原因是:若小车以较高的速度越过限位点,则限位保护装置将使小车行走机构抱闸停止,此时,吊钩上的重物将会产生过大震荡,由此可能引发事故。因此,在临近极限终点前设置一道临近终点减速保护,当小车越过该点时,自动降低小车的行走速度,以减小在极限终点位置保护装置动作引发的震荡。

小车在向前行走的过程中,作用在塔吊上的负载力矩将逐渐加大,并有可能超过允许范围,所以必须设置力矩超限保护。

A. 临近终点减速保护过程

当小车行走到临近终点限位保护点时,限位开关 4SQ3 或 4SQ4 断开,中间继电器 4KA1 失电,4SQ3、4SQ4 所在支路的中间继电器 4KA1 断电释放。此时,控制电路如同 SA3 置于Ⅰ挡的状态,即中速支路、高速支路同时被切断,低速支路接通,电动机 M6 按△16 极接法低速继续运转。

B. 终点极限保护过程

当小车越过临近终点限位位置经减速运行后到达终点极限限位点,极限终点限位开关 4SQ1 或 4SQ2 断开,4SQ1 或 4SQ2 所在的支路断电,控制线路中接触器 4KM1 或 4KM2 断电释放,抱闸电磁铁 YB 断电抱闸,小车停止行进。终点极限保护装置动作之后,小车只能向吊臂中间位置运行。

C. 力矩超限保护

当吊钩载重随小车向前运行时,负载力矩将加大,如果发生负载力矩超过允许范围,力矩超限保护装置将动作,总控制回路中的 1SQ1 将断开,力矩超限保护接触器 1KM2 断电释放,串接在接触器 4KM1 支路上的常开触头 1KM2 将断开,向前支路被切断,4KM1 断电释放,此时小车只能向后运行。当力矩超限保护装置动作后,即使负载力矩减小使力矩超限保护装置复位了,小车也不能向前运动,要向前运动必须再次按下总控制按钮 1SB1。

（5）塔臂回转机构控制过程

图 4.28 为塔臂回转机构控制电路。图中,主令开关 SA2 操控回转机构的运动,塔臂可以高、中、低三种速度向左或向右旋转;3SQ1、3SQ2 为左右旋转角度极限限位保护装置,3SQ3、3SQ4 为临近限位保护装置。

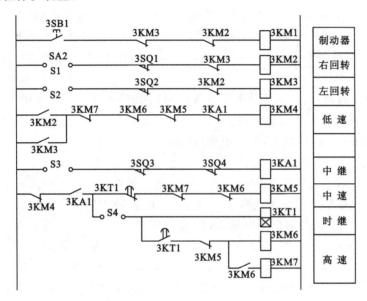

图 4.28　塔臂回转机构控制电路

表 4.5 为回转控制主令开关 SA2 触点闭合表。下面以向右回转为例,分析回转机构的控制及工作过程。

表 4.5　回转机构控制主令开关 SA2 触点闭合表

触点编号	向　　左			停车	向　　右		
	Ⅲ	Ⅱ	Ⅰ		Ⅰ	Ⅱ	Ⅲ
S0				×			
S1					×	×	×
S2	×	×	×				
S3	×	×				×	×
S4	×						×

① 主令开关 SA2 置于 Ⅰ 挡

主令开关 SA2 置于向右回转 Ⅰ 挡,触点 S1 闭合,接触器 3KM2 通电吸合。主触头 3KM2 闭合,使电动机 M5 的主电路电源按右转相序接通;串接在接触器 3KM4 支路的辅助常开触头 3KM2 闭合,使接触器 3KM4 通电吸合;串接在接触器 3KM3 支路的辅助常闭触头 3KM2 断开,互锁向左回转运行。

　　接触器 3KM4 通电吸合后,辅助常闭触头 3KM4 断开接触器 3KM5、3KM6、3KM7 所在的中、高速回路,形成低速与高速互锁;主触头 3KM4 将电动机 M5 的定子绕组接成△16 极,电动机 M5 开始低速向右运转。

　　② 主令开关 SA2 置于Ⅱ挡

　　主令开关 SA2 置于向右回转Ⅱ挡时,触点 S1、S3 闭合。触点 S1 闭合,对接触器 3KM2 的控制动作过程同主令开关 SA2 置于Ⅰ挡所述。触点 S3 闭合,使中间继电器 3AK1 通电吸合。

　　中间继电器 3KA1 串联在低速接触器 3KM4 支路的常闭触头断开,接触器 3KM4 断电释放。主触头 3KM4 断开,解除了电动机 M5 定子绕组 Y16 极的接法;同时,串联在接触器 3KM5、3KM6、3KM7 回路的辅助常闭触头 3KM4 闭合,为中、高速连接做准备。中间继电器 3AK1 通电吸合,使串联在接触器 3KM5 所在的中速支路的常开触头 3AK1 闭合,接触器 3KM5 通电吸合。

　　接触器 3KM5 通电吸合,其主触头使电动机 M5 的定子绕组接成 Y8 中速运行;串接在接触器 3KM5、3KM6 支路的常闭辅助触头 3KM5 断开,互锁中速与高速;串接在接触器 3KM4 支路的辅助常闭触头 3KM5 断开,互锁中速与低速。

　　③ 主令开关 SA2 置于Ⅲ挡

　　主令开关 SA2 置于Ⅲ挡时,触点 S1、S3、S4 闭合。触点 S1 闭合,对接触器 3KM2 的控制动作过程同主令开关 SA2 置于Ⅰ挡所述。触点 S3 闭合,使中间继电器 3AK1 继续保持通电吸合状态。触点 S4 闭合,使时间继电器 3KT1 通电吸合。

　　时间继电器 3KT1 吸合后,经过一段时间的延时,串接在接触器 3KM5 支路的常闭延时开触头 3KT1 断开,接触器 3KM5 断电释放。接触器 3KM5 断电释放后,连接在主电路中的主触头 3KM5 断开,解除电动机 M5 定子绕组的 Y8 连接;串联在接触器 KM6、KM7 支路的辅助常闭触头 3KM5 闭合,解除中速与高速的互锁;串联在接触器 3KM4 支路的辅助常闭触头 3KM5 闭合,解除中速与低速的互锁。

　　时间继电器 3KT1 串联在 3KM5、3KM6 支路的常开延时开触头 3KT1 闭合,使接触器 3KM6、3KM7 依次通电吸合。接触器的主触头 3KM6、3KM7 闭合,使电动机 M5 的定子绕组按照 2△4 接法高速运转;接触器 3KM6、3KM7 串接在接触器 3KM5 支路的辅助常闭触头 3KM6、3KM7 断开,互锁高速与中速;接触器 3KM6、3KM7 串接在接触器 3KM4 支路的辅助常闭触头 3KM6、3KM7 断开,互锁高速与低速。

　　④ 回转机构左转控制

　　回转机构左转控制的过程基本与右转控制相同,不同的只是连接电源的接触器为 3KM3。

　　⑤ 准确停车定位控制

　　塔臂回转机构的液压推杆制动器只是作为定位使用的,油泵电动机 M4 由接触器 3KM1 控制,电动机通电时制动,断电时松闸。当塔臂旋转到适当位置时,控制开关 SA2 回到停车挡,3KM2、3KM3 恢复常闭,此时,按下控制按钮 3SB1,接触器 3KM1 得电,制动电动机 M4 动作,使回转机构制动停止。

　　控制电路中串入接触器 3KM2、3KM3 的常闭触头是为了保证只有在回转电动机停止工作时制动器才能动作。

⑥ 塔臂回转机构的保护环节

A. 回转角临界减速保护

当塔臂向右(左)旋转接近极限角度时,减速限位开关 3SQ3(3SQ4)动作断开,中间继电器 3KA1 和接触器 3KM5、3KM6、3KM7 失电,3KM4 通电吸合,回转电动机低速运行。

B. 回转角度限位保护

当向右(左)旋转到极限角度时,限位继电器 3SQ1(3SQ2)动作,接触器 3KM2(3KM3)断电释放,回转电动机停转,此时,回转机构只能做反向旋转操作。

小 结

本课题对建筑施工现场常用的施工机械——混凝土振动器、混凝土搅拌机械、附墙式升降机、塔式起重机进行了介绍,并对典型设备的控制电路进行了分析。

学习时始终要明白电气控制系统是为机械设备的工艺过程服务的,因此,首先必须弄清楚这些施工机械各部分的工艺过程,然后通过阅读主电路弄清楚电动机的动作过程与生产机械的工艺过程的关系,弄清楚控制电动机的各个接触器和电动机动作过程的关系。在弄清了接触器和电动机的运行控制之间的关系后,再去阅读控制电路。任何复杂的控制电路都是由基本的控制电路加以组合而成,在阅读控制电路的过程中,要弄清楚每一个器件的作用、动作顺序,并联系电动机的动作过程进行阅读。

思考题与习题

4.1 混凝土搅拌机的上料系统是如何工作的?

4.2 什么是零位保护?

4.3 附墙电梯由哪几个部分构成?

4.4 涡流制动器在塔式起重机、附墙电梯中起什么作用?

4.5 塔式起重机的电气控制系统由几个部分构成? 各起什么作用?

4.6 塔式起重机对回转机构的制动器有什么要求?

4.7 塔式起重机在下降时,电动机处于什么工作状态?

4.8 塔式起重机的提升机构中,液压推杆制动器的电动机的电源为什么要从吊钩电动机的转子中引入?

4.9 塔式起重机中,顶升机构是怎样工作的?

课题 5　楼宇常用设备电气控制

知识目标

1. 了解电梯的基本构造、电梯电气控制的基本任务、电梯常用的控制器件基本原理,掌握电梯控制电路的分析方法及电梯的运行调试步骤和方法;

2. 了解空调系统常用的调节装置结构和原理,掌握各种空调系统的分析方法;

3. 了解给排水控制系统的组成和工作原理;

4. 了解锅炉房设备的组成和工作过程,掌握锅炉电气控制系统的工作原理。

能力目标

1. 能够较熟练地分析电梯控制线路的工作原理,进行电梯简单的运行调试;

2. 能够进行空调系统控制线路的分析,并能对空调系统的故障进行简单判定;

3. 能够全面掌握锅炉房设备的组成和工作原理,并能分析锅炉房设备的工作原理,排除基本故障。

5.1　电梯控制电路

5.1.1　电梯的分类

(1) 按用途可分为乘客电梯、载货电梯、客货电梯、病床电梯、杂物电梯、住宅电梯、特种电梯等。

(2) 按运行速度可分为低速电梯(速度 $v \leqslant 1.0$ m/s)、快速电梯(速度 1.0 m/s$<v<2.0$ m/s)、高速电梯(速度 $v \geqslant 2$ m/s)。

(3) 按曳引电动机的供电电源可分为采用交流异步双速电动机拖动,简称交流双速电梯,为低速电梯;采用交流异步电动机拖动,简称交流调速电梯,多为快速电梯;直流电动机拖动,简称直流电梯,为高速电梯。

5.1.2　电梯的结构和工作原理

电梯主要由机房、曳引机、轿厢、对重以及安全保护设备等组成,如图 5.1 所示。电梯是一种起重运输设备,电梯的轿厢在建筑物的电梯井道中上、下运行,井道上方设有机房,机房内有曳引机和电梯电气控制柜。

曳引机由交流电动机或直流电动机拖动,通过曳引钢丝绳和曳引轮之间的摩擦力(曳引力),驱动轿厢和对重装置上、下运行。为了提高电梯的安全可靠性和平层准确度,曳引机上装有电磁式制动器。

轿厢用来运送乘客或货物。对重是对轿厢起平衡作用的装置。轿门设在轿厢靠近厅门的一侧,厅门与轿门一样供司机、乘用人员和货物出入,轿、厅设有开关门系统。

按电梯构件在电梯中所起的作用可分为驱动部分、运动部分、安全设施部分、控制操作部分和信号指示五部分。

控制操作部分有控制柜 20、操纵箱 8、换速平层感应器 6 和开门机 7 等,这是电梯的控制中心。

信号指示部分包括轿内指层灯和厅外指层灯等,用于指示电梯运行方向、所在层位的指示和厅外乘客呼梯情况的显示等。

电梯的安全保护尤为重要,主要由门限位开关、上下行限位开关、极限开关、轿顶安全栅栏、安全窗、底坑防护栅栏、限速器、安全钳和缓冲器等组成。

5.1.3 电梯的电气控制系统

电梯的电气控制设备由控制柜、操纵箱、选层器、换速平层器、自动开关门装置、指层灯箱、召唤箱、超速保护、上下限位保护、轿顶检修箱等部件组成。

1. 操纵箱

操纵箱一般位于轿厢内,是司机、乘客控制电梯运行的指令装置。其上配有控制电梯的控制按钮(包括选择电梯工作状态的钥匙开关、急停按钮、应急按钮、点动开关门按钮)及轿内照明灯开关、电风扇开关、蜂鸣器、选层按钮、厅外呼梯人员所在位置指示灯和厅外呼梯人员要求前往方向信号灯等。

(1)选层按钮:操纵箱面板上装有带指示灯的层站按钮组,数量由楼层数决定,用于发出停层指令。当按下一个或几个按钮时,相应楼层指令继电器通电并自锁,指示灯亮,轿厢停层指令被登记,电梯关门起动后轿厢按登记的层站停靠。

(2)起动按钮:操纵箱面板上左右各装一个起动按钮,分别用于上行起动和下行起动。

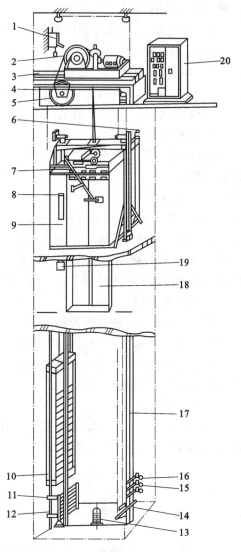

图 5.1　电梯的基本结构示意图

1—极限开关;2—曳引机;3—承重梁;4—限速器;
5—导向轮;6—换速平层感应器;7—开门机;
8—操纵箱;9—轿厢;10—对重装置;11—防护栅栏;
12—对重导轨;13—缓冲器;14—限速器涨紧装置;
15—基站厅外开关门开关;16—限位开关;17—轿厢导轨;
18—厅门;19—招呼按钮箱;20—控制柜

(3)直驶按钮:按下该按钮,厅外招呼停层无效,电梯只按轿厢内指令停层。

(4)应急按钮:只在检修时按下应急按钮,轿厢可在轿门、厅门开启状态下移动。

(5)开、关门按钮:作开、关轿门使用。此开关在轿厢运行中不起作用。

(6)急停按钮(安全开关):按下此按钮,切断电梯控制电源,电梯立即停止运行。

(7)警铃按钮:当电梯在运行中突然发生事故停车,轿厢内乘客可按下此按钮向外报警,以便及时解除困境。

（8）钥匙开关：用来控制电梯运行、检修状态或有无司机状态。司机用钥匙将开关旋至停止位置时，电梯则无法起动。

（9）检修开关（慢车开关）：在检修电梯时用来获得低速运行的开关。

（10）照明开关：控制轿厢内照明。由机房专用电源供电，不受电梯主电路供电控制。

（11）风扇开关：控制轿内电风扇。

（12）呼梯楼层和呼梯方向指示灯：当电梯层站外乘客发出呼梯指令时，使相应的楼层继电器通电动作，相应的呼层楼层指示灯和呼梯方向指示灯亮。当电梯轿厢应答到位后，其指示灯自行熄灭。

2. 指层灯箱

指层灯箱上装有电梯上行方向灯、下行方向灯和各楼层指示灯。

厅外指示灯箱设置在各层楼厅门上方，给乘梯人员提供电梯运行方向和电梯运行所在位置的指示；轿厢内指示灯箱设置在轿门上方，向轿厢内乘客显示轿厢运行方向和轿厢所在楼层位置。轿内指层灯箱的结构与厅外指层灯箱相同。

3. 召唤按钮箱

召唤按钮箱装在电梯各停靠站的厅门外侧，供厅外乘梯人员召唤电梯使用。

在电梯上端站，召唤按钮箱只装设一只下行召唤按钮。在电梯下端站，召唤按钮箱只装设一只上行召唤按钮。若下端站还作为基站时，应加装一只厅外控制自动开关门的钥匙开关。对于中间层站，召唤按钮箱上都装设一只上行、一只下行的召唤按钮。

4. 轿顶检修箱

轿顶检修箱位于轿厢顶，检修箱上装有控制电梯慢上、慢下的按钮及点动开关门按钮、急停按钮、轿顶检修转换开关、轿顶检修灯及其开关等，供检修人员安全、可靠、方便地检修电梯用。

5. 平层装置

平层装置是指轿厢接近停靠站时，能自动使轿厢地坎与层门地坎准确平层的装置。电梯的平层装置多采用由轿厢导轨上装设的隔磁板、轿厢顶上装设的平层感应器组成。

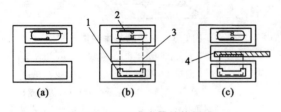

图 5.2　平层感应器结构原理
（a）永久磁铁置入前；（b）永久磁铁置入后；（c）隔磁板插入后
1—永久磁铁；2—干簧管；3—磁力线；4—隔磁板

平层感应器由干簧管和永久磁铁组成，图 5.2 为平层感应器结构原理图。干簧管由三片铁镍合金片组成一对常闭、一对常开触头，将其密封在玻璃管内。图 5.2（a）为未放入永久磁铁时干簧管的触头处于原始闭合与断开状态。图 5.2（b）为永久磁铁放入感应器后，在磁场作用下，管内的常开触头闭合、常闭触头断开，相当于电磁继电器通电动作。图 5.2（c）为隔磁板插入永久磁铁与干簧管之间时，由于永久磁铁产生的磁场被隔磁板旁路，管内的动触头失去磁力作用，触头恢复初始状态，相当于电磁继电器的断电释放。

平层装置动作原理：平层装置分为具有平层功能的、具有提前开门功能的和具有自动平层功能的三种平层器。以自动平层功能的平层器为例来说明平层动作原理。

在轿厢顶设置了三个垂直安放的干簧感应器，由上至下分别为上平层、门区和下平层三个感应器，其间距为 500 mm 左右。在轿厢导轨上，井道内每一层站分别装有一块长约 600 mm

的平层隔磁板。当电梯轿厢上行,接近预选的楼层时,电梯由快速变慢速运行;当轿厢顶上的上平层感应器进入该层站的平层隔磁板后,使已慢速运行的电梯进一步减速,轿厢仍上行;当门区感应器进入隔磁板时,电路就准备延时断电;而当下平层感应器进入隔磁板时,电梯就停止,此时已完全平好层。若电梯因某种原因超过平层位置时,上平层感应器离开了隔磁板,使相应的继电器动作,电梯反向平层,最后达到较好的平层精度。

6. 选层器

选层器放置在机房内,它模拟电梯运行状态,发出显示轿厢位置信号,根据内外指令登记信号确定电梯运行方向,自动消除厅外召唤记忆指示灯信号及轿内指令登记信号,在到达预定停靠站前发出减速及开门信号,有些发出到站平层停靠信号。目前,多采用机械选层器。图 5.3 为选层器示意图。选层器内有一组与电梯层站数相同的固定板,其上装有电触头,用来模拟各层站。与轿厢同步运动的滑动板,其上装有电触头,用来模拟轿厢的运动。当电梯上下运动时带动钢带,钢带牙轮带动链条,经减速箱通过链条传动,带动选层器上的动滑板运动,这样就把轿厢运动模拟到动滑板上。根据运动情况,动滑板与选层器机架上的层站固

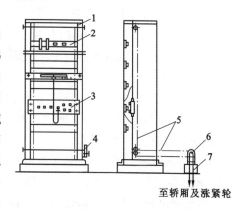

图 5.3 选层器

1—机架;2—层站固定板;3—滑动板;4—减速箱;
5—传动链条;6—钢带牙轮;7—冲孔钢带

定板的接触和离开,完成触头的接通与断开,起到电气开关作用,从而发出各种信号。

7. 控制柜

控制柜安装在机房内,是电梯电气控制系统实现各种性能的控制中心,其内装有起控制作用、执行作用的各种电器元件。它通过专用线槽与机房内、井道中和厅门外的电气设备连接,并通过随梯电缆和轿厢的电气设备相连接。

一般电梯主电路控制电器元件安装在一个控制柜中,其他控制电路元件安装在一个柜中;对于电阻式制动交流双速电梯,制动电阻安装在一个柜中。

8. 限位开关与极限开关装置

在电梯的上、下端站设置限制电梯运行区域的限位开关。在交流电梯中,当限位开关失灵或其他原因造成轿厢超越端站楼面 100～150 mm 距离时,通过极限开关装置切断电梯主电源。

5.1.4 对电梯的各种控制要求

1. 安全要求

(1) 机械安全保护系统

① 轿顶安全窗:设在轿厢顶部向外开启的封闭窗。为便于发生事故或故障时司机或检修人员上轿顶检修井道内的设备,必要时乘梯人员可以由此安全撤离轿厢。窗上装有安全窗开关,当安全窗打开时,开关断开控制电路电源,电梯无法运行。

② 轿顶安全栅栏:检修人员上轿顶检修和保养时为确保电梯维护人员安全,在轿顶装设的安全防护栏。

③ 底坑防护栏:在底坑内,轿厢、对重的正对下方的范围内设有安全防护栏和底坑安全开关。无人进入底坑,防护栏合上,底坑开关闭合,控制电路通电,这时方可起动电梯。

④ 限速器与安全钳：当轿厢运行速度达到额定运行速度的 115%～140% 时，限速器开关动作，其常闭触头打开，控制电路电源切断，曳引电动机停车制动。同时，限速器通过连杆机构使安全钳动作，将轿厢夹持在轿厢导轨上，其常闭触头断开，切断控制电路电源。

⑤ 缓冲器：为对电梯轿厢冲顶或墩坑时起缓冲作用，在底坑内轿厢的正下方设置了两个缓冲器，对重的正下方设置一个缓冲器。低速电梯采用弹簧缓冲器，快速与高速电梯采用液压缓冲器。

（2）电气安全保护系统

① 门开关保护：在轿厢门及各层厅门的关门终端处都装有行程开关，这些开关的常开触头串联在控制电路中，所有门全部关闭后控制电路才接通电源，曳引电动机才能起动，电梯才得以运行。

② 电梯终端超越保护装置：由强迫减速开关、终端限位开关和极限开关组成。

● 强迫减速开关：由上、下强迫减速开关组成，分别安装在井道的顶部和底部，对应的撞板分别安装在轿厢的顶部和底部。当电梯失控，轿厢已到顶层或底层楼层时仍不减速停车，撞板压下相应的减速开关，相应触头断开使控制电路断电，曳引电动机抱闸制动停车。

● 终端限位开关：由上、下终端限位开关组成。当强迫减速开关失灵，未能使电梯减速停驶，轿厢越出顶层或底层位置后，撞板使上限位或下限位开关动作，迫使电梯停止运行。终端限位开关动作使电梯停驶后，电梯仍可应答楼层呼梯信号，向相反方向继续运行。

● 终端极限开关：由极限开关的上、下碰轮及铁壳开关、传动钢丝绳等组成。钢丝绳一端绕在装于机房内的铁壳开关闸柄的驱动轮上，另一端与上、下碰轮架相接。当电梯失控时，经过强迫减速开关、终端限位开关未使轿厢减速停驶，此时轿厢的撞板与碰轮相碰，经杠杆牵动与铁壳开关相连的钢丝绳运动，配合重锤，带动铁壳开关动作切断主电路电源，迫使轿厢停止运动，防止轿厢冲顶或蹾坑。

③ 超载保护装置：载重量超过额定载荷的 110% 时超载保护装置开关动作，切断电梯控制电路，使电梯不能起动。对于集选电梯，当载重量达到额定负载的 80%～90% 时，便接通电梯直驶电路，运行中的电梯将不应答厅外呼梯信号，直驶预定楼层。

2. 电梯对电机要求

（1）电梯用交流电动机：电梯能准确地停止于楼层平面上，须使停车前的速度愈低愈好，这就要求电动机有多种转速。交流双速电动机的变速是利用变极的方法实现的，变极调速只应用在鼠笼式电动机上。专用于电梯的交流双速电动机分为双绕组双速（JTD 系列）和单绕组双速（YTD 系列）两种。前一种电动机是在定子内安放两套独立绕组，极数一般为 6 极和24 极，后一种电动机是通过改变定子绕组的接线来改变极数进行调速。它们具有起动转矩大、起动电流小的特点。

电梯双速电动机的高速绕组是用于起动、运行。为了限制起动电流，通常在定子电路中串入电抗或电阻来改变起动速度的变化；低速绕组用于电梯减速、平层过程和检修时的慢速运行。电梯减速时，电动机由高速绕组切换成低速绕组的初始，电动机转速高于低速绕组的同步转速而处于再生发电制动状态，转速将迅速下降。为了避免过大的减速度，在切换时应串入电抗或电阻并分级切除，直至以慢速绕组速度进行低速稳定运行到平层停车。

（2）开、关门电动机：现代电梯一般都要求能自动开、关门。开、关门电动机多采用直流他激式电动机作动力，并利用改变电枢回路电阻的方法来调节开、关门过程中的不同速度要求。轿门的开闭由开关门电动机直接驱动，厅门的开闭则由轿门间接带动。

为使轿厢门开闭迅速而又不产生撞击,开门过程中应快速进行,最后阶段应减速,门开到位后,门电机应自动断电。在关门阶段应快速,最后阶段分两次减速,直到轿门全部关闭,门电机自动断电。开、关门速度变化过程为:

开门:低速起动运行→加速至全速运行→减速运行→停机靠惯性运行使门全开。

关门:全速起动运行→第一级减速运行→第二级减速运行→停机靠惯性使门全闭。

门在开关过程中速度的变化是改变开关门直流电动机电枢电压实现的,而电枢电压的改变是由开、关门减速开关控制。开关门的停止由开关门限位开关控制。

为了防止电梯在关门过程中夹人或物,带有自动门的电梯常设有关门安全装置。在关门过程中只要受到人或物的阻挡便能自动退回。

3. 电气控制要求

(1) 对专职司机可有可无:交流集选控制电梯操纵箱上设有钥匙开关,其上设"有、无、检"三个工作状态。管理人员或司机根据实际情况用专用钥匙扭动钥匙开关,使电梯分别处在"有、无司机控制(乘用人员自行控制),检修慢速运行控制"三种运行状态下。

(2) 到达预定停靠的中间层站时,可提前自动换速和自动平层。

(3) 自动开、关门。

(4) 到达上下端站时,提前自动强迫电梯换速和自动平层。

(5) 厅外有召唤装置,召唤时厅外有记忆指示灯,轿内有音响信号和指示灯信号。

(6) 厅外有电梯运行方向和位置指示信号。

(7) 召唤要求执行完毕后,自动消除轿内、厅外原召唤记忆指示信号。

(8) 司机可接收多个乘客要求作指令登记,然后通过点按起动或关门起动按钮起动电梯,直到完成运行方向的最后一个内、外指令为止。若相反方向有内、外指令,电梯自动换向,点按起动或关门起动按钮后起动运行。运行前方出现顺向召唤信号时,电梯能到达顺向召唤层站自动停靠开门。司机可通过直驶按钮使电梯直驶。

5.1.5 交流双速电梯控制线路分析

交流双速电梯电气控制系统由拖动电路部分、直流控制电路部分、交流控制电路部分、照明电路部分、厅外召唤电路部分以及指示灯信号指示电路六部分组成。采用不同控制方式的交流双速电梯电气控制系统,除直流控制电路部分有较大的区别外,其余五部分基本相同,而交流双速控制电梯电气控制系统具有较完善的性能、较高的自动化程度,多被用在速度 $v \leqslant$ 1.0 m/s以下的乘客电梯上。

交流双速控制电梯电气控制系统按电路功能分为自动门的开关电路、轿厢指令控制与厅外召唤控制电路、指层电路与定向控制电路、电梯的起动加速与减速平层电路等。各电路之间的控制关系如图5.4所示。正是上述电路的相互配合,曳引电动机按指令起动、正转、反转,加速、等速,调速、制动、停止,实现电梯各种工作状态的运行。

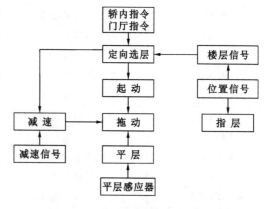

图5.4 电梯各部分电路的控制关系

图 5.5 为五层站 KTJ—□□/10—XH 型交流双速信号控制电梯电气原理图。电路可分为主拖动电路、开关门电路、起动运行电路、楼层分向电路、自动定向电路、停层与平层电路、停层指令记忆及复位电路、呼梯电路及层楼、升降指示电路和轿内信号指示电路等。表 5.1 为该电梯主要电器元件文字符号。

表 5.1 KTJ—□□/1.0—XH 电梯主要电器元件文字符号

文字符号	名　　　称	文字符号	名　　　称
QS	电源总开关	SB1～SB5	停层指令按钮
QS1	极限开关	SB6、SB7	点动关门、开门按钮
SA1	厅外开门钥匙开关	SB8	应急按钮
SA2	安全开关	SB9、SB10	向上、向下起动按钮
SA3	检修开关	SB11～SB14	向上呼梯按钮
SA4	指示灯开关	SB22～SB25	向下呼梯按钮
SA5	轿内照明开关	KT1	快加速时间继电器
SA6	轿内风扇开关	KT2～KT4	慢加速时间继电器
KM1、KM2	上升、下降接触器	KT5	快速时间继电器
KM3	快速接触器	KT6	停站时间继电器
KM4	慢速接触器	KT7	停站触发时间继电器
KM5	快加速接触器	SQ1	安全窗开关
KM6～KM8	慢加速接触器	SQ2	断绳开关
KA1	电压继电器	SQ3	安全钳开关
KA2、KA3	关门、开门继电器	SQ4	厅外开门行程开关
KA4	门锁继电器	SQ5	开门减速开关
KA5	运行继电器	SQ6	开门行程开关
KA6	检修继电器	SQ7、SQ8	关门减速开关
KA7	向上平层继电器	SQ9	关门行程开关
KA8	向下平层继电器	SQ10	轿门行程开关
KA9	开门控制继电器	SQ11～SQ15	梯门行程开关
KA11～KA15	楼层继电器	SQ16、SQ18	上升行程开关
KA21～KA25	楼层控制继电器	SQ17、SQ19	下降行程开关
KA26	向上方向继电器	KR1～KR5	楼层感应器
KA27	向上辅助继电器	KR6、KR7	上、下平层感应器
KA28、KA29	向上、向下起动继电器	KR8	开门控制感应器
KA30	向下辅助继电器	HL1～HL5	楼层指示灯
KA31	向下方向继电器	HL6、HL7	上、下方向箭头灯
KA32	起动关门继电器	HL8、HL9	向上、向下指示灯
KA33	起动继电器	HL11～HL15	停层指令记忆灯
KA41～KA45	停层指令继电器	HL16、HL17	向上、向下呼梯方向灯
KA46	蜂鸣继电器	HL18、HL19	轿内照明灯
KA51～KA54	向上呼梯继电器	HA1	蜂鸣器
KA62～KA65	向下呼梯继电器	HA2	轿内电铃

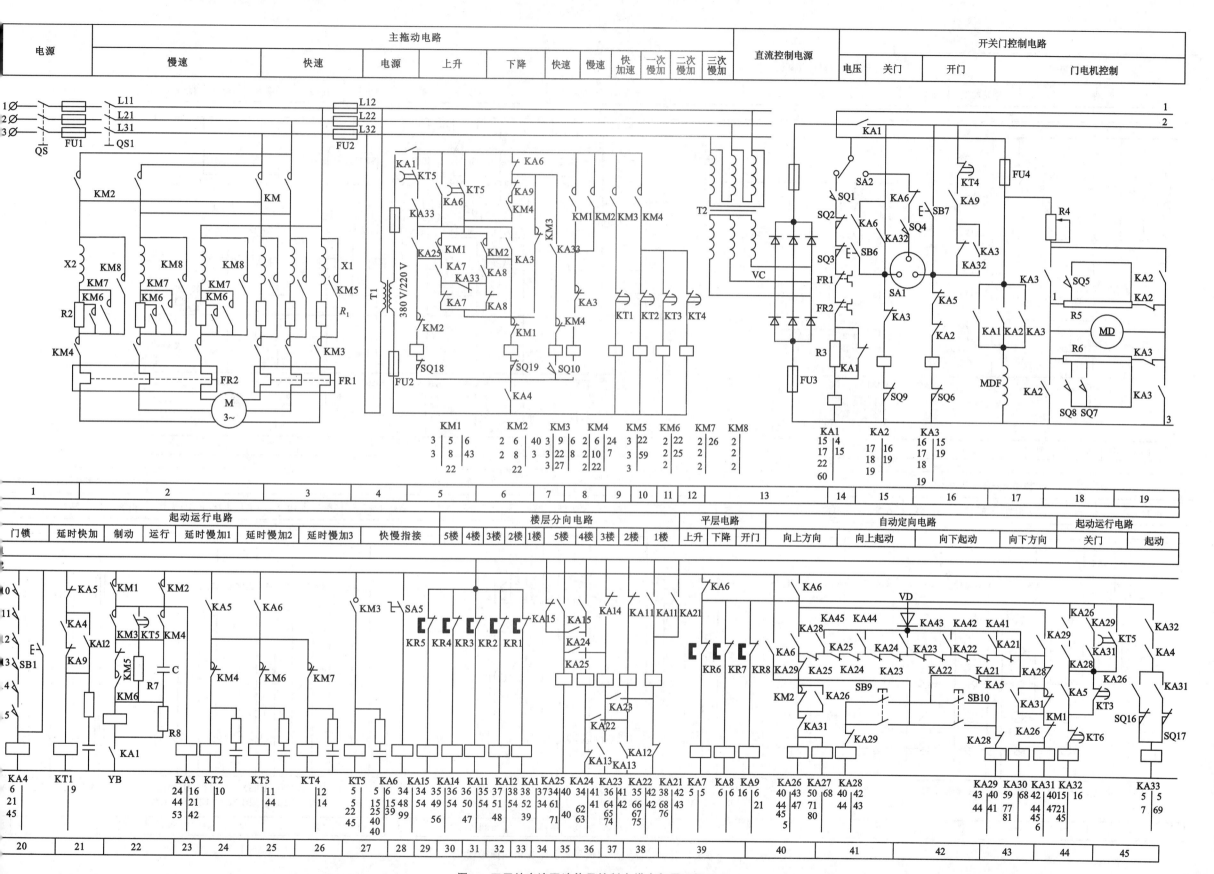

图5.5 五层站交流双速信号控制电梯电气原理图(a)

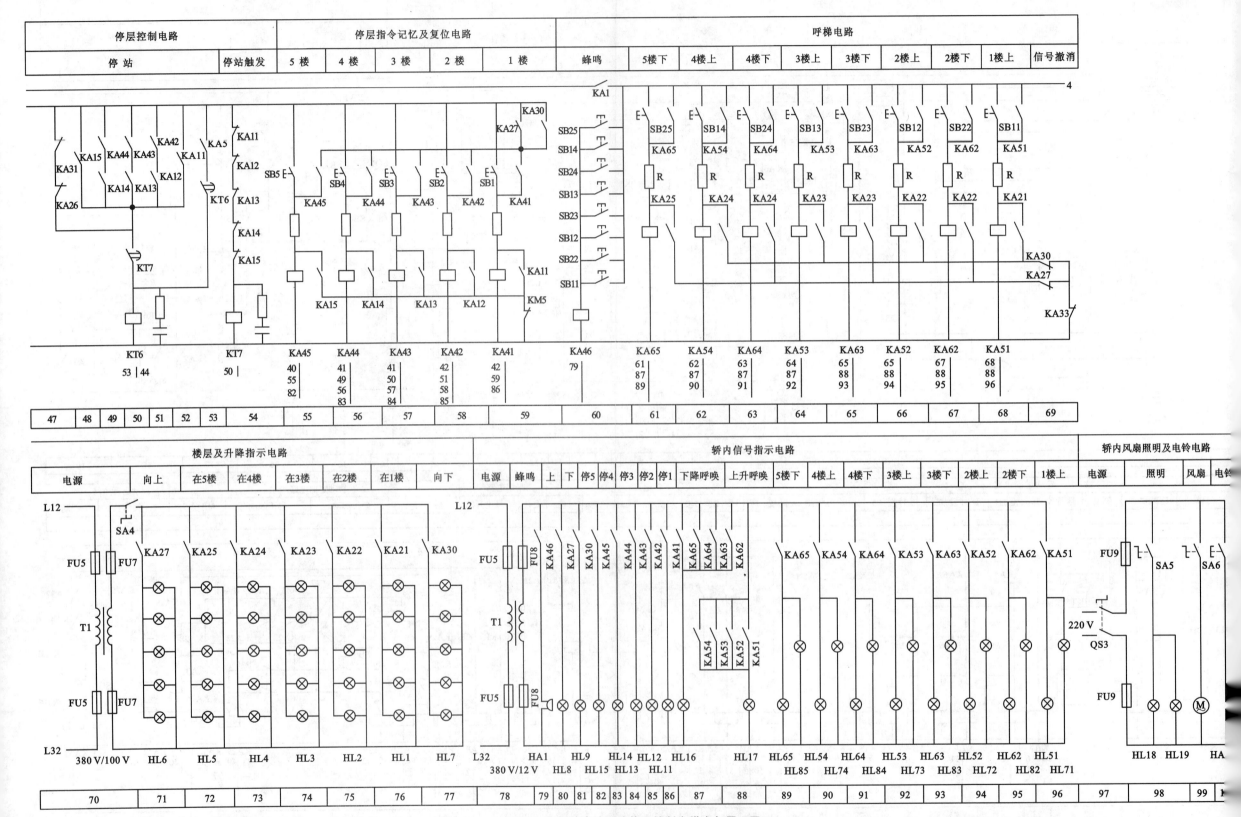

图5.5 五层站交流双速信号控制电梯电气原理图(b)

1. 主电路分析

由图 5.6 可知,五层站交流双速信号控制电梯有一台主拖动电动机 M 和一台开关门电动机 MD。前者是交流双速异步电动机,其定子绕组极数为 6/24 极,同步转速为 1000 r/min 与 250 r/min;后者是直流并励电动机,额定功率 120 W,额定电压 110 V,额定转速 1000 r/min。

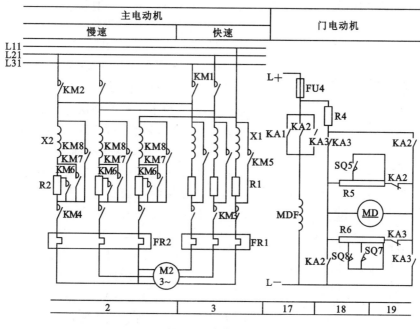

图 5.6 主电路图

(1)主拖动电动机的主电路分析

在图 5.6 中,M 为交流双速异步电动机,KM1 为上升接触器,KM2 为下降接触器,用以控制电动机 M 的正、反转,实现轿厢的上升与下降。KM3 为快速接触器,KM4 为慢速接触器,KM5 为快加速接触器,KM6、KM7、KM8 为慢速一、二、三级减速接触器。

电梯起动时,由 KM3 主触头接通 M 电动机快速绕组,串入电抗 X1 与电阻 R1 进行减压起动,然后 KM5 主触头短接阻抗,使电动机 M 在全压下加速起动,直至以快速稳定运行。

在停层时,由 KM4 主触头接通慢速绕组,经串接的电抗 X2 和电阻 R2 进行再生发电制动,然后由 KM6、KM7、KM8 主触头分级将阻抗短路,实现减速运行。

(2)开关门电动机 MD 的主电路分析

开关门电动机 MD 是一台直流并励电动机,MDF 为其励磁绕组。改变电枢电压的极性可改变 MD 的旋转方向,从而实现轿门与厅门的开启与关闭。图 5.6 中,KA3 为正转开门继电器,KA2 为反转关门继电器。而改变电枢绕组串并联电阻可实现对电动机速度的调节。图 5.6 中 R4 为电枢的串联电阻,R5、R6 分别为开门与关门时的电枢并联电阻,其上又分别由行程开关 SQ5 与 SQ7、SQ8 来实现开门与关门时的速度调节。电枢串联电阻阻值越大,电枢电压越低,电动机转速就越低,开关门速度就越低。所以,调节电枢串联电阻 R4 可改变开关门的速度,而改变位于轿门顶上的行程开关 SQ5 与 SQ7、SQ8 的安装位置可进一步单独改变开门与关门减速的位置,因为 SQ5 与 SQ7、SQ8 行程开关分别是由轿门开启与关闭过程中碰压才动作的。

电梯的轿门是由开关门电动机经轿厢顶上的自动开关门机构来带动的,厅门的开闭又是通过轿门上的机构来带动的,所以,厅门与轿门是同步进行的。

　　2. 控制电路分析

　　电梯交流控制电路、楼层及上升、下降方向指示电路与轿内信号指示电路的电源是由图 5.5(a)中控制变压器 T1 将 380 V 降为 220 V、110 V、12 V 供给的。直流控制电路电源是由图 5.5(a)中整流变压器 T2 降压,经三相桥式整流电路 VC 供出直流 110 V 电压获得的。

　　　　　　　　　　　　　　　(1)电梯的启用和停用

　　　　　　　　　　　　　图 5.7 为轿厢位于基站时感应器的状态。这时轿厢顶上的上平层感应器 KR6、开门感应器 KR8 和下平层感应器 KR7 已进入位于井道内 1 层的平层隔磁板内,同时位于 1 层的楼层感应器 KR1 已进入轿厢顶部的停层隔磁板中,所以 KR1、KR6、KR8、KR7 中的干簧管内的常闭触头都因隔磁板的隔磁作用而恢复闭合状态,为相应的继电器线圈通电做好准备。但此时 1 楼层继电器 KA11 及 1 楼层控制继电器 KA21 保持通电状态。

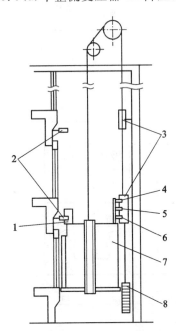

图 5.7　电梯平层时的感应器状态

1—停层隔磁板;2—楼层感应器 KR1;

3—平层隔磁板;4—上平层感应器 KR6;

5—开门控制感应器 KR8;6—下平层感应器 KR7;

7—轿厢;8—对重

　　　　　　　　　　　　　只有电梯停在基站时,才可以对电梯作停用或启用操作,见图 5.8。司机在上次下班时,将轿厢开至基站,使井道内的厅外开门行程开关 SQ4 压下,楼层与升降指示灯开关 SA4 断开,安全开关 SA2 扳到右边位置,接通厅外开门钥匙开关 SA1 做准备,再用钥匙将 SA1 开关转向左边,关门继电器 KA2 通电,将电梯门关闭。

　　　　　　　　　　　　　启用电梯时,司机将钥匙插入 SA1 中并转向右侧,开门继电器 KA3 经 SA2 右触头、KA6 检修继电器常闭触头,SQ4 厅外开门行程开关已压下,其常开触头闭合,SA1 右触头、KA5 运行继电器、KA2 关门继电器常闭触头、SQ6 常闭触头闭合,开关门电动机 MD 正向起动旋转,拖动厅门与轿门同时开启,当门开启至三分之二行程时,轿厢门上的撞块压下 SQ5 行程开关,短接了 R5 上的大部分电阻,开关门电动机 MD 减速运转,门减速开启。当门开足后,压下行程开关 SQ6,开门继电器 KA3 断电,开关门电动机 MD 断开电枢电压,经电阻 R5 和 R6 进行能耗制动至停转,如图 5.8 所示。

　　司机进入轿厢后,首先合上楼层及升降指示电路开关 SA4;由于 KA11、KA21 早已通电吸合,故 SA4 开关闭合使各层楼的指层灯 HL1 亮,如图 5.9 楼层指示电路所示。各层厅门上方的指层灯箱上显示"1",表明轿厢位于一层楼。

　　再将安全开关 SA2 扳向左侧位置,电压继电器 KA1 线圈经 SA2 左触头、安全窗开关 SQ1、限速器断绳开关 SQ2、安全钳开关 SQ3、热继电器 FR1 和 FR2 常闭触头、电阻 R3 通电,交、直流控制电路接通电源。使上下平层继电器 KA7、KA8,开门继电器 KA9 线圈通电。控制电路处于运行前的正常状态。

　　根据进入轿厢乘客的停层要求及各层楼厅外呼梯要求,司机按下相应的选层按钮 SB2～SB5。如要求在 3 层停靠,可按下 SB3 停层按钮,见图 5.10。停层指令继电器 KA43 线圈通电

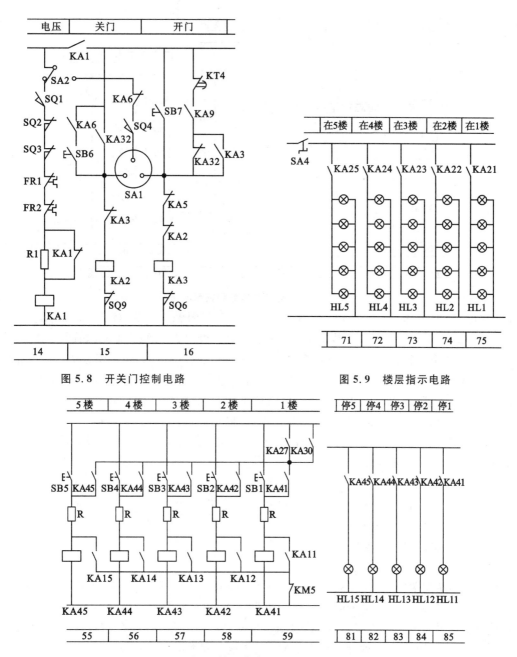

图 5.8　开关门控制电路

图 5.9　楼层指示电路

图 5.10　停层指令记忆及指示电路

并自锁。轿内指示灯 HL13 亮,表明停站信号已被登记。此时由于 1 楼层控制继电器 KA21 常闭触头切断了定向电路中向下继电器 KA31 的通路,所以 KA43 触头只能接通定向电路中向上方向继电器 KA26、KA27。如图 5.11 所示,KA27 触头又使 KA43 自锁,并点亮了位于起动按钮 SB9 内的指示灯 HL8,指示司机按下 SB9 向上起动按钮使电梯向上;KA27 触头也接通了向上方向指示灯 HL6,各层楼厅门顶上的"向上"箭头灯均亮,表示准备向上运行。

(2)自动关门和开门

关门:按下向上起动按钮 SB9 或在关门全过程中要一直按下 SB9。向上起动继电器

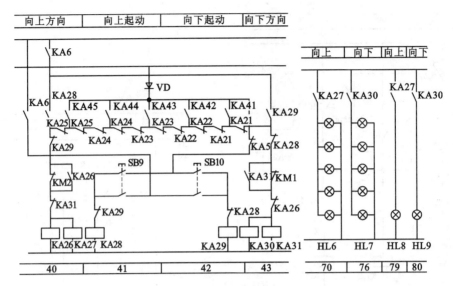

图 5.11　自动定向电路和指示电路

KA28 通电,其通电路径是 KA6 常闭触头、VD、KA5 常闭触头、SB9 按钮、KA29 常闭触头、KA28 线圈。相继 KA26、KA27 线圈通电,使起动关门继电器 KA32 通电,如图 5.12 起动控制电路所示,通电路径为 KA6 常闭触头、KA26、KA28(已闭合)、KT3 常闭触头、KT6 常闭触头、KA32 线圈。KA32 常开触头闭合,接通关门继电器 KA2,KA2 使开关门电动机 MD 反转,电枢在串联电阻 R 和并联电阻 R6 全部阻值下运转,将轿门和厅门同时关闭并逐渐减速,当门完全关闭时,压上关门限位开关 SQ9,使 KA2 断电释放,MD 停转。

关门过程中的反向开启:在关门过程中,若门卡住人体或物件时,司机应立即释放向上起动按钮 SB9,使 KA28、KA32、KA2 线圈相继断电,由于 KA9 线圈早已通电,所以开门继电器 KA3 线圈经 KA1 常开触头(已闭合),KT4 常闭触头,KA9 常开触头(已闭合),KA32 常闭触头、KA5、KA2 常闭触头,KA3 线圈,SQ6 常闭触头通电(见图 5.5),MD 正转使电梯门反向开启,直至压下开门限位开关 SQ6 停止。

(3) 起动、加速和满速运行

① 起动

当厅门和轿门关闭后,相应的轿门行程开关 SQ10 及 1 层楼厅门行程开关 SQ11 压下,门锁继电器 KA4 线圈通电。由于向上方向继电器 KA26、起动关门继电器 KA32 早已通电,所以此时起动继电器 KA33 线圈经 KA32、KA4、KA26 常开触头均已闭合,上升行程开关 SC116 常闭触头闭合,见图 5.12。快速接触器 KM3 和快速时间继电器 KT5 线圈相继通电。KT5 触头闭合,一方面使上升接触器 KM1 线圈由 KT5、KA33、KA26 常开触头(已闭合)、KM2 常闭触头而通电吸合,并由另一对 KT5 常开触头(已闭合)与 KM1 自锁触头构成自锁电路;另一方面 KT5 又一常开触头闭合增加了 KA32 起动关门继电器又一通电路径。KM3 和 KM1 主触头接通曳引电动机 M 定子电路,串入电抗器 X1 和电阻 R1;同时 KM3、KM1 辅助触头接通制动器线圈 YB 以及运行继电器 KA5 线圈电路,于是电磁抱闸松开,M 电动机减压起动。

运行继电器 KA5 通电有三个作用:

a. KA5 常闭触头断开了开门继电器 KA3 线圈的电源,使电梯在运行中不能开门。

b. KA5 另一常闭触头断开了起动按钮 SB9 及 SB10 的电源(见图 5.11),保证了运行中不

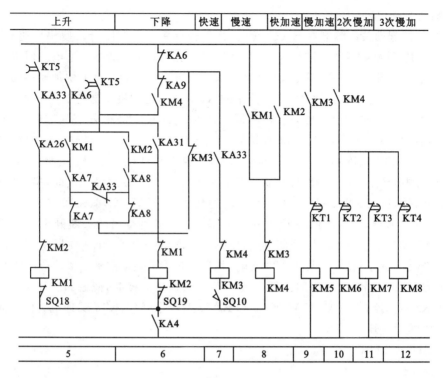

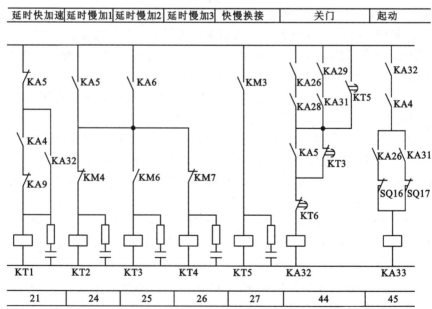

图 5.12　主拖动与起动控制电路

至于发生反向起动的误操作。

c.KA5 常开触头闭合使时间继电器 KT2—KT4 线圈通电,以便实现慢加速。

在图 5.12 中,由于 KT5 常开触头闭合且并联在 KA26 常开触头与 KA28 常开触头串联电路两端,这就为松开向上起动按钮 SB9,KA28 线圈断电不会引起其他动作做好了准备。

② 加速和满速运行

在关门时,起动关门继电器 KA32 通电,其常开触头 KA32 闭合已使快加速时间继电器 KT1 线圈通电,其延时触头立即断开,使快加速接触器 KM5 线圈不能通电。但当 KA5 通电后,其常闭触头断开 KT1 线圈电路,其延时触头经延时 2s 后闭合,接通快加速接触器 KM5 线圈电路,KM5 主触头短接了图 5.6 主电路中的 X1 和 R1,电动机在全电压下加速至满速运行。

轿厢上升离开一楼时,一楼平层隔磁板离开 KR7、KR8、KR6,停层隔磁板离开一楼层感应器 KR11,继电器 KA7、KA8、KA9 和 KA11 线圈断电,KA11 断电释放其常闭触头使停站触发时间继电器 KT7 线圈通电。KA9 断电释放,其常开触头断开了开门继电器 KA3 线圈电路,使在运行中开门继电器不得通电,保证运行的安全。电梯在途经二楼时,平层隔磁板和停层隔磁板又分别插入 KR6、KR7、KR8 和 KR2 感应器中,KA7、KA8、KA9 和 KA12 线圈又分别通电。KA12 吸合,其常闭触头断开 KT7 线圈电路,另一常闭触头断开 KA21 线圈电路,KA12 常开触头闭合接通 KA22 线圈电路,使 KA22 通电并自锁。KA21 断电,其常开触头切断指示一楼的指层灯 HL1 熄灭,KA22 通电,其常开触头点燃了指示二楼的指示灯 HL2,在各层厅门上方显示“2”字,表示轿厢已抵二楼。当轿厢超过二楼时,隔磁板又离开 KR6、KR7、KR8 和 KR2 感应器,使 KA7、KA8、KA9 和 KA12 又断电释放,KT7 又通电为停站做准备,电梯经过二楼继续上升。

(4) 制动减速和平层停车

① 制动减速

当轿厢上升到所需停站的三楼时,停层隔磁板插入三楼的层楼感应器 KR3 的空隙中,KA13 通电,使 KT7 与 KA22 线圈断电,三楼控制继电器 KA23 线圈通电并自锁,指层灯 HL2 熄灭,指示三楼的指层灯 HL3 亮,厅门上方显示“3”字,表示轿厢已在三楼。此时如果没有向上停层的登记信号,KA23 通电还使向上方向继电器 KA26 及 KA27 线圈断电。KA27 的常开触头断开各层楼向上方向箭头灯 HL6 及轿厢内“向上”指示灯 HL8 使其熄灭,表示电梯不再向上,还使停层记忆继电器 KA43 线圈与指示灯 HL13 相继断电。由于 KT7 断电经 0.3～0.5 s 后延时触头才动作,在这个过程中,停站时间继电器 KT6 已通电并自锁,见图 5.13。图中 KA11～KA15 为楼层继电器,KA26 向上方向继电器常闭触头与 KA31 向下方向继电器常闭触头串联,用以防止上、下端站 KA11 和 KA15 继电器触头接触不良而产生冲顶或蹾坑事故。

KT6 线圈通电使 KA32、KA33、KM3、KT5 线圈相继断电,KA33 断电又使 KM1 线圈电路断开,见图 5.12;而 KT5 断电,其延时打开触头又使 KM1 线圈电路延时断开,暂时维持 KM1 线圈通电;KM3 断电使 KM5 断电。

KM3 断电释放后,慢速接触器 KM4 随即通电,为上升接触器 KM1 提供了又一条通路。见图 5.6,电动机 M 在串接 X2 和 R2 的情况下进行再生发电制动,使其减速。在 KA5 线圈通电时,慢加速时间继电器 KT2～KT4 已经通电,其触头断开了慢加速接触器 KM5～KM8 线圈通路。这时,KM4 线圈通电引起 KT2 断电,其延时闭合触头闭合,延时接通 KM6,短接 R2 的部分电阻,轿厢第一次减速,依靠 KT3、KT4 和 KM7、KM8 的作用,将 R2 和 X2 逐级短路而使电动机 M 进行低速爬行。

快慢速接触器 KM3、KM4 换接过程中,制动器 YB 是由 KT5 延时断开触头来维持通电的。

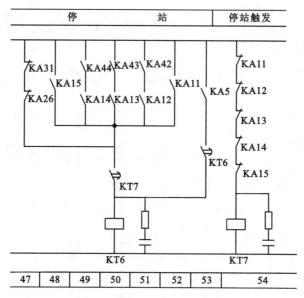

图 5.13 停站控制电路

② 平层停车

当电梯继续低速爬行时,平层隔磁板逐渐插入 KR6、KR7、KR8 三个感应器,见图 5.7。首先,位于轿顶上的上平层感应器 KR6 插入装于三楼井道内的平层隔磁板,KR6 触头复位,上平层继电器 KA7 线圈通电,使上升接触器 KM1 线圈经 KA6 常闭触头、KM3 常闭触头、KA8 常闭触头、KA33 常闭触头、KA7 常开触头(已闭合)、KM2 常闭触头、KM1 线圈、SQ18 常闭触头、KA4 常开触头(已闭合),形成又一条通路,见图 5.12。

轿厢继续上升,当开门控制感应器 KR8 进入平层隔磁板时,其触头复位使开门控制继电器 KA9 线圈通电,其常闭触头断开 KM1 的一条通路,其常开触头闭合,为开门继电器 KA3 通电做准备。

当轿厢到达停站水平位置时,下平层感应器 KR7 进入平层隔磁板,其常闭触头复位,使向下平层继电器 KA8 通电,其常闭触头断开了上升接触器 KM1 线圈的最后一条通路,使 KM1 线圈断电,使慢速接触器 KM4、主拖动电动机 M、制动器线圈 YB 和运行继电器 KA5 同时断电,KA5 常开触头又使停层时间继电器 KT6 线圈断电,平层完毕,轿厢停止运动。

(5) 自动开门

在停层的过程中,平层隔磁板已进入开门控制感应器 KR8 而使开门控制继电器 KA9 通电,在运行继电器 KA5 断电后,开门继电器 KA3 通电。开关门电动机 MD 正转带动轿门、厅门开启,其开启过程如前所述,经一次减速,最后压下开门行程开关 SQ6 使 KA3 断电,MD 断电,开门结束。

(6) 电梯停用后的关门

电梯停用时,应使轿厢返回基站,压下井道内的厅外开门行程开关 SQ4。打开指示灯开关 SA4,关闭楼层指示灯和上升下降指示灯。将安全开关 SA2 扳向右侧,电压继电器 KA1 线圈通电,交直流控制电路断电。司机走出轿厢,向左转动钥匙开关 SA1,关门继电器 KA2 线圈通电,电动机 MD 反转,将轿门和厅门同时关闭。当门完全关闭后,电梯实现关闭停用。

（7）呼梯信号的登记和消除

如图 5.14 所示，若轿厢停在一楼或二楼，三楼有人呼梯上行，三楼乘客在三楼厅门外按下行呼梯按钮 SB13，其作用是：

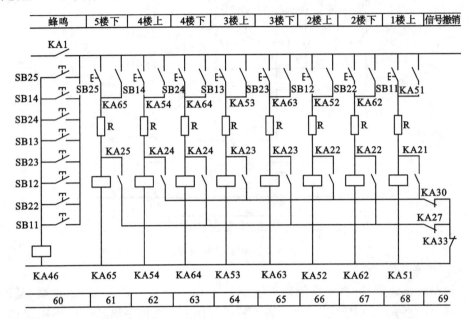

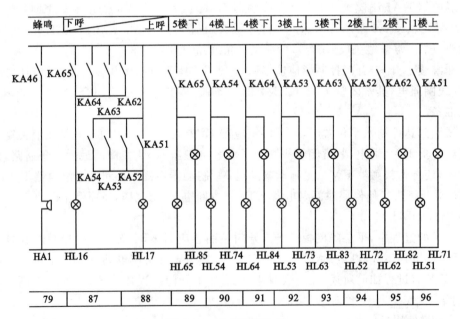

图 5.14　呼梯控制电路

① 蜂鸣继电器 KA46 通电，蜂鸣器 HA1 发出蜂鸣声，松开呼梯按钮 SB13，蜂鸣声停止。

② 呼梯继电器 KA53 线圈通电并自锁，操纵箱上和按钮内呼唤灯 HL53 和 HL73 亮，实现呼梯记忆。此时司机可根据当时运行方向，用停层按钮 SB3 将停层信号登记。

当电梯接近所要停的楼层时，KA33 起动继电器线圈断电，其常闭触头和已经闭合的楼层控制继电器 KA23 和向下辅助继电器 KA30 常闭触头短接了 KA53 的线圈,使 KA53 断电释放,相应的呼梯信号灯 HL53 和 HL73 都熄灭。

(8)检修操作

检修时,将安全开关 SA2 扳向左侧,使电压继电器 KA1 线圈通电,其常开触头闭合,接通交直流控制电路。合上检修开关 SA3,检修继电器 KA6 线圈通电,KA6 的 5 对常开触头、3 对常闭触头动作,其作用如下:

① KA6 第 1 对常闭触头打开,用钥匙控制开关门电路,钥匙开关门已无效。

② KA6 第 2 对常闭触头打开,断开快速接触器 KM3 线圈电路,确保电梯在检修时不能开快车。

③ KA6 第 3 对常闭触头打开,断开开门控制继电器 KA9 线圈电路,KA9 常开触头切断了开门继电器 KA3 的工作电路,使开门只受点动开门按钮 SB7 控制,实现检修时的点动开门。

④ KA6 第 3 对常闭触头打开,也断开了平层电路,可以实现电梯的任意升降。

⑤ KA6 第 1 对常开触头闭合,接通点动关门按钮 SB6,实现检修时的点动关门。

⑥ KA6 第 2 对常开触头闭合,接通 KT2～KT4 慢加速延时继电器电路,为慢加速做准备。

⑦ KA6 第 3 对常开触头闭合,为上升、下降接触器通电做准备。

⑧ KA6 第 4、5 对常开触头闭合,为上升起动继电器 KA8 与下降起动继电器 KA9 实现点动控制做准备。

检修时的开、关门:按下点动开门按钮 SB7,开门继电器 KA3 线圈通电,开关门电动机 MD 正转,将门开启。松开 SBT 按钮,KA3 线圈断电,MD 停止转动。若要关门,按下点动关门按钮 SB6,KA2 线圈通电,MD 反转关门;松开 SB6 按钮,KA2 线圈断电,MD 停止转动。这样,可操作 SB7、SB6 点动按钮,将门开、关到所需的任何位置。

检修时的上升和下降:要使电梯上升,可不必进行停层指令的登记,只要按下向上点动按钮 SB9,向上起动继电器 KA28、向上方向继电器 KA26 和向上辅助继电器 KA27 线圈通电,KA6 与 KA26 常开触头闭合使上升接触器 KM1 线圈通电,KM4 慢速接触器、制动器线圈 YB 相继通电,主拖动电动机 M 起动,慢速运行,拖动轿厢慢速上升。KM4 常闭触头打开,KT2 慢加速时间继电器线圈断电,KT2 常闭触头延时闭合,使 KM6 线圈通电,短接电动机 M 定子电路中串接电阻 R2 的一部分电阻,KT3、KM7、KT4、KM8 相继动作,逐级短接起动电阻 R2 和 X2,电梯慢加速向上运行。松开 SB9 按钮,KA28、KA27、KA26 及有关电器全断电,电梯停止运行。

要使电梯下降,按向下起动按钮 SB10,此时 KA29、KA30、KA31、KM2、KM4、YB 相继通电,电动机 M 通电反转低速起动,KT2、KM6、KT3、KM7、KT4、KM8 相继动作,逐级短接 R2、X2,电梯慢加速向下运行。松开 SB10、KA29 及有关电器通电,电动机 M 停止旋转,电梯停止。

应急开关 SB8 的使用:电梯在运行中或检修时,如厅门或轿门行程开关 SQ10～SQ15 中遇有损坏不能运行时,可按应急按钮 SB8 代替门行程开关作应急使用,但 SB8 为点动控制按钮,实现点动控制。

5.2　空调系统控制电路

空气调节是对空气温度、相对湿度、洁净度、流动速度(简称为"四度")的调节。根据使用对象的具体要求,使"四度"部分或全部达到规定的指标,以维持室内良好环境。

空气调节要达到预定参数就离不开冷、热源,制冷是空调的重要组成部分。在现代化的今天,空调技术也在迅速发展,新产品、新技术不断问世,空调已作为一门专门学科,内容涉及面广、专业性强。因篇幅所限,这里仅以部分实例对空调与制冷系统电气控制的基本内容进行阐述。

5.2.1　空调的分类

1. 按功能分类

(1) 单冷型(冷风型)空调器:只能在环境温度 18 ℃以上时使用,具有结构简单的特点,主要由压缩机、冷凝器、干燥过滤器、毛细管(节流阀)以及蒸发器组成,如图 5.15 所示。蒸发器装在室内侧吸收热量,冷凝器安在室外将室内的热量散发出去。

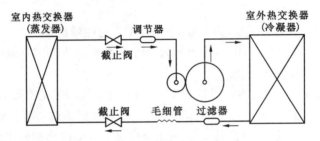

图 5.15　单冷型空调制冷系统

(2) 冷热两用型空调器:这种空调器又分为三种:① 电热型空调器:电热器安装在蒸发器与离心风扇之间,夏季将冷热转换开关拨向冷风位置,冬季开关置于热风位置。② 热泵型空调器:如图 5.16 所示,通过四通换向阀改变制冷剂的流向,将室内热量输送到室外(制冷)或把室外热量输送到室内(制热)。其特点是供热效率高,但当环境温度低于 5 ℃时不能使用。③ 热泵辅助电热型空调器:它是在热泵型空调器的基础上增设了电加热器,是电热型与热泵型相结合的产物。

2. 按结构分类

(1) 整体式空调器:可分为窗式空调器、移动式空调器和台式空调器。窗式空调器又分为卧式和竖式两种,其特点是结构简单、价格低廉、安装及维修方便、故障率低,但不美观、影响采光、噪声较大。移动式空调器具有移动方便、使用灵活、节省电能的优点。台式空调器冷凝器排放的热量也是通过排气软管排出室外的。

(2) 分体式空调器:可分为壁挂式、落地式、吊顶式、嵌入式和组合式空调器。

3. 按压缩机的工作状态分类

(1) 定频(定速)式空调器:这种空调器的压缩机只能输入固定频率和大小的电压,压缩机的转速和输出功率是不可改变的。

(2) 变频式空调器:这种空调器采用电子变频技术和微电脑控制技术,使压缩机实现了自

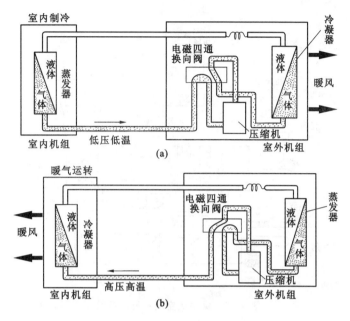

图 5.16 制冷与供热运行状态

(a) 制冷过程;(b) 制热过程

动无级变速。

4. 按空气处理设备的设置情况分类

(1) 集中式系统:将空气处理设备(过滤、冷却、加热、加湿设备和风机等)集中设置在空调机房内,将空气处理后由风管送入各房间的系统。图 5.17 为其中的一种类型,广泛应用于需要空调的车间、科研所、影剧院、火车站、百货大楼等公共建筑中。

(2) 分散式系统(也称局部系统):将整体组装的空调器(带冷冻机的空调机组、热泵机组等)直接放在空调房间内或放在空调房间附近,每个机组只供一个或几个房间使用。广泛应用于医院、宾馆等需要局部调节空气的房间及民用住宅。

(3) 半集中式系统:集中处理部分或全部风量,然后送往各房间(或各区),在各房间(或各区)再进行分处理的系统。广泛应用于医院、宾馆等大范围需要空调但又需局部调节的建筑中。在高层建筑工程中,常将集中式系统和半集中式系统统称为中央空调系统。

5.2.2 空调系统设备组成

空调器一般由制冷系统、电气控制系统和通风系统组成。

典型的空调方法是将经过空调设备处理而得到一定参数的空气送入室内(送风),同时从室内排除相应量的空气(排风)。在送排风的同时作用下,就能使室内空气保持在要求的状态。以图 5.17 为例,空调系统一般由以下几个部分组成。

(1) 空气处理设备:其作用是将送风处理到一定的状态。主要由空气过滤器、表面式冷却器(或喷水冷却器)、加热器、加湿器等设备组成。

(2) 冷源和热源:热源是提供用来加热送风空气所需要的"热能"的装置,常用的热源有提供蒸汽(或热水)的锅炉或直接加热空气的电热设备。冷源则是提供冷却送风所需的"冷能"装

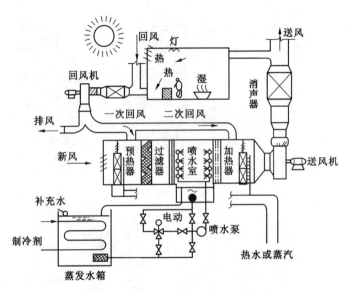

图 5.17　集中式空调系统示意图

置,目前用得较多的是蒸汽压缩式制冷装置。

（3）空调风系统:将新风从空气处理设备通过风管送到空调房间内,同时将相应量的排风从室内通过另一风管送至空气处理设备再重复使用,或者排至室外。输送空气的动力设备是通风机。

（4）空调水系统:包括将冷水(冷冻水)从制冷装置输送至空气处理设备的水管系统和制冷装置的冷却水系统(包括冷却塔和冷却水水管系统)。系统设置有冷水泵、冷却水泵及冷却塔的风机。

（5）控制、调节装置:由于空调、制冷系统的工作状况随室内外空气状况的变化而变化,所以要经常对它们的有关装置进行调节。调节过程可以是人工进行的,也可以是自动控制的。

5.2.3　空调电气系统常用器件

空调系统运行的自动控制和调节一般由自动调节装置实现。自动调节装置由检测元件、调节器、执行调节机构等组成。但各种器件种类很多,这里仅介绍与电气控制实例有联系的几种。

电气控制系统的作用是控制和调节空调器的运行状态,并且具有多种保护功能。一般而言,电气控制系统的组成部件有温度控制器、压力继电器、起动继电器、过载保护器、电加热(加湿)器、开关元件和遥控器等。

1. 检测元件

（1）电接点水银温度计(干球温度计):电接点水银温度计有固定接点式和可调接点式两种类型。固定接点式接点温度值是固定的,结构简单;可调接点式接点位置可通过给定机构在表的量限内调整,其外形见图 5.18。它和一般水银温度计的不同之处在于毛细管上部扁形玻璃管内装有一根螺丝杆,丝杆顶端固定一块扁铁,丝杆上装有一个扁形螺母,螺母上焊有一根细钨丝通到毛细管内,温度计顶端装有永久磁铁调节帽,有两根导线从顶端引出,一根导线与水银相连,另一根导线与钨丝相连。它的刻度分上下两段,上段用作调整给定值,由扁形螺母指示;下段为水银柱的实际读数。进行调整时,转动调节帽,则固定扁铁被吸引而旋转,丝杆也随着转动,扁形螺母受到扁形玻璃管的约束不能转动,只能沿着丝杆上下移动。扁形螺母在上段刻度指示的是所需整定的温度值,此时钨丝下端在毛细管中的位置与扁形螺母指示位置对应。当温包受热时,水银柱上升,与钨丝接触后,即电接点接通。

电接点若通过稍大电流时,不仅水银柱本身发热影响到测温、调温的准确性,而且在接点断开时所产生的电弧将烧坏水银柱面和玻璃管内壁,为此,一般通过晶体三极管的电流放大作用来解决电流负荷问题。

(2) 湿球温度计:将电接点水银温度计的温包包上细纱布,纱布的末端浸在水里,由于毛细管的作用,纱布将水吸上来使温包周围经常处于湿润状态,此种温度计称为湿球温度计。

(3) 热敏电阻:半导体热敏电阻是由某些金属(如镁、镍、铜、钴等)氧化物的混合物烧结而成的。它具有很高的负电阻温度系数,即当温度升高时,其阻值急剧减小。其优点是温度系数比铂、铜等电阻大 10~15 倍。一个热敏电阻元件的阻值也较大,达数千欧姆,故可产生较大的信号。热敏电阻具有体积小、热惯性小、坚固

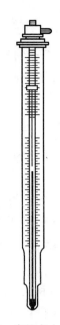

图 5.18　电接点水银温度计

等优点。目前 RC4 型热敏电阻较稳定,广泛应用于室温的测定。

(4) 湿敏电阻:湿敏电阻从机理上可分为两类:第一类是随着吸湿、放湿的过程,其阻值随本身的离子发生变化而变化,属于这类的有吸湿性盐(如氯化锂)、半导体等;第二类是依靠吸附在物质表面的水分子改变其表面的能量状态,从而使内部电子的传导状态发生变化,最终也反映在电阻阻值变化上,属于这一类的有镍铁以及高分子化合物等。

氯化锂湿敏电阻是目前应用较多的一种高灵度的感湿元件,具有很强的吸湿性能,而且吸湿后的导电性与空气湿度之间存在着一定的函数关系。

湿敏电阻可制成柱状和梳状(板状),如图 5.19所示。柱状是利用两根直径 0.1 mm 的铂丝平行绕在玻璃骨架上,梳状是用印刷电路板制成两个梳状电路。将吸湿剂氯化锂与水溶性黏合剂混合而成的吸湿物质均匀地涂敷在柱状(或梳状)电极体的骨架(或基板)上,做成一个氯化锂湿敏电阻测头。将测头置于被测空气中,当空气的湿度发生变化时,探头的氯化锂电阻随之发生改变,再用测量电阻的调节器测出其变化值来反映湿度值。

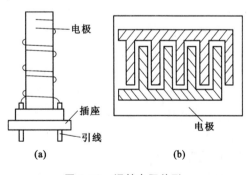

图 5.19　湿敏电阻外形
(a) 柱状;(b) 梳状

2. 温控器件(温度开关)

它是根据温度的变化进行调整控制的自动开关元件。根据用途不同,温度控制器可分为普通温控器和专用温控器两种。普通型温控器的作用是控制压缩机的运转和停机,专用温控器的作用是去除蒸发器盘管的霜层(又叫化霜控制器)。

普通温度控制器又分为机械压力式和电子式两大类。机械压力式温控器有波纹管式和膜合式温控器两种,其原理都是利用气体热胀冷缩使开关动作,这里仅介绍膜盒式温控器。

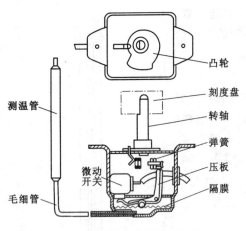

测温管

毛细管

微动开关

凸轮

刻度盘

转轴

弹簧

压板

隔膜

图 5.20　膜盒式温控器构造

膜盒式温控器由感温系统、调节机构和执行机构组成,如图 5.20 所示。感温系统由测温管、毛细管和密封的膜盒组成,调节机构由凸轮和转轴组成,执行机构则由弹簧、压板和微动开关组成。膜盒的一端通过毛细管接在测温管上,内充感温剂,另一端与压板接触。

当被调房间室内温度变化时,膜盒内部的压力也随之变化,于是压板一端的顶杆推动串联在电路中的开关触点接通或断开,从而控制压缩机的起动和停止,达到控制温度的目的。

3. 继电器

① 压力控制器(压力继电器)

常用的压力控制器有波纹管式和薄壳式两种,又分为高压和低压控制。高压控制部分通过螺丝接口与压缩机高压排气管连接;低压控制部分通过螺丝接口与压缩机低压进气管连接。压力控制器是一种把压力信号转换为电信号,从而起控制作用的开关元件。

当外界环境温度过高、冷凝器积尘过多、制冷剂混入或充入空气量过多、冷凝器发生故障等原因使制冷系统高压压力超过设定值时,高压控制部分能自动切断空调器的压缩机电源,起到保护压缩机的作用。

当因制冷剂泄漏、蒸发器堵塞、蒸发器灰尘过多、蒸发器风扇发生故障等原因引起压缩机吸气压力过低时,低压控制部分自动切断压缩机电源。

② 起动继电器

起动继电器可分为电流式起动器和电压式起动器两种。PTC 起动继电器是电流式起动继电器的一种。PTC 元件为正温度系数热敏电阻,它是掺入微量稀土元素、用特殊工艺制成的钛酸钡型的半导体。PTC 热敏元件在冷态时的阻值只有十几欧姆,在压缩机起动电路中开始呈通路状态。压缩机起动电流很大,使 PFC 热敏元件的温度很快升到居里点(一般为 100~140 ℃)以后,其阻值急剧上升呈断路状态。

PTC 起动继电器与起动电容并联后再与压缩机起动绕组串联,当压缩机起动时,PTC 阻值很小,在电路中呈通路状态,压缩机完成全压起动。由于起动绕组通过很大电流,PTC 阻值急剧上升,切断起动绕组,使压缩机进入正常工作状态。

4. 电加热器

电加热器按其构造不同可分为裸线式电加热器和管式电加热器。裸线式电加热器具有热惰性小、加热迅速、结构简单等优点,但其安全性差。管式电加热器具有加热均匀、热量稳定、耐用和安全等优点,但其加热热惰性大,结构复杂。

电加热器是利用电流通过电阻丝产生热量而制成的加热空气的设备。电加热器具有加热均匀、热量稳定、效率高、结构紧凑且易于实现自动控制等优点,因此在小型空调系统中应用广泛。对于温度控制精度要求较高的大型系统,有时也将电加热器装在各送风支管中以实现温度的分区控制。

5. 电加湿器

电加湿器有电极加湿器,也有管状加热元件。电加湿器是用电能直接加热水以产生蒸汽,用短管将蒸汽喷入空气或将电加湿装置直接装在风道内,使蒸汽直接混入流过的空气中。

6. 执行调节机构

凡是接受调节器输出信号而动作,再控制风门或阀门的部件称为执行机构,如接触器、电动阀门的电动机等部件。而管道上的阀门、风道上的风门等称为调节机构。执行机构与调节机构组装在一起,成为一个设备,这种设备可称为执行调节机构,如电磁阀、电动阀等。

(1)电动执行机构

电动执行机构通过接受调节器送来的信号来改变调节机构的位置,它不但可实现远距离操纵,还可以利用反馈电位器实现比例调节和位置(开度)指示。

现仅以 SM 型电动执行机构为例,它由电容式单相异步电动机、减速箱、终端开关和反馈电位器组成,如图 5.21 所示。图中 1、2、3 接点接反馈电位器,将 1、2、3 接点再接到调节器的输入端,可以实现按比例调节规律调节。如采用双位调节时,则可不用此电位器。4、5、6 端与调节器的输出触点相接,当 4、5 端点间加 220 V 交流电时,电动机正转;当 5、6 端点间加 220 V 交流电时,电动机反转。电动机转动后,由减速箱减速并带动调节机构(如电动风门、电动调节阀等),另外还能带动反馈电位器中间臂移动,将调节机构移动的角度用阻值反馈回去。同时,在减速箱的输出轴上装有两个凸轮,用来操纵终端开关(位置可调),限制输出轴转动的角度。即在达到要求的转角时,凸轮拨动终端开关,使电动机自动停下来,这样既可保护电动机,又可以在风门转动的范围内任意确定风门的终端位置。

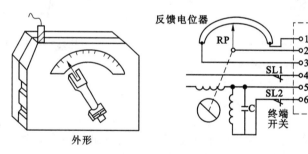

图 5.21　电动执行机构

(2)电动调节阀

电动调节阀分为电动两通阀和电动三通阀两种,三通阀结构见图 5.22。与电动执行机构的不同点是本身具有阀门部分,相同点是都有电容式单相异步电动机、减速器和终端开关等。

当接通电源后,电动机通过减速机构、传动机构将其转动变为阀芯的直线运动,随着电动机转向的改变,使阀门开启或关闭。当阀芯处于全开或全闭位置时,通过终端开关自动切断执行电动机的电源,同时接通指示灯以显示阀门的终端位置。若和电动执行机构组合,可以实现按比例调节规律调节。

电动调节阀也有只能实现全开和全关两种状态的电动两通阀或电动三通阀。当阀芯全部打开时,电动机为堵转运行,是由特制的磁滞电动机拖动的,其堵转电流为工作电流。当电动机断电时,利用弹簧的反弹力而旋转关闭,此类电动调节阀只能实现按双位调节规律调节。

(3)电磁阀

电磁阀分为两通阀、三通阀和四通阀。两通电磁阀应用最广泛,其结构见图 5.23,其工作原理是利用电磁线圈通电产生的电磁吸力将阀芯提起,而当电磁线圈断电时,阀芯在其本身的自重作用下自行关闭,因此,两通电磁阀只能垂直安装。电磁阀的阀门只有全开和全关两种状态,没有中间状态,只能实现按双位调节规律调节。一般应用于制冷系统和蒸汽加湿系统。电磁导阀与其他主阀组合,也可实现比例调节。

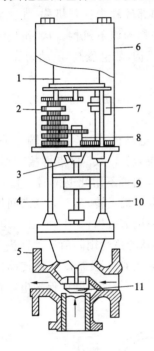

图 5.22　电动三通阀

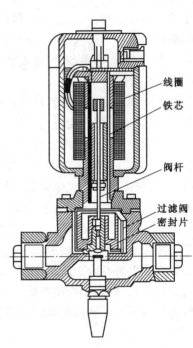

图 5.23　电磁两通阀

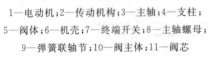

1—电动机;2—传动机构;3—主轴;4—支柱;
5—阀体;6—机壳;7—终端开关;8—主轴螺母;
9—弹簧联轴节;10—阀主体;11—阀芯

7. 调节器

接受敏感元件的输出信号并与给定值比较,然后将测出的偏差变为输出信号,指挥执行调节机构,对调节对象起调节作用,并保持调节参数不变或在给定范围内变化的装置称为调节器,又称二次仪表或调节仪表。

(1) SY 型调节器:由两组电子电路和继电器组成,由同一电源变压器供电,电接点水银温度计接在输入端上。两组电子电路单独使用可实现温度的自动调节。若两组配合,可在恒温恒湿机组中实现恒温恒湿的控制。

(2) RS 型室温调节器:可用于控制风机盘管等末端装置,按双位调节规律控制恒温。调节器电路由测量放大电路、双稳态触发电路组成,通过继电器的触头转换而实现输出。

(3) P 系列调节器:它是专为空调系统设计的比例调节器,与电动调节阀配套使用,在取得位置反馈时,可构成连续比例调节,也可不采用位置反馈而直接控制接触器或电磁阀等,实现三位式输出。

5.2.4 制冷与空调系统电气控制实例分析

1. 制冷系统的电气控制

在空调工程中,常用的有天然冷源或人工冷源。人工制冷是利用液体在低压下汽化时需吸收热量这一特性来进行的,属于这种类型的制冷装置有蒸汽喷射式、溴化锂吸收式、压缩式制冷等。下面介绍压缩式制冷的基本原理和与集中式空调配套的制冷系统的电气控制。

(1) 制冷系统元部件

① 压缩机

压缩机是制冷系统的动力核心,它可将吸入的低温、低压制冷剂蒸气通过压缩提高温度和压力,并通过热工转换达到制冷目的。

压缩机有活塞式、离心式、旋转式、涡旋式等几种形式。常用的是活塞式压缩机,其工作原理是:曲轴由电动机带动旋转,并通过连杆使活塞在气缸中作上下往复运动。压缩机完成一次吸、排气循环,相当于曲轴旋转一周,依次进行一次压缩、排气、膨胀和吸气过程。压缩机在电动机驱动下连续运转,活塞便不断地在气缸中作往复运动。

② 热交换器

蒸发器和冷凝器统称为热交换器,也称换热器。

蒸发器(冷却器)是制冷循环中直接制冷的器件,一般装在室内机组中。制冷剂液体经毛细管节流后进入蒸发器紫铜管,管外是强迫流动的空气。压缩机制冷工作时,吸收室内空气中的热量,使制冷剂液体蒸发为气体,带走室内空气中的热量,使房间冷却。它同时还能将蒸发器周围流动的空气冷却到低于露点温度,去除空气中的水分进行减湿。

空调中冷凝器的结构与蒸发器基本相同,其作用是:由压缩机送出的高温、高压制冷剂气体冷却液化。当压缩机制冷工作时,排出的过热、高压制冷剂气体由进气口进入多排并行的冷凝管后,通过管外的散热器向外散热,管内的制冷剂由气态变为液态流出。

③ 节流元件

节流元件包括毛细管和膨胀阀两种。

毛细管是一根孔径很小的细长紫铜管,其内径为 1～1.6 mm,长度为500～1000 mm。作为一种节流元件,焊接在冷凝器输液管与蒸发器进口之间,起降压节流作用,可阻止在冷凝器中被液化的常温高压液态制冷剂直接进入蒸发器,降低蒸发器内的压力,有利于制冷剂的蒸发。当压缩机停止时,能通过毛细管使低压部分与高压部分的压力保持平衡,从而使压缩机易于起动。

膨胀阀有热力膨胀阀和电子膨胀阀两种。热力膨胀阀(又称感温式膨胀阀)接在蒸发器的进口管上,其感温包紧贴在蒸发器的出口管上。根据蒸发器出口处制冷剂气体的压力变化和过热度变化来自动调节供给蒸发器的制冷剂流量。根据蒸发压力引出点不同,热力膨胀阀又分为内平衡式与外平衡式两种。电子膨胀阀主要由步进电机和针形阀组成,针形阀由阀杆、阀针和节流孔组成。阀体中与阀杆接触处布有内螺纹。电机直接驱动转轴,改变针形阀开度以实现流量调节。

(2) 压缩式制冷的工作原理

压缩式制冷系统由压缩机、冷凝器、膨胀阀和蒸发器四大主件以及管路等构成,如图 5.24 所示。

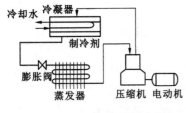

图5.24　压缩式制冷循环图

压缩式制冷工作原理:当压缩机在电动机驱动下运行时,能从蒸发器中将温度较低的低压制冷剂气体吸入气缸内,经过压缩后成为高温高压的气体被排入冷凝器,在冷凝器内,高温高压的制冷气体与常温条件下的水(或空气)进行热交换,把热量传给冷却水(或空气),而使本身由气体凝结为液体;当冷凝后的液态制冷剂流经膨胀阀时,由于该阀的孔径极小,使液态制冷剂在阀中由高压节流至低压进入蒸发器;在蒸发器内,低压低温的制冷剂液体的状态是很不稳定的,立即进行气化(蒸发)并吸收蒸发器水箱中水的热量,从而使喷水室回水重新得到冷却,蒸发器所产生的制冷剂气体又被压缩机吸走。这样,制冷剂在系统中要经过压缩、冷凝、节流和蒸发等过程才完成一个制冷循环。

由上述制冷剂的流动过程可知,只要制冷装置正常运行,在蒸发器周围就能获得连续稳定的冷量,而这些冷量的取得必须以消耗能量(例如电动机耗电)作为补偿。

(3)制冷系统的电气控制

活塞式制冷机组的应用比较广泛,其能量调节常用压力控制方式来实现,这里以集中式空调系统配套的制冷系统为例进行介绍。

① 制冷系统的组成

组成概况:在制冷装置中用来实现制冷的工作物质称为制冷剂或工质。常用的制冷剂有氨和氟利昂等。本例的制冷系统由氨制冷压缩机(一台工作,一台备用)组成,由于电动机容量较大,为了限制其起动电流,又能带一定的负载起动,选择绕线式电动机拖动。自控部分有电动机(95 kW)及频敏变阻器起动设备、氨压缩机附带的 ZK—Ⅱ 型自控台(具有自动调缸电气控制装置)及新设计的自控柜,组成一个整体,实现对空调自动系统发来的需冷信号的控制要求,如图 5.25 所示。

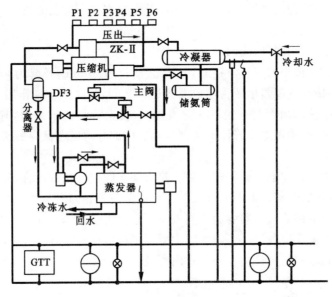

图5.25　制冷系统组成示意图

能量调节:由压力继电器、电磁阀和卸载机构组成能量调节部分。本压缩机有六个气缸,每一对气缸配一个压力继电器和一个电磁阀。压力继电器有高端和低端两对电接点,其动作压力都是预先整定的。当冷负荷降低,吸气压力降到某一压力继电器的低端整定值时,其低端接点闭合,接通相配套的电磁阀线圈,阀门打开,使它所控制的卸载机构中的油经过电磁阀回流入曲轴箱,卸载机构的油压下降,气缸组即行卸载。当冷负荷增加,吸气压力逐渐升高到某一压力继电器高端整定值时,其高端电接点闭合,低端电接点断开,电磁阀线圈失电,阀门关闭,卸载机构油压上升,气缸组进入工作状态。氨压缩机这一吸气压力与工作缸数可用表5.2描述。各压力继电器整定值见表说明,压力继电器的低端整定值用1注脚,高端整定值用2注脚。

表 5.2 压缩机的吸气压力与工作缸数的关系表

压力继电器	$P6_1$	$P2_1$	$P3_1$	$P2_2$	$P4_1$	$P3_2$	$P4_2$	$P5_2$	$P6_2$
压力(MPa)	0.28	0.3	0.32	0.33	0.34	0.35	0.37	1.2	1.4

系统应用仪表:本系统采用三块 XCT 系列仪表,分别作为冷冻水水温、压缩机油温和排气温度的指示与保护。

② 系统的电气控制分析

与集中式空调系统相配套的制冷系统的电气控制如图 5.26 所示。图中仅需冷信号来自空调指令,其余均自成体系,因此图中符号均自行编排。下面分环节叙述其工作原理。

a. 投入前的准备:合上电源开关 QS 和控制电路开关 SA1,将 SA2 和 SA3 放在自动位。仔细检查上述仪表及系统的其他仪表工作是否正常,并观察各手动阀门的位置是否符合运行需要等,检查完毕后,按下起动按钮 SB1,系统正常时,继电器 KA3 得电吸合,为机组起动做准备。

b. 开机阶段:当空调系统送来交流 220 V 起动机组命令时,时间继电器 KT1 得电,其常开触头 KT1 经延时闭合。如此时蒸发器水箱中冷冻水温度高于 8 ℃时,XCT-112 仪表的总-高触点闭合,使继电器 KA4 得电吸合,KM1 线圈通电吸合,其主触点闭合,制冷压缩机电动机定子绕组接电源、转子绕组串频敏变阻器限流起动;同时,其辅助触点 $KM1_{1,2}$ 闭合,自锁;$KM1_{3,4}$ 闭合,时间继电器 KT2 得电,其常开触点 KT2 经延时闭合,使中间继电器 KA5 得电,KA5 的触点使接触器 KM2 线圈得电吸合,其主触点闭合,短接频敏变阻器;同时辅助触点 $KM2_{1,2}$ 闭合,自锁;$KM2_{3,4}$ 断开,使时间继电器 KT2 失电,为下次起动做准备;$KM2_{5,6}$ 断开,为下次起动做准备;$KM2_{7,8}$ 闭合,使时间继电器 KT3 得电,其常闭触点 KT3 延时 4 min 断开,为 YV1 断电做准备;KT3 的常开触点延时 4 min 闭合,为 KT5 通电做准备。

$KM2_{7,8}$ 闭合,也使时间继电器 KT4 得电,其常闭触点延时 4 min 断开,使接触器 KM1 失电,压缩机停止,说明冷负荷较轻,不需压缩机工作,如在 4 min 之内压缩机的吸气压力超过压力继电器 SP2 的高端整定值时,SP2 高端触点接通,使电磁导阀 YV3 线圈得电,打开制冷剂管路的电磁阀 YV3 及主阀,由储氨筒向膨胀阀供氨液;同时,中间继电器 KA6 得电,其常闭触点断开,使时间继电器 KT4 失电;KA6 的常开触点闭合,自锁,压缩机正常运行。

压缩机起动后,润滑油系统正常时,油压上升,则在 18 s 内油压差继电器 SP1 触点闭合,KA8 通电,其触点 KA8 闭合代替 KT6 触点,使压缩机正常工作。同时,1、2 气缸自动投入运行,有利于压缩机起动初始时为轻载起动,此时的负载能力为 33%。

c. 能量调节:当空调冷负荷增加,压缩机吸气压力超过压力继电器 SP3 的高端整定值时,SP3 低端触点断开,若此时 KT3 的常闭触点已断开,电磁阀 YV1 失电关闭,其卸载机构的 3、4

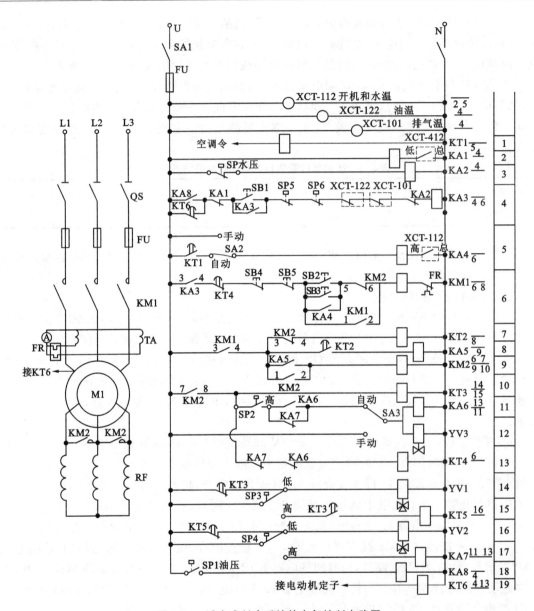

图 5.26　活塞式制冷系统的电气控制电路图

缸油压上升,使 3、4 缸投入工作状态,压缩机的负载增加,此时的负载能力为 66%。同时 SP3 高端触点闭合,使时间继电器 KT5 得电,其常闭触点 KT5 延时 4 min 断开,为 YV2 失电做准备。

当压缩机吸气压力继续上升达到压力继电器 SP4 的高端整定值时,SP4 低端触点断开,限制 5、6 缸投入的电磁阀 YV2 失电,5、6 缸投入运行,压缩机的负载又增加,此时的负载能力为 100%。同时,SP4 高端触点闭合,中间继电器 KA7 得电吸合,其触点断开,但暂时不起作用。

当吸气压力减小时,可以自动调缸卸载。例如,吸气压力降到压力继电器 SP4 的低端整定值时,SP4 高端触点断开,而 SP4 低端触点接通,使电磁阀 YV2 线圈得电而打开,使它所控制的卸载机构中的油经过电磁阀回流入曲轴箱,卸载机构油压下降,5、6 缸即行卸载。卸载与加载有一定的压差,可避免调缸过于频繁。3、4 缸卸载也基本相同。

d. 停机阶段:停机分长期停机、周期停机和事故停机三种情况。

长期停机是指因空调停止供冷的停机。当空调停止喷淋水后,蒸发器水箱水温下降,进而使吸气压力下降。当吸气压力下降到等于或小于压力继电器 SP2 的低端整定值时,SP2 高端触点断开,导阀 YV3 失电,使主阀关闭,停止向膨胀阀供氨液。同时,中间继电器 KA6 失电,其触点 KA6 恢复(KA7 已恢复),使时间继电器 KT4 得电,其触点 KT4 延时 4 min 后断开,接触器 KM1 失电,压缩机停止运行。延时的目的是为了在主阀关闭后使蒸发器的氨液面继续下降到一定高度,以避免下次开车起动时产生冲缸现象。

周期停机是指存在空调需冷信号的情况下为适应负载要求而停机。这种停机与长期停机相似,通过 SP2 触点和 KT3 实现。但由于空调系统仍送来需冷信号,蒸发器压力和冷冻水温度将随冷负荷的增加而上升,一般水温上升较慢。在水温没上升到 8 ℃时,XCT-112 仪表中的高-总触点未闭合,继电器 KA4 没得电,压缩机不起动。但吸气压力上升较快,当吸气压力上升到压力继电器 SP4 的高端整定值时,SP4 高端触点接通,使继电器 KA7 得电,其触点 KA7 断开,使导阀 YV3 不会在压缩机起动结束就打开;另一对触点 KA7 断开,使时间继电器 KT4 不会在压缩机起动结束就得电,防止冷负荷较轻而频繁起动压缩机。

当水温上升到 8 ℃时,XCT-112 仪表中的高-总触点闭合,KA4 得电,压缩机重新起动,只要吸气压力高于压力继电器 SP4 的高端整定值时,导阀 YV3 就不会得电打开而供应氨液,只有在吸气压力下降到低端整定值时,SP4 高端触点断开,使 KA7 失电,导阀 YV3 和继电器 KA6 才得电,并通过 KA6 闭合自锁。压缩机气缸的投入仍按时间原则和压力原则分期投入,以防止压缩机重载起动。

事故停机是指由于运行中出现的各种事故通过事故继电器 KA3 的常开触点切断接触器 KM1 而导致的停机。例如 SP5 因吸气压力超过 P5 的高端整定值时的高压停机,SP6 因吸气压力超过 P6 的高端整定值时的超高压停机(两道防线)等。事故停机时,必须经检查后重新按事故联锁按钮 SB1,KA3 得电后系统才能再次投入运行。

③ 保护环节

冷冻水温度过低、润滑油温度过低和排气温度过高的保护:该系统应用了 3 块 XCT 系列仪表作为冷冻水温度过低、压缩机润滑油温度过低和排气温度过高的指示与保护用仪表。该仪表是一种简易式调节仪表,与热电偶、热电阻等相配合,用来指示和调节被控制对象的温度或压力等参数,主要由测量电路、动圈测量机构、调节电路等组成,输出 $0\sim10$ mA 直流电流或断续输出两类形式。

冷冻水温度是由 XCT-112 指示与调节的,该仪表为三位调节,当冷冻水温度低于 1 ℃时,其低-总触点闭合,KA1 吸合使 KA3 动作而切断控制电路。当冷冻水温度高于 8 ℃时,其高-总触点闭合,KA4 吸合,准备起动机组。

XCT-122 的低-总触点和 XCT-101 的高-总触点直接串在 KA3 线圈回路,当压缩机的润滑油温度过低或排气温度过高时,其常闭触点都可以使 KA3 动作而切断控制电路。

冷却水压力过低保护:由压力继电器 SP 和继电器 KA2 实现。冷却水压力正常时,压力继电器 SP 的常闭触点是断开的,继电器 KA2 没吸合;当冷却水压力过低时,SP 的常闭触点恢复,KA2 吸合使 KA3 动作而切断控制电路。

压缩机吸气压力过高的保护:当压缩机吸气压力过高时,SP5 常闭触点断开使 KA3 动作而切断控制电路。SP6 为极限保护。

润滑油压力过低保护:当压缩机起动时,时间继电器 KT6 线圈得电开始计时,在整定的 18 s 内,其常闭触点 KT6 断开,如果此时润滑系统油压差未能上升到油压差继电器整定值 P1 (润滑油由与压缩机同轴的机械泵供油),则压差继电器触点 SP1 不闭合,中间继电器 KA8 线圈不通电,事故继电器 KA3 失电,压缩机起动失败,处于事故状态。若润滑系统正常,则在 18 s 内油压差继电器 SP1 触点闭合,KA8 通电,其触点 KA8 闭合代替 KT6 触点,使压缩机正常工作。

2. 分散式空调系统的电气控制

在一个大型建筑物中,若只有少数房间或者较为分散的房间需要安装空调时,从经济和管理的角度考虑,往往是采用分散式空调系统更为方便。

(1) 分散式空调系统的种类

按冷凝器的冷却方式有水冷式和风冷式;按外形结构有立柜式和窗式,立柜式还可分为整体式、分体式及专门用途等;按电源相数有单相电源和三相电源;按加热方式有电加热器式和热泵型。如按用途不同来分,大体有以下几种:

① 冷风专用空调器:作为一般空调房间夏季降温减湿用,其电气设备主要有风机和制冷压缩机。其电动机电源有单相和三相的。

② 热泵冷风型空调器:其特点是压缩机排风管上装有电磁四通阀,可以改变制冷剂流出与吸入的管路连接状态,以实现夏季降温和冬季供暖。其电气设备主要有风机、压缩机和电磁阀,电动机电源有单相和三相的。

③ 恒温恒湿机组:能自动调节空气的温度和相对湿度,以满足房间在不同季节的恒温恒湿要求。其电气设备除了风机和压缩机之外,还设置电加热器、电加湿器和自动控制设备等。

(2) 恒温恒湿机组的电气控制实例

冷风专用空调器和热泵冷风空调器在相对湿度自动调节方面一般没有特殊要求,所以控制电路较简单。而恒温恒湿机组对温度和相对湿度控制要求却较高,种类也很多,此处仅以 KD10 型空调机组为例,介绍系统中的主要设备及控制方法。

空调机组控制系统如图 5.27 所示,由制冷、空气处理和电气控制三部分组成。

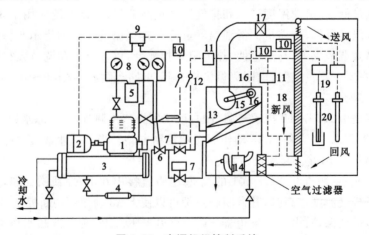

图 5.27　空调机组控制系统

1—压缩机;2—电动机;3—冷凝器;4—滤污器;5—分油器;6—膨胀阀;7—电磁阀;8—压力表;
9—压力继电器触头;10—接触器触头;11—继电器触头;12—选择开关;13—蒸发器;14—电加湿器;
15—风机;16—风机电动机;17—电加热器;18—开关;19—调节器;20—电触点干湿球温度计

① 制冷部分

制冷部分是机组的冷源,主要由压缩机、冷凝器、膨胀阀和蒸发器等组成。该系统的蒸发器是风冷式表面冷却器,为了调节系统所需的冷负荷,将蒸发器制冷剂管路分成两路,利用两个电磁阀分别控制两条管路的通和断,使蒸发器的蒸发面积全部或部分使用来调节系统所需的冷负荷量,分油器、滤污器等为辅助设备。

② 空气处理部分

空气处理部分主要由新风采集口、回风口、空气过滤器、电加热器、电加湿器和通风机等设备组成。其主要任务是将新风和回风经过空气过滤器过滤后,处理成所需的温度和相对湿度,以满足房间空调要求。

电加热器按其构造不同可分为管式电加热器和裸线式电加热器。管式电加热器具有加热均匀、热量稳定、耐用和安全等优点,但其加热惯性大,结构复杂。裸线式电加热器具有热惯性小、加热迅速、结构简单等优点,但其安全性差。

电加湿器是用电能直接加热水以产生蒸汽,用短管将蒸汽喷入空气中或将电加湿装置直接装在风道内,使蒸汽直接混入流过的空气。产生蒸汽所用的加热设备有电极式加湿器和管状加湿器。

③ 电气控制部分

电气控制部分的主要作用是实现恒温恒湿的自动调节,主要有电触点式干湿球水银温度计及 SY 调节器、接触器、继电器等。

(3)电气控制电路分析

空调机组电气控制电路如图 5.28 所示,可分为主电路、控制电路和信号灯与电磁阀控制

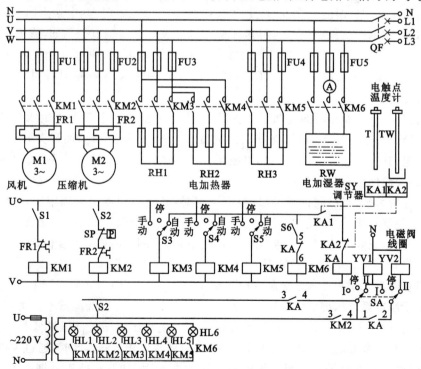

图 5.28 空调机组电气控制电路图

电路三部分。当空调机组需要投入运行时,合上电源总开关 QF,所有接触器的上接线端子、控制电路 U、V 两相电源和控制变压器 TC 均有电。合上开关 S1,接触器 KM1 得电吸合:其主触头闭合使通风机电动机 M1 起动运行;辅助(联锁保护)触头 $KM1_{1,2}$ 闭合,指示灯 HL1 亮;$KM1_{3,4}$ 闭合,为温、湿度自动调节做好准备,即通风机未起动前,电加热器、电加湿器等都不能投入运行,起到安全保护作用,避免发生事故。

机组的冷源是由制冷压缩机供给。压缩机电动机 M2 的起动由开关 S2 控制,其制冷量是通过控制电磁阀 YV1、YV2 来调节蒸发器的蒸发面积实现,由转换开关 SA 控制是否全部投入。YV1 控制 2/3 的蒸发器蒸发面积,YV2 控制 1/3 的蒸发器蒸发面积。机组的热源由电加热器供给。电加热器分成三组,分别由开关 S3、S4、S5 控制。S3、S4、S5 都有"手动"、"停止"、"自动"三个位置。当扳到"自动"位置时,可以实现自动调节。

① 夏季运行的温、湿度调节

夏季运行时需降温和减湿(增大制冷量去湿),压缩机需投入运行,设开关 SA 扳至 Ⅱ 挡,电磁阀 YV1、YV2 全部受控,电加热器可有一组投入运行,作加热用,设 S3、S4 扳至中间"停止"挡,S5 扳至"自动"挡。合上开关 S2,接触器 KM2 得电吸合,其主触头闭合,制冷压缩机电动机 M2 起动运行,其辅助触头 $KM2_{1,2}$ 闭合,指示灯 HL2 亮;$KM2_{3,4}$ 闭合,电磁阀 YV1 通电打开,蒸发器有 2/3 面积投入运行(另 1/3 面积受电磁阀 YV2 和继电器 KA 的控制)。由于刚开机时室内温度较高,敏感元件干球温度计 T 和湿球温度计 TW 触点都是接通的(T 的整定值比 TW 整定值稍高),与其相接的调节器 SY 中的继电器 KA1 和 KA2 均不吸合,KA2 的常闭触头使继电器 KA 得电吸合,其触头 $KA_{1,2}$ 闭合,使电磁阀 YV2 得电打开,蒸发器全部面积投入运行,空调机组向室内送入冷风,实现对新空气进行降温和冷却减湿。

当室内温度或相对湿度下降,低到 T 和 TW 的整定值以下时,其电触点断开使调节器中的继电器 KA1 或 KA2 得电吸合,利用其触头动作可进行自动调节。例如,室温下降到 T 的整定值以下,T 触点断开,SY 调节器中的继电器 KA1 得电吸合,其常开触头闭合,使接触器 KM5 得电吸合,其主触头使电加热器 RH3 通电,对风道中被降温和减湿后的冷风进行加热,其温度相对提高。

如室内温度一定,而相对湿度低于 T 和 TW 整定的温度差时,TW 上的水分蒸发快而带走热量,使 TW 触点断开,调节器 SY 中的继电器 KA2 得电吸合,其常闭触头 KA2 断开,使继电器 KA 失电,其常开触头 $KA_{1,2}$ 恢复,电磁阀 YV2 失电而关闭,蒸发器只有 2/3 面积投入运行,制冷量减少而使相对湿度升高。

从上述分析可知,当房间内干、湿球温度一定时,其相对湿度也就确定了。这里,每一个干、湿球温度差就对应一个湿度差,若干球温度保持不变,则湿球温度的变化就表示了房间内相对湿度的变化,只要能控制住湿球温度不变就能维持房间内的相对湿度恒定。

如果选择开关 SA 扳到"1"位置时,只有电磁阀 YV1 受调节,而电磁阀 YV2 不投入运行,此种状态可在春夏之交和夏秋之交制冷量需要较少时的季节使用,其原理同上。

为了防止制冷系统压缩机吸气压力过高运行不安全和压力过低运行不经济,利用高低压力继电器触头 SP 来控制压缩机的运行和停止。当发生高压超压或低压过低时,高低压力继电器触头 SP 断开,接触器 KM2 失电释放,压缩机电动机停止运转。此时,通过继电器 KA 的 $KA_{3,4}$ 触头使电磁阀继续受控。当蒸发器吸气压力恢复正常时,高低压力继电器触头 SP 恢复,压缩机电动机自动起动运行。

② 冬季运行的温、湿度调节

冬季运行主要是升温和加湿,制冷系统不工作,需将 S2 断开。加热器有三组,根据加热量的不同可分别选择在手动、停止或自动位置。设 S3 和 S4 扳至手动位置,接触器 KM3、KM4 均得电,RH1、RH2 投入运行而不受控。将 S5 扳至自动位置,RH3 受温度调节环节控制。当室内温度较低时,干球温度计 T 触点断开,SY 调节器中的继电器 KA1 吸合,其常开触头闭合使接触器 KM5 得电吸合,其主触头闭合使 RH3 投入运行,送风温度升高。如室温较高,T 触点闭合,SY 调节器中的继电器 KA1 释放而使 KM5 断电,RH3 不投入运行。

室内相对湿度调节是将开关 S6 合上,利用湿球温度计 TW 触点的通断而进行控制。例如,当室内相对湿度较低时,TW 的温包上水分蒸发快而带走热量(室温在整定值时),TW 触点断开,SY 调节器中的继电器 KA2 吸合,其常闭触头 KA2 断开,使继电器 KA 失电释放,其触头 $KA_{5,6}$ 恢复,使 KM6 得电吸合,其主触头闭合,电加湿器 RW 投入运行,产生蒸汽对送风进行加湿;当相对湿度较高时,TW 和 T 的温差小,TW 触点闭合,KA2 释放,继电器 KA 得电,其触头 $KA_{5,6}$ 断开,使 KM6 失电而停止加湿。

该系统的恒温恒湿调节仅是位式调节,只能在制冷压缩机和电加热器的额定负荷以下才能保证温度的调节。另外,系统中还有过载和短路等保护。

3. 集中式空调系统的电气控制

(1)集中式空调系统电气控制的特点和要求

① 电气控制的特点

该系统能自动调节温、湿度和自动进行季节工况转换,能做到全年自动化。开机时,只需按一下风机起动按钮,整个空调系统就自动投入正常运行(包括各设备间的程序控制、调节和季节的工况转换);停机时,只要按一下风机停止按钮,就可以按一定程序停机。

空调系统自控原理见图 5.17。系统在室内放两个敏感元件,其一是温度敏感元件 RT(室内型镍电阻),其二是相对湿度敏感元件 RH 和 RT 组成的温差发送器。

② 控制要求

温度自动控制:PT 接在 P-4A 型调节器上,调节器则根据室内实际温度与给定值的偏差对执行机构按比例规律进行控制。夏季时,控制一、二次回风风门来维持恒温(当一次风门关小时,二次风门开大,既防止风门振动,又加快调节速度)。冬季时,控制二次加热器(表面式蒸汽加热器)的电动两通阀实现恒温。

温度控制的季节转换:夏季转冬季时,随着天气变冷,室温信号使二次风门开大升温,如果还达不到给定值,则将二次风门开到极限,碰撞风门执行机构的中断开关发出信号,使中间继电器动作,从而过渡到冬季运行工况。为防止因干扰信号而使转换频繁,转换时应通过延时,如果在延时整定时间内恢复了原状态即终端开关复位,转换继电器还没动作,则不进行转换。冬季转夏季时,利用加热器的电动两通阀关足时碰终端开关后送出信号,经延时后自动转换到夏季运行工况。

相对湿度控制:采用 RH 和 RT 组成的温差发送器来反映房间内相对湿度的变化,将此信号送至冬、夏共用的 P-4B 型温差调节器。调节器按比例规律控制执行机构,实现对相对湿度的自动控制。

夏季时,控制喷淋水的温度实现降温,相对湿度较高时,通过调节电动三通阀而改变冷冻水与循环水的比例,实现冷却减湿;冬季时,采用表面式蒸汽加热器升温,相对湿度较低时采用喷蒸汽加湿。

　　湿度控制的季节转换:夏季转冬季,当相对湿度较低时,采用电动三通阀的冷水端全关足时送出一电信号,经延时使转换继电器动作,转入冬季运行工况;冬季转夏季,当相对湿度较高时,采用 P-4B 型调节器上限电接点送出一电信号,延时后动作,转入夏季运行工况。

　　(2) 集中式空调系统的电气控制实例

　　① 风机、水泵电动机的控制

　　空调系统的电气控制电路图如图 5.29 所示,运行前进行必要的检查后,合上电源开关 QS,并将其他选择开关置于自动位置。

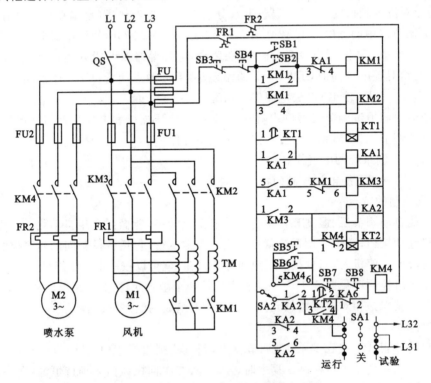

图 5.29　集中式空调系统电气控制电路图

　　a. 风机的起动:风机电动机 M1 是利用自耦变压器减压起动的。按下风机起动按钮 SB1 或 SB2,接触器 KM1 得电吸合:其主触头闭合,将自耦变压器三相绕组的零点接到一起,辅助触头 $KM1_{1,2}$ 闭合并自锁,$KM1_{5,6}$ 断开并互锁;$KM1_{3,4}$ 闭合,使接触器 KM2 得电吸合:其主触头闭合,使自耦变压器接通电源,风机电动机 M1 接自耦变压器减压起动,同时,时间继电器 KT1 也得电吸合,其触头 $KT1_{1,2}$ 延时闭合,使中间继电器 KA1 得电吸合:其触头 $KA1_{1,2}$ 闭合,自锁;$KA1_{3,4}$ 断开,使 KM1 失电,KM2、KT1 也失电,风机电动机 M1 切除自耦变压器;$KA1_{5,6}$ 闭合,接触器 KM3 经 $KM1_{5,6}$ 得电吸合:其主触头闭合,风机电动机 M1 全压运行;辅助触头 $KM3_{1,2}$ 闭合,使中间继电器 KA2 得电吸合:其触头 $KA2_{1,2}$ 闭合,为水泵电动机 M2 自动起动做准备;$KA2_{3,4}$ 断开;L32 无电;$KA2_{5,6}$ 闭合,SA1 在运行位置时,L31 有电,为自动调节电路送电。

　　b. 水泵的起动:喷水泵电动机 M2 是直接起动的,当风机正常运行时,在夏季需冷冻水的情况下,中间继电器 $KA6_{1,2}$ 处于闭合状态。当 KA2 得电时,KT2 也得电吸合;其触头 $KT2_{1,2}$

延时闭合,接触器 KM4 经 KA2$_{1,2}$、KT2$_{1,2}$、KA6$_{1,2}$触头得电吸合,其主触头闭合使水泵电动机 M2 直接起动,对冷冻水进行加压;辅助触头 KM4$_{1,2}$断开,使 KT2 失电;KM4$_{3,4}$闭合,自锁; KM4$_{5,6}$为按钮起动用自锁触头。

转换开关 SA1 转到试验位置时,若不起动风机与水泵,也可通过中间继电器 KA2$_{3,4}$为自动调节电路送电,在既节省能量又减少噪音的情况下,对自动调节电路进行调试。在正常运行时,SA1 应转到运行位置。

空调系统需要停止运行时,可通过停止按钮 SB3 或 SB4 使风机及系统停止运行,并通过 KA2$_{3,4}$触头为 L32 送电,整个空调系统处于自动回零状态。

②温度自动调节及季节自动转换

温度自动调节及季节自动转换电路如图 5.30 所示。敏感元件 RT 接在 P4—A 调节器端子板 XT1、XT2、XT3 上,P4—A 调节器上另外三个端子 XT4、XT5、XT6 接在二次风门电动执行机构电动机 M4 的位置反馈电位器 RM4 和电动两通阀 M3 的位置反馈电位器 RM3 上。 KE1、KE2 触头为 P4—A 调节器中继电器的对应触头。

a. 夏季温度调节:选择转换开关 SA3 在自动位置。如正处于夏季,二次风门一般不处于开足状态。时间继电器 KT3 线圈不会得电,中间继电器 KA3、KA4 线圈也不会得电,这时一、二次风门的执行机构电动机 M4 通过 KA4$_{9,10}$和 KA4$_{11,12}$常闭触头处于受控状态。通过敏感元件 RT 检测室温,传递给 P4—A 调节器进行自动调节一、二次风门的开度。

当实际量度低于给定值时,经 RT 检测并与给定电阻值比较,使调节器中的继电器 KA1 吸合,其常开触头闭合,发出一个用以开大二次风门和关小一次风门的信号。M4 经 KA1 常开触头和 KA4$_{11,12}$触头接通电源而转动,将二次风门开大,一次风门关小。利用二次回风量的增加来提高被冷却后的新风温度,使室温上升到接近于给定值。同时,利用电动执行机构的反馈电阻 RM4 与温度检测电阻的变化相比较,成比例地调节一、二次风门开度。当 RM4、RT 与给定电阻值平衡时,P4—A 中的继电器 KA1 失电,一、二次风门调节停止。如室温高于给定值,P4—A 中的继电器 KE2 将吸合,发出一个用以关小二次风门的信号,M4 经 KA2 常开触头和 KA4$_{9,10}$得到反相序电源,使二次风门成比例地关小。

b. 夏季转冬季工况:随着室外气温的降低,空调系统的热负荷也相应地增加,当二次风门开足,仍不能满足要求时,通过二次风门开足,压下 M4 的终端开关,使时间继电器 KT3 线圈通电吸合,其触头 KT3$_{1,2}$延时(4 min)闭合,使中间继电器 KA3、KA4 得电吸合,其触头 KA4$_{9,10}$、KA4$_{11,12}$断开,使一、二次风门不受控;KA3$_{5,6}$、KA$_{7,8}$断开,切除 RM4;KA4$_{1,2}$、KA4$_{3,4}$闭合,将 RM3 接入 P4—A 回路;KA4$_{5,6}$、KA4$_{7,8}$闭合,使蒸汽加热器电动两通阀电动机 M3 受控;KA4$_{1,2}$闭合,自锁。系统由夏季工况自动转入冬季工况。

也可选用手动与自动相结合的秋季运行工况。例如,将 SA3 扳到手动位置,按 SB9 按钮,使蒸汽两通阀电动执行机构 M3 得电,将蒸汽两通阀稍打开一定角度(一般开度小于 60°为好)后,再将 SA3 扳到自动位置,又回到自动调节转换工况。此工况下,一、二次风门又处于受控状态,在蒸汽用量少的秋季是有利的,又因避免了二次风门在接近全开情况下进行调节,故增加了调节阀的线性度,改善了调节性能。

c. 冬季温度控制:冬季温度控制仍通过敏感元件 RT 的检测,P4—A 调节器中 KE1 或 KE2 触头的通断,使电动两通阀电动机 M3 正转与反转,使电动两通阀开大与关小,并利用反馈电位器 RM3 按比例规律调整蒸汽量的大小。

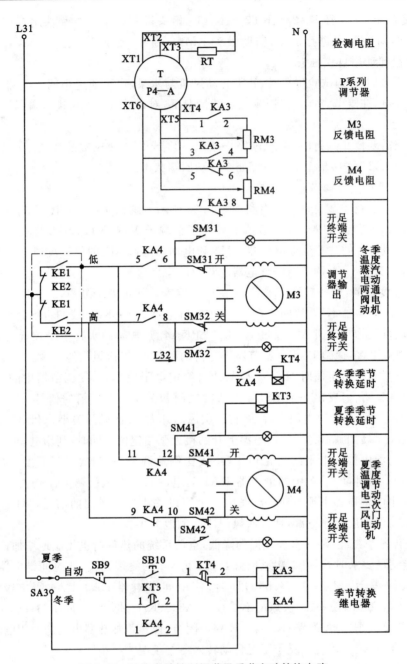

图 5.30　温度自动控制调节及季节自动转换电路

当实际温度低于给定值时,经 RT 检测并与给定电阻值比较,使调节器中的继电器 KA1 吸合,其常开触头闭合,发出一个开大电动两通阀的信号。M3 经 KA1 常开触头和 $KA4_{5,6}$ 触头接通电源而转动,将电动两通阀开大,使表面式蒸汽加热器的蒸汽量加大,使室温上升到接近给定值。同时,利用电动执行机构的反馈电阻 RM3 与温度检测电阻的变化相比较,成比例地调节电动两通阀的开度。当 RM3、RT 与给定电阻值平衡时,P4—A 中的继电器 KE1 失电,电动两通阀的调节停止。如室温高于给定值,P4—A 中的继电器 KE2 将吸合,发出一个用以关小电动两通阀开度的信号。

d. 冬季转夏季工况:随着室外气温升高,蒸汽电动两通阀逐渐关小。当关足时,通过终端开关送出一个信号,使时间继电器 KT4 线圈通电,其触头 $KT4_{1,2}$ 延时($1\sim1.5$ h)断开,KA3、KA4 线圈失电,此时一、二次风门受控,蒸汽两通阀开关不受控,由冬季转到夏季工况。

从上述分析可知,工况的转换是通过中间继电器 KA3、KA4 实现的。当系统开机时,不管实际季节如何,系统则是处于夏季工况(KA3、KA4 经延时后才通电)。如当时正是冬季,可通过 SB14 按钮强迫转入冬季工况。

③ 湿度控制环节及季节的自动转换

相对湿度检测的敏感元件是由 RT 和 RH 组成温差发送器,该温差发送器接在 P4—B 调节器 XT1、XT2、XT3 端子上,通过 P4—B 调节器中的继电器 KE3、KE4 触头(为了与 P4—A 调节器区别,将 P 系列调节器中的继电器 KE1、KE2 编为 KE3、KE4)的通断,在夏季通过控制冷冻水温度的电动三通阀电动机 M5,并引入位置反馈 RM5 电位器,构成比例调节,在冬季则通过控制喷蒸汽用的电磁阀或电动两通阀实现。湿度自动调节及季节转换电路如图 5.31 所示。

a. 夏季相对湿度的控制:夏季相对湿度控制是通过电动三通阀来改变冷水与循环水的比例实现增冷减湿的。如室内相对湿度较高时,由敏感元件发送一个温差信号,通过 P4—B 调节器放大,使继电器 KA4 吸合,使控制三通阀的电动机 M5 得电,将电动三通阀的冷水端开大,循环水关小。表面式冷却器中的冷冻水温度降低,进行冷却减湿,接入反馈电阻 RM5,实现比例调节。室内相对湿度较低时,通过敏感元件检测和 P4—B 中的继电器 KE3 吸合,将电动三通阀的冷水端关小,循环水开大,冷冻水温度相对提高,相对湿度也提高。

b. 夏季转冬季工况:当室外气温变冷,相对湿度也较低,则自动调节系统就会使表面式冷却器的电动三通阀中的冷水端关足。利用电动三通阀关足时,M5 终端开关的动作使时间继电器 KT5 得电吸合,其触头 $KT5_{1,2}$ 延时(4 min)闭合,中间继电器 KA6、KA7 线圈得电,其触头 $KA6_{1,2}$ 断开(图 5.31),KM4 失电,水泵电动机 M2 停止运行;$KA6_{3,4}$ 闭合,自锁;$KA6_{5,6}$ 断开,向制冷装置发出不需冷源的信号;$KA7_{1,2}$、$KA7_{3,4}$ 闭合,切除 RM5;$KA7_{5,6}$、$KA7_{7,8}$ 断开,使电动三通阀电动机 M5 不受控;$KA7_{9,10}$ 闭合,喷蒸汽加湿用的电磁阀受控;$KA7_{11,12}$ 闭合,时间继电器 KT6 受控,进入冬季工况。

c. 冬季相对湿度控制:在冬季,加湿与不加湿的工作是由调节器 P4—B 中的继电器 KE3 触头实现的。当室内相对湿度较低时,调节器 KE3 线圈得电,其常开触头闭合,减压变压器 TC 通电(220/36 V),使高温电磁阀 YV 通电,打开阀门喷射蒸汽进行加湿。此为双位调节,湿度上升后,调节器 KE3 失电,其触头恢复,停止加湿。

d. 冬季转夏季工况:随着室外空气温度升高,新风与一次回风混合的空气相对湿度也较高,不加湿也出现高温信号,调节器中的继电器 KE4 线圈得电吸合,使时间继电器 KT6 线圈得电,其触头 $KT6_{1,2}$ 延时(1.5 h)断开,使中间继电器 KA6、KA7 失电,证明长期存在高湿信号,应使自动调节系统转到夏季工况。如果在延时时间内 $KT6_{1,2}$ 未断开,而 KE4 触头又恢复了,说明高湿信号消除,则不能转入夏季工况。

通过上述分析可知,相对湿度控制工况的转换是通过中间继电器 KA6、KA7 实现的。当系统开机时,不论是什么季节,系统将工作在夏季工况,经延时后才转到冬季工况。按下 SB12 按钮,可强迫系统快速转入冬季工况。

系统除保证自动运行外,还备有手动控制,需要时可通过手动开关或按钮实现手动控制。另外,系统还有若干报警、需冷、需热信号指示和温度遥测等控制功能。

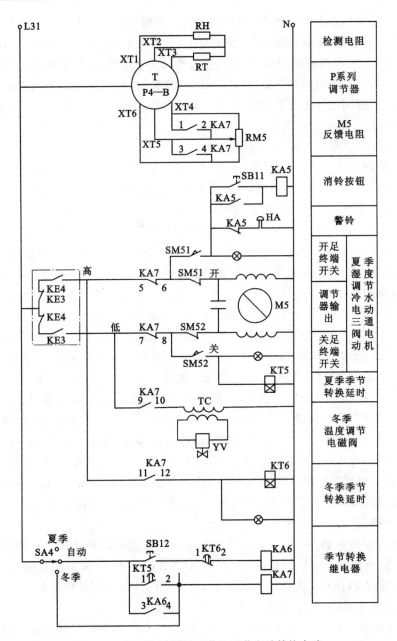

图 5.31　湿度自动控制调节及季节自动转换电路

5.3　给水排水控制电路

在建筑工程中,每一座建筑都离不开用水,而水是从高处往低处流的,对于楼宇建筑来说,则要求水能送到中高层去,这就需要对水进行加压控制,以满足要求。

另外,在给排水过程中,自动控制及远动控制是提高科学管理水平、减轻劳动强度、保证给排水系统正常运行和节约能源的重要措施。自动控制的内容主要是水位控制和压力控制,而远动控制则主要是调度中心对远处设置的一级泵房(如井群)、加压泵房的控制。这里仅对建筑工程中常用的给水排水系统中的电气自动控制进行阐述。

5.3.1　干簧管水位控制器

水位控制一般用于高位水箱给水和污水池排水。将水位信号转换为电信号的设备称为水（液）位控制器（传感器），常用的水位控制器有干簧管开关式、浮球（磁性开关、水银开关、微动开关）式、电极式和电接点压力表式等。

1. 干簧管开关

图 5.32 是干簧管开关原理结构图。在密封玻璃管 2 内，两端各固定一片用弹性好、导磁率高的玻莫合金制成的舌簧片 1 和 3。舌簧片自由端触点镀有金、铑、钯等金属，以保证良好的接通和断开能力。玻璃管中充入氮等惰性气体，以减少触点的污染与电腐蚀。图 5.32(a)、(b)分别是常开和常闭触头的干簧管开关原理结构图。

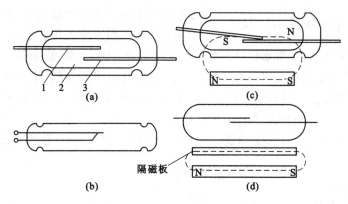

图 5.32　干簧管开关原理结构图
1,3—舌簧片；2—玻璃管

舌簧片常用永久磁铁和磁短路板两种方式驱动。图 5.32(c)所示为永久磁铁驱动，当永久磁铁运动到舌簧片附近时，舌簧片被磁化，触点接通（或断开）；当永久磁铁离开时，触点因弹性而断开（或接通）。图 5.32(d)是磁短路板驱动，干簧管与永久磁铁组装在一起，中间有缝隙，其舌簧片已经被磁化，触点已经接通（或断开）。当磁短路板（铁板）进入缝隙时，磁力线通过磁短路板组成闭合回路，舌簧片消磁，因弹性而恢复触点断开（或接通）。当磁短路板离开后，舌簧片恢复原状态。

2. 干簧管水位控制器

干簧管开关水位控制器适用于建筑中的水箱、水塔及水池等开口容器的水位控制或水位报警之用，如图 5.33 所示。其工作原理是：在塑料管或尼龙管内固定有上、下水位干簧管开关 SL1 和 SL2，塑料管下端密封防水，连线在上端接出。塑料管外套一个能随水位移动的浮标，浮标中固定一个永磁环，当浮标移到上或下水位时，对应的干簧管接受到磁信号而动作，发出水位电开关信号。因为干簧管开关触点有常开和常闭两种形式，可有若干种组

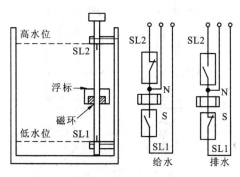

图 5.33　干簧管水位控制器安装和接线图

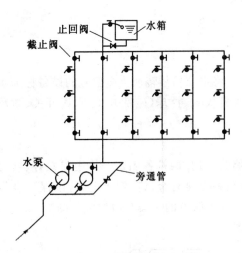

图 5.34　设置水箱水泵给水系统

合方式用于水位控制及报警。

5.3.2　生活给水系统的电气控制

生活给水泵的控制有单台、两台(一用一备)、两台自动轮换工作、三台(两用一备)交替使用以及多台恒压供水等。一般情况下,生活给水泵的容量都不是很大,可以采用直接起动方式。如果遇到较大容量的水泵时,可以考虑采用减压起动的方式,如 Y-△起动方法。

当用水量较大,室外管网的水压又经常处于不能满足要求时,多采用图 5.34 所示设置水箱及水泵的给水系统。在高层建筑中,也可设置分区分压给水系统。在引入管处增设水泵装置,加压水泵是靠装设在楼顶水箱中的干簧管水位控制器控制而开启或关闭,水泵可不必处于经常运转状态。当水位低于自动控制的低位继电器时,水泵电动机接通电源开始运转,水补至高水位继电器触点时切断电源,水泵停止。但水泵开启一般不超过每小时六次,不宜过于频繁开启。

1. 两台泵互为备用,备用泵手动投入控制

图 5.35 为两台互为备用泵手动投入控制的电路图,图中 SA1 和 SA2 是万能转换开关

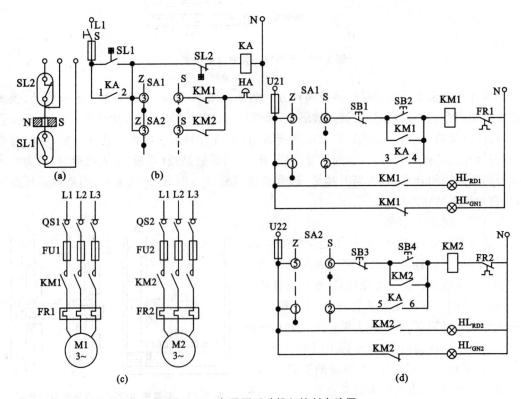

图 5.35　备用泵手动投入控制电路图
(a) 接线图;(b) 水位信号电路;(c) 主电路;(d) 控制电路

(LW5 系列),如是单台泵控制,只用一个万能转换开关。转换开关的操作手柄一般是多挡位的,触点数量也较多,其触点的闭合或断开在电路图中采用展开图来表示。图中的 SA1 和 SA2 操作手柄各有两个位置,触点数量各为 4 对,实际用了 3 对,手柄向左扳时,触点①和②、③和④为闭合的,触点⑤和⑥为断开的,为自动控制位置,即由水位控制器发出的触点信号控制水泵电动机的起动和停止。手柄向右扳(或不动)时,为手动控制位置,即手动起动和停止按钮控制水泵电动机的起动和停止。需要说明的是,为设备检修需要,控制系统必须安装手动控制环节。

图 5.35 可以划分为水位控制开关接线图、水位信号电路图、两台泵的主电路和两台泵的控制电路。水泵需要运行时,电源开关 QS1、QS2 合上,因为是互为备用,转换开关 SA1 和 SA2 总有一个放在自动位,另一个放在手动位。设 SA1 放在自动位(左手位),触点①和②、③和④为闭合的,触点⑤和⑥为断开的,1 号泵为常用机组;SA2 放在手动位,2 号泵为备用机组。

工作原理分析:若高位水箱(或水池)处于低水位时,浮标磁铁下降,对应于 SL1 处,SL1 常开触点闭合,水位信号电路的中间继电器 KA 线圈通电,其常开触点闭合,一对 $KA_{1,2}$ 用于自锁,一对 $KA_{3,4}$ 通过 $SA1_{1,2}$ 使接触器 KM1 通电,1 号泵投入运行,加压送水;当浮标离开 SL1 时,SL1 断开。当水位到达高水位时,浮标磁铁使 SL2 常闭触点断开,继电器 KA 失电,接触器 KM1 失电、水泵电动机停止运行。

如果 1 号泵在投入运行时发生过载或者接触器 KM1 接受信号不动作等故障,KM1 的辅助常闭触点恢复,通过 $SA1_{3,4}$ 使警铃 HA 响,值班人员知道后,将 SA1 放在手动位,准备检修;将 SA2 放自动位,接受水位信号控制,2 号泵投入使用,1 号泵转为备用,警铃 HA 因 $SA1_{3,4}$ 断开而不响。

2. 两台泵互为备用,备用泵自动投入控制

图 5.36 为两台泵互为备用,备用泵自动投入的控制电路图。

正常工作时,电源开关 QS1、QS2、S 均合上,SA 为万能转换开关 LW5 系列,有 3 挡 10 对触头,实际用了 8 对。手柄在中间挡时,⑪和⑫、⑲和⑳两对触头闭合,为手动操作起动按钮控制,水泵不受水位控制器控制。当 SA 手柄扳向左面 45°时,⑮和⑯、⑦和⑧、⑨和⑩三对触头闭合,1 号泵为常用机组,2 号泵为备用机组。当水位在低水位(给水泵)时,浮标磁铁下降,对应于 SL1 处,SL1 闭合,水位信号电路的中间继电器 KA1 线圈通电,其常开触点闭合,一对 $KA1_{1,2}$ 用于自锁,一对 $KA1_{3,4}$ 通过 SA⑦⑧触头使接触器 KM1 通电,1 号泵投入运行,加压送水;当浮标离开 SL1 时,SL1 断开。当水位到达高水位时,浮标磁铁使 SL2 动作,KA1 失电,KM1 失电,水泵停止运行。

如果 1 号泵在投入运行时发生过载或者接触器 KM1 接受信号不动作,时间继电器 KT 和警铃 HA 通过 SA⑮⑯触头长时间通电,警铃响,KT 延时 5～10 s,中间继电器 KA2 通电,$KA2_{7,8}$ 经 SA⑨⑩触头使接触器 KM2 通电,2 号泵自动投入运行,同时 KT 和 HA 失电。

若 SA 手柄扳向右面 45°时,⑤和⑥、①和②、③和④三对触头闭合,2 号泵自动,1 号泵为备用。其工作原理是:当水位在低水位(给水泵)时,浮标磁铁下降,对应于 SL1 处,SL1 闭合,水位信号电路的中间继电器 KA1 线圈通电,其常开触点闭合,一对 $KA1_{1,2}$ 用于自锁,一对 $KA1_{5,6}$ 通过 SA③④触头使接触器 KM2 通电,2 号泵投入运行,加压送水;当浮标离开 SL1 时,SL1 断开。当水位到达高水位时,浮标磁铁使 SL2 动作,KA1 失电,KM2 失电,水泵停止

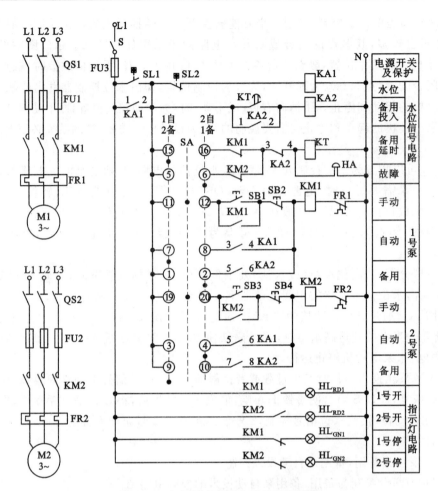

图 5.36　备用泵自动投入的控制电路图

运行。

　　如果 2 号泵在投入运行时发生过载或者接触器 KM2 接受信号不动作,时间继电器 KT 和警铃 HA 通过 SA⑤⑥触头长时间通电,警铃响,KT 延时 5～10 s,使中间继电器 KA2 通电,KA2$_{5,6}$经 SA①②触头使接触器 KM1 通电,1 号泵自动投入运行,同时 KT 和 HA 失电。

5.3.3　消防给水控制系统

　　在现代建筑的消防设施中,灭火设施是不可缺少的一部分。室内灭火设施主要包括消火栓灭火系统、自动喷水灭火系统、水幕系统以及气体灭火系统等,其中消防泵和喷淋泵分别为消火栓系统和水喷淋系统的主要供水设备,因此消防给水控制是本节的主要内容。

　　另外,消防系统需要双电源,因此要研究带备用电源的消防泵和喷淋泵的控制。

　　1. 室内消火栓用水泵电气控制

　　凡担负着室内消火栓灭火设备给水任务的一系列工程设施,称为室内消火栓给水系统,它是建筑物内采用最广泛的一种人工灭火系统。当室外给水管网的水压不能满足室内消火栓给水系统最不利点的水量和水压时,应设置配有消防水泵和水箱的室内消火栓给水系统。每个消火栓处应设置直接起动消防水泵的按钮,以便及时起动消防水泵,供应火场救灾用水。按钮应设有保护设施,如放在消防水带箱内,或放在有玻璃或塑料板保护的小壁龛内,以防止误操作。消防水泵一般都设置两台,互为备用。

图 5.37 为消火栓水泵电气控制的一种方案,两台泵互为备用,备用泵自动投入,正常运行时电源开关 QS1、QS2、S1、S2 均合上,S3 为水泵检修双投开关,不检修时放在运行位置。SB10~SBn 为各消火栓箱消防起动按钮,无火灾时,按钮被玻璃面板压住,其常开触头已经闭合,中间继电器 KA1 通电,消火栓泵不会起动。SA 为万能转换开关,手柄放在中间时为泵房和消防控制中心控制起动水泵,不接受消火栓内消防按钮控制指令。当 SA 扳向左 45°时,SA1 和 SA6 闭合,1 号泵自动,2 号泵备用。

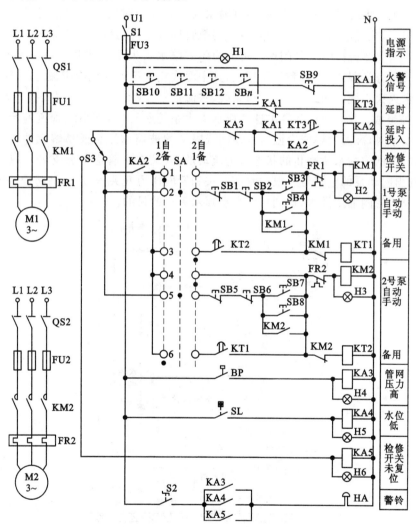

图 5.37 消火栓水泵电气控制电路图

若发生火灾时,打开消火栓箱门,用硬物击碎消防按钮的面板玻璃,其按钮 SB10~SBn 中相应的一个按钮常开触头恢复,使 KA1 断电,时间继电器 KT3 通电,经数秒延时使 KA2 通电并自锁,同时串接在 KM1 线圈回路中的 KA2 常开辅助触头闭合,经 SA1 使 KM1 通电,1 号泵电动机起动运行,加压喷水。

如果 1 号泵发生故障或过载,热继电器 FR1 的常闭触点断开,KM1 断电释放,其常闭触点恢复,使 KT1 通电,其常开触头延时闭合,经 SA6 使 KM2 通电,2 号泵投入运行。

当消防给水管网水的压力过高时,管网压力继电器触点 BP 闭合,使 KA3 通电发出停泵指令,通过 KA2 断电而使工作泵停止并进行声光报警。

当低位消防水池缺水时,低水位控制器 SL 触点闭合,使 KA4 通电,发出消防水池缺水的声光报警信号。

当水泵需要检修时,将检修开关 S3 扳向检修位置,KA5 通电,发出声光报警信号。S2 为消铃开关。

2. 自动喷水灭火系统加压水泵的电气控制

自动喷水灭火系统是一种能自动动作(喷水灭火),并同时发出火警信号的灭火系统。它的适用范围很广,凡可以用水灭火的建筑物、构筑物均可设自动喷水灭火系统。

自动喷水灭火系统按喷头开闭形式可分为闭式喷水灭火系统和开式喷水灭火系统,前者按工作原理又可分为湿式、干式和预作用式,其中湿式喷水灭火系统应用最为广泛。

湿式喷水灭火系统由闭式喷头、管道系统、水流指示器(水流开关)、湿式报警阀、报警装置和供水设施等组成。图 5.38 为湿式自动喷水灭火系统示意图,该系统管道内始终充满压力水。当火灾发生时,高温火焰或高温气流使闭式喷头的玻璃球炸裂或易熔元件熔化而自动喷水灭火,此时,管网中的水从静止的状态变为流动的,安装在主管道各分支处对应的水流开关触点闭合,发出起动泵的电信号。根据水流开关和管网压力开关信号等,消防控制电路能自动起动消防水泵向管网加压供水,达到持续自动喷水灭火的目的。

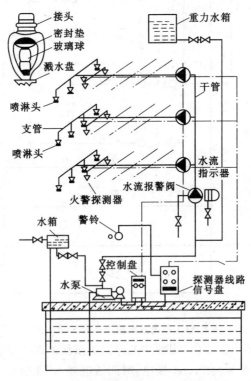

图 5.38 湿式自动喷淋灭火系统示意图

图 5.39 为湿式自动喷水灭火系统加压水泵电气控制的一种方案,为两台泵互为备用,备用泵自动投入。正常运行时,电源开关 QS1、QS2、S1 均合上。发生火灾时,闭式喷头的玻璃

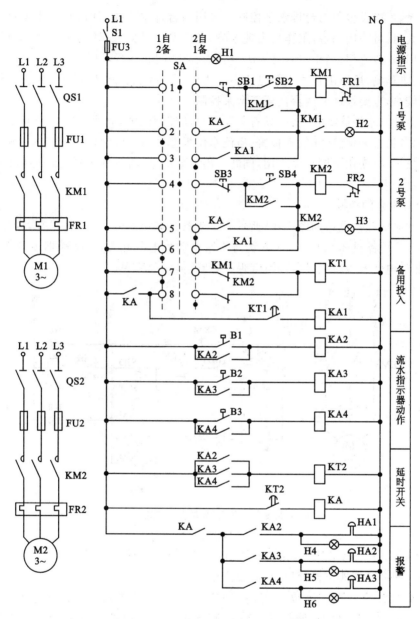

图 5.39 湿式自动喷水灭火系统电路图

球炸裂喷水,水流开关 B1～Bn 触头有一个闭合,对应的中间继电器通电,发出起动消防水泵的指令。设 B2 动作,KA3 通电并自锁,KT2 通电,经延时使 KA 通电,发出声光报警信号。如 SA 手柄扳向右 45°,对应的 SA3、SA5 和 SA8 触点闭合,KM2 经 SA5 触点通电吸合,使 2 号泵电动机 M2 投入运行。若 2 号泵发生故障或过载,FR2 的常闭触点断开,KM2 断电释放,其辅助常闭触点闭合,经 SA8 触点使 KT1 通电,经延时使 KA1 通电,KA1 触点经 SA3 触点使 KM1 得电,备用 1 号泵自动投入运行。

5.3.4 排水系统的电气控制

一般生活污水的排水量可以大致预测,如果排水量不大,可以设置为一台排水泵控制;如果排水量过大,可以设置为两台排水泵控制。采用两台排水泵控制时,其工作可靠性高,当排水量不是很大时,可一用一备,工作泵出现故障,备用泵自动接入,转为工作泵;也可以两台排水泵互为备用,轮流工作;当排水量过大时,两台泵能够同时运行,以加快排水。雨水的排水量变化较大,较难预测,所以雨水排水泵电路多数为两台泵控制。对于比较重要的建筑物,排水可靠性要求较高,也要设计成两台甚至三台泵控制。

对排水泵的基本控制要求是:应具有手动和自动控制功能,高水位时自动起泵,低水位时停泵;能发出各种报警信息,如故障报警、溢流水位报警等;如果是两台排水泵,应能互为备用,工作泵出现故障时,备用泵要自动启用,同时发出报警信号;两台排水泵应能同时工作,以满足排水量过大的需要。

1. 单台排水泵的控制

单台排水泵的控制电路如图 5.40 所示。由于其控制电路简单、工作可靠,所以在实际中用得比较多。主电路见图 5.40(a),QF 为排水泵电动机电源开关,由接触器 KM 实现对电动机的控制,热继电器实现对电动机的过载保护,断路器作短路保护。

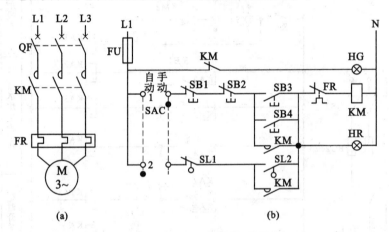

图 5.40 单台水泵控制电路
(a) 主电路;(b) 控制电路

控制电路如图 5.40(b)所示。该控制电路具有自动、手动、两地控制功能和运行指示、停泵指示功能。SL2 是高液位器,SL1 是低液位器。

选择开关 SAC 置于"自动"位置,电路 SAC_2 接通,当集水池水位达到整定高水位时,需要进行排水,高液位器 SL2 接通,接触器 KM 通电吸合,排水泵电动机 M 起动运转开始排水,停泵指示灯 HG 熄灭,运行指示灯 HR 点亮。当水位降低到整定低水位时,低液位器 SL1 常闭触头断开,KM 断电释放,电动机停转,排水停止,停泵指示灯 HG 点亮,运行指示灯 HR 熄灭。

手动设有就地和远程控制,SB1、SB3 就地安装,SB2、SB4 安装在控制箱上。选择开关 SAC 被置于"手动"位置,电路 SAC_1 接通。当需要排水时,可以按下 SB3(或 SB4),接触器 KM 通电吸合并自锁,排水泵起动排水;当需要排水泵停止排水时,则按下 SB1(或 SB2),接触器 KM 断电释放,排水泵停转,停止排水。

2. 两台排水泵自动轮换,溢流水位双泵运行的控制

如果排水较难预测,一般情况下排水量不大,但又会偶尔出现大排量的情况,可以将两台排水泵设计为平时一用一备。同时,为减轻工作水泵的负担,可考虑使两台水泵轮流工作,提

高其工作可靠性。待偶尔出现大排水量,致使集水池水位达到溢流水位时,可使两台水泵同时工作。

主电路如图 5.41 所示,断路器 QF1、接触器 KM1 控制 1 号排水泵电动机 M1。断路器 QF2、接触器 KM2 控制 2 号排水泵电动机 M2。

控制电路如图 5.42 所示,两台排水泵的工作方式由转换开关 SAC 控制。SAC 控制分手动和自动两种,其中自动主要是进行自动轮换控制和溢流水位双泵同时工作控制环节。

手动控制:手动位置主要是在水泵检修时使用。当 SAC 置于手动位置时,SAC_{1-5} 和 SAC_{2-5} 都接通各自电路,按钮 SB1 和 SB2 控制 KM1 的通电和断电,即控制 1 号泵的起停,2 号泵的起停由按钮 SB3 和 SB4 控制。当排水量过大时,也可以在此位置

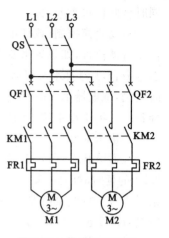

图 5.41 排水泵主电路

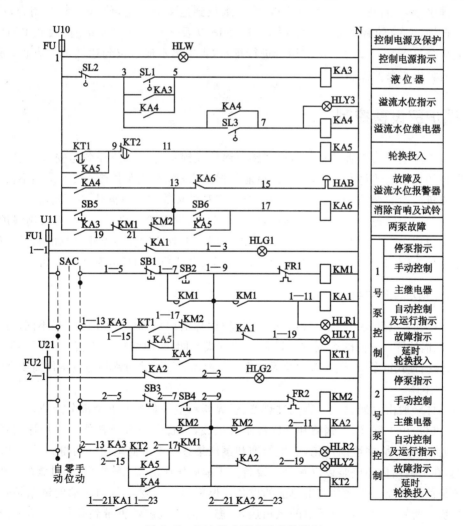

图 5.42 两台排水泵自动轮换控制

同时将两台水泵起动。

自动轮换控制：该环节由继电器 KA5、时间继电器 KT1 和 KT2 组成。当转换开关 SAC 位于自动位置，如果集水池水位达到高水位的起泵位置，液位器 SL1 触头闭合，使 KA3、KM1 通电吸合，1 号排水泵起动进行排水；同时时间继电器 KT1 也通电吸合并自锁。当 KT1 延时时间到，继电器 KA5 通电吸合并自锁，为下次运行时 2 号排水泵控制接触器 KM2 通电做好准备。当集水池水位达到低位停泵位置，SL2 触头断开，KA3、KM1 断电，1 号泵停转。

当集水池水位第二次达到高水位的起泵位置，液位器 SL1 使 KA3 通电，由于此时 KA5 已处在通电状态，所以 KM2 通电吸合，2 号泵起动，同时时间继电器 KT2 也通电并自锁。当 KT2 的延时时间到，其常闭延时断开触头断开，使 KA5 断电释放，恢复初始状态，为第三次起泵时 1 号泵控制接触器 KM1 通电做准备。当集水池水位达到低位停泵位置，SL2 又使 KA3 断电，KM2 也断电，2 号泵停转。再次起泵又重新使 1 号泵工作，使两台排水泵自动轮流工作。

溢流水位双泵同时起动的控制：该环节由溢流水位液位器 SL3 及中间继电器 KA4 组成。当需要大排水量，一台排水泵来不及排水，致使水位到达溢流水位，使 SL3 触头闭合，KA4 通电吸合并自锁，KA4 的常开触头使电路 1—15～1—9 及 2—15～2—9 接通，因此 KM1、KM2 同时通电吸合，1 号泵和 2 号泵同时运行进行排水，直到集水池水位到达低水位为止。此控制电路特别适合雨水泵的控制。

5.4　锅炉房设备控制电路

锅炉是工业生产或生活采暖的供热之源。锅炉及锅炉房设备的任务是安全可靠、经济有效地把燃料的化学能转化为热能，进而将热能传递给水，以产生热水或蒸汽。蒸汽不仅用作将热能转变成机械能的介质，还广泛地作为工业生产和采暖等方面所需热量的载热体。

锅炉一般分为两种：一种叫动力锅炉，应用于动力、发电等方面；另一种叫供热锅炉（又称工业锅炉），应用于工业及采暖等方面。下面以应用于工业生产和各类建筑物的采暖及热水供应的工业锅炉为例，介绍锅炉设备的组成、运行工况、自动控制的任务和实例分析。

5.4.1　锅炉设备的组成

锅炉本体和它的辅助设备总称为锅炉房设备（简称锅炉）。根据使用的燃料不同，可分为燃煤锅炉、燃气锅炉等。它们的区别只是燃料供给方式不同，其他结构大致相同，图 5.43 为 SHL 型（即双锅筒横置式链条炉）燃煤锅炉及锅炉房设备简图。下面将对锅炉房设备作简要介绍。

1. 锅炉本体

锅炉本体一般由汽锅、炉子、蒸汽过热器、省煤器和空气预热器五个部分组成。

汽锅（汽包）由上锅筒、下锅筒和三簇沸水管组成，水管内的水受管外烟气加热，在管簇内发生自然的循环流动，并逐渐汽化，产生的饱和蒸汽集聚在上锅筒里面。为得到干度比较大的饱和蒸汽，在上锅筒内还应装设汽水分离设备。下锅筒作连接沸水管之用，同时储存水和水垢。

炉子是使燃料充分燃烧并放出热能的设备。燃料（煤）由煤斗落到转动的链条炉箅上，进入炉内燃烧。所需空气由炉箅下面的风箱送入，燃尽的灰渣被炉箅带到除灰口，落入灰斗中。得到的高温烟气依次经过各个受热面，将热量传递给水以后，再由烟囱排至大气。

过热器是将汽锅所产生的饱和蒸汽继续加热为过热蒸汽的换热器，由联箱和蛇形管所组

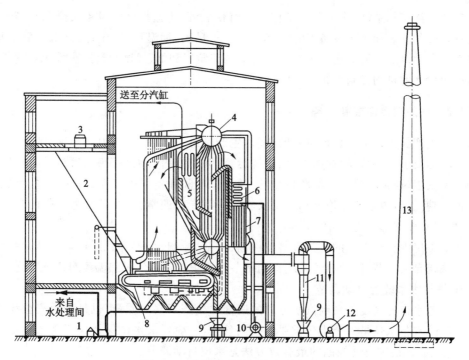

图 5.43 燃煤锅炉及锅炉房设备简图

1—给水泵；2—煤仓；3—运煤皮带运输机；4—锅筒；5—蒸汽过热器；6—省煤器；7—空气预热器；
8—链条炉排；9—灰车；10—送风机；11—除尘器；12—引风机；13—烟囱

成，一般布置在烟气温度较高的地方。动力锅炉和较大的工业锅炉才有过热器。

省煤器是利用烟气余热加热锅炉给水，以降低排出烟气温度的换热器。省煤器由蛇形管组成。小型锅炉中采用具有肋片的铸铁管式省煤器或不装省煤器。

空气预热器是继续利用离开省煤器后的烟气余热加热燃烧所需要的空气的换热器。热空气可以强化炉内燃烧过程，提高燃烧的经济性。小型锅炉为力求结构简单，一般不设空气预热器。

2. 锅炉房的辅助设备

锅炉房的辅助设备，按其功能有以下几个系统：

(1) 运煤、除灰系统：其作用是保证为锅炉运入燃料和送出灰渣。煤是由胶带运输机送入煤仓，借助自重下落，再通过炉前小煤斗而落于炉排上。燃料燃尽后的灰渣则由灰斗放入灰车送出。

(2) 送、引风系统：为了给炉子送入燃烧所需空气和从锅炉引出燃烧产物——烟气，以保证燃烧正常进行，并使烟气以必要的流速冲刷受热面，需设置送、引风系统。锅炉的通风设备有送风机、引风机和烟囱。为了改善环境卫生和减少烟尘污染，锅炉还常设有除尘器。

(3) 水、汽系统(包括排污系统)：汽锅内具有一定的压力，因而给水需借助水泵提高压力后送入。此外，为保证给水质量，避免汽锅内壁结垢或受腐蚀，锅炉房通常设有水处理设备，还设有一定容量的水箱储存给水。锅炉生产的蒸汽一般先送至锅炉房内的分汽缸，由此再分送至各用户的管道。锅炉的排污水因具有相当高的温度和压力，需先排入排污减温池或专设的扩容器，进行膨胀减温和减压。

（4）仪表及控制系统：除了锅炉本体上装有仪表外，为监控锅炉设备安全和经济运行，还常设有一系列的仪表和控制设备，如蒸汽流量计、水量表、烟温计、风压计、排烟含氧量指示等常用仪表。自动调节的锅炉还设置有给水自动调节装置和烟、风闸门远距离操纵或遥控装置，或采用更现代化的自动控制系统，以便科学地监控锅炉运行。

5.4.2　锅炉的自动控制任务

锅炉的生产任务是根据负荷设备的要求，生产具有一定参数（压力和温度）的蒸汽。为满足负荷设备的要求，并保证锅炉的安全、经济运行，锅炉房内必须装设一定数量和类型的自动检测和控制仪表（通常称热工检测和控制）。随着节能和环境保护工作日益被人们重视，仪表的装设也日趋完善，由于热工检测和控制仪表是一门专门的学科，有着极为丰富的专业内容，因此，这里仅对控制部分进行介绍。

工业锅炉房中自动控制的环节有自动检测、调节、控制、保护等。而自动调节系统主要有锅炉给水系统自动调节、锅炉燃烧系统自动调节和锅炉过热蒸汽过热温度自动调节等。

1. 锅炉给水系统的自动调节

锅炉汽包水位的高度关系到汽水分离的速度和生产蒸汽的质量，也是确保安全生产的重要参数，因此，汽包水位是一个十分重要的被调参数，一般要求水位保持在正常水位的 $\pm 50 \sim 100$ mm 范围内。锅炉自动控制的最有效方法是水位自动调节。

（1）汽包水位自动调节的任务

汽包水位进行自动调节是使给水量跟踪锅炉的蒸发量并维持汽包水位在工艺允许的范围内。现代的锅炉向蒸发量大、汽包容积相对减小的方向发展，要求锅炉的蒸发量能随时适应负荷设备需要量的变化。汽包水位的变化速度很快，稍不注意就容易造成汽包满水，影响汽包的汽水分离效果，产生蒸汽带水的现象，轻者影响动力负荷的正常工作，重者造成干锅、烧坏锅壁或管壁，甚至发生爆炸事故。而水位过低就会影响自然循环的正常进行，严重时会使个别上水管形成自由水面，产生流动停滞，致使金属管壁局部过热而爆管。因此，无论满水或缺水都会造成事故。

（2）给水系统自动调节类型

工业锅炉常用的给水自动调节有位式调节和连续调节两种。

位式调节是指调节系统对锅筒的高水位和低水位两个位置进行控制，即低水位时，调节系统接通水泵电源，向锅炉给水；达到高水位时，调节系统切断水泵电源，停止给水。随着水的蒸发，锅筒水位逐渐下降，当水位降至低水位时重复上述工作。常用的位式调节有电极式和浮子式等，仅应用于小型锅炉。

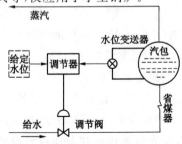

图 5.44　单冲量给水调节原理图

连续调节是指调节系统连续调节锅炉的给水量，以使锅筒水位始终保持在正常水位。调节装置动作的冲量（反馈信号）可以是锅筒水位、蒸汽流量和给水流量，根据取用的冲量不同，可分为单冲量、双冲量和三冲量调节三种类型。

① 单冲量给水调节

单冲量给水调节原理见图 5.44，是以汽包水位为唯一的反馈信号。系统由汽包水位变送器（水位检测信号）、调节器和电动给水调节阀组成。当汽包水位发生变化时，水位变送器发出信号并输入调节器。调节器根据水位信号与给定信号比较的偏差,经过放大后输出调节信号,控制电动给水调节阀的开度,改变给水量来保持汽包水位在允许的范围内。

单冲量给水调节的优点是系统结构简单,故常用在汽包容量相对较大、蒸汽负荷变化较小的锅炉中。其缺点:一是不能克服"虚假水位"现象。"虚假水位"产生的原因主要是由于蒸汽流量增加,汽包内的气压下降,炉水的沸点降低,使炉管和汽包内的汽水混合物中的蒸汽容积增加,体积膨大,引起汽包水位上升。如果调节器仅根据这个水位信号作为调节依据关小阀门,减少给水量,将对锅炉流量平衡造成不利的影响,进一步扩大进出流量的不平衡。二是不能及时地反映给水母管方面的扰动。当给水母管压力变化大时,将影响给水量的变化,调节器要等到汽包水位变化后才开始动作,这就要经过一段滞后时间才能对汽包水位发生影响,将导致汽包水位波动幅度大,调节时间增长。

② 双冲量给水调节

双冲量给水调节原理见图5.45,它是以锅炉汽包水位信号作为主反馈信号,以蒸汽流量信号作为前馈信号,组成锅炉汽包水位双冲量给水调节。

双冲量给水调节的优点是:引入蒸汽流量作为前馈信号,可以消除因"虚假水位"现象引起的水位波动。例如,当蒸汽流量变化时,就有一个给水量与蒸汽量同方向变化的信号,可以减少或抵消由于"虚假水位"现象而使给水量向相反方向变化的错误动作,使调节阀一开始就向正确的方向动作,减小了水位的波动,缩短了过渡过程的时间。其缺点是:不能及时反映给水母管方面的扰动,因此,当给水母管压力经常有波动,给水调节阀前后压差不能保持正常时,不宜采用双冲量调节系统。

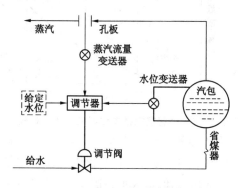

图 5.45　双冲量给水调节原理图

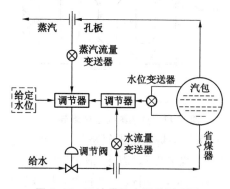

图 5.46　三冲量给水调节原理图

③ 三冲量给水调节

三冲量给水自动调节原理见图5.46,它是以汽包水位为主反馈信号、蒸汽流量为调节器的前馈信号、给水流量为调节器的副反馈信号组成的调节系统。系统抗干扰能力强,改善了调节品质,因此,在要求较高的锅炉给水调节系统中得到广泛的应用。

三种类型的给水调节系统可采用电动单元组合仪表组成,也可采用气动单元组合仪表组成,目前均有定型产品。

2. 锅炉蒸汽过热系统的自动调节

蒸汽过热系统自动调节的任务是维持过热器出口蒸汽温度在允许范围之内,并保护过热器,使其管壁温度不超过允许的工作温度。过热蒸汽的温度是重要的控制参数,蒸汽温度过高会烧坏过热器水管,对负荷设备的安全运行也是不利因素。例如,超温严重会使汽轮机或其他负荷设备膨胀过大,使汽轮机的轴向位移增大而发生事故,蒸汽温度过低则会直接影响负荷设备的使用,影响汽轮机的效率,因此要稳定蒸汽的温度。

过热蒸汽温度调节类型主要有两种,一种是改变烟气量(或烟气温度)的调节,另一种是改变减温水量的调节。图5.47是一种简单的通过调节减温水流量来控制过热器出口蒸汽温度的调节系统,减温器有表面式和喷水式两种,安装在过热器管道中,系统由温度变送器检测过热器出口蒸汽温度,将温度信号输入给温度调节器,调节器经与给定信号比较,去调节减温水调节阀的开度,使减温水量改变,也就改变了过热蒸汽温度。由于设备简单,其应用较广泛。

3. 锅炉燃烧系统的自动调节

(1)锅炉燃烧系统的调节任务

锅炉燃烧系统自动调节的基本任务是使燃料燃烧所产生的热量适应蒸汽负荷的需要,同时还要保证经济燃烧和锅炉的安全运行。具体调节任务为三个方面:

① 维持蒸汽母管额定压力不变:燃烧过程自动调节的主要任务是维持蒸汽母管额定压力不变。如果蒸汽压力变了,就表示锅炉的蒸汽生产量与负荷设备的蒸汽消耗量不一致,因此,必须改变燃料的供应量,调整锅炉燃烧发热量,重新恢复蒸汽母管压力为额定值。此外,保持蒸汽压力在一定范围内也是保证锅炉和各个负荷设备正常工作的必要条件。

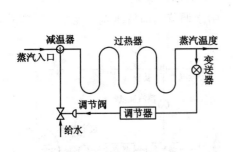

图5.47　过热蒸汽温度调节原理　　　图5.48　过剩空气损失和不完全燃烧损失

② 保持锅炉燃烧的经济性:据统计,工业锅炉的平均热效率仅为70%左右,所以人们都把锅炉称作"煤老虎"。因此,锅炉燃烧的经济性问题应予以高度重视。锅炉燃烧的经济性指标难以直接测量,常用烟气中的含氧量或者燃烧量与送风量的比值来表示。图5.48是过剩空气损失和不完全燃烧损失示意图。如果能够恰当地保持燃料量与空气量的正确比值,就能达到最小的热量损失和最大的燃烧效率。反之,如果比值不当,空气不足会导致燃料的不完全燃烧,当大部分燃料不能完全燃烧时,热量损失将直线上升;如果空气过多,会使大量的热量损失在烟气之中,使燃烧效率降低。

③ 维持炉膛负压在一定范围内:炉膛负压的变化反映引风量与送风量是否相适应,通常要求炉膛负压保持在一定的范围内,这对燃烧工况、锅炉房的工作条件、炉子的维护及安全运行都很有利。如果炉膛负压小,炉膛容易向外喷火,既影响环境卫生,又可能危及设备与操作人员的安全。负压太大,炉膛漏风量增大,增加引风机的电耗和烟气带走的热量损失。

(2)燃煤锅炉燃烧过程的自动调节

以上三项调节任务是相互关联的,它们可以通过调节燃料量、送风量和引风量来实现。对于燃烧过程自动调节系统的要求是:在负荷稳定时,应使燃料量、送风量和引风量各自保持不变,及时地补偿系统的内部扰动,这些内部扰动包括燃烧质量的变化以及由于电网电源频率变化、电压变化而引起的燃料量、送风量和引风量的变化等。在外部负荷变化引起的扰动作用时,应使燃料量、送风量和引风量成比例地变化,既要适应负荷的要求,又要使蒸汽压力、炉膛负压和燃烧经济性这三个被调量指标保持在允许范围内。

燃煤锅炉自动调节的关键问题是燃料量的测量,在目前条件下,要实现准确测量进入炉膛的燃料量(质量、水分、数量等)还很困难,为此,目前常采用按"燃料-空气"比值信号的自动调节、氧量信号的自动调节、热量信号的自动调节等类型。

5.4.3　锅炉的电气控制实例

图 5.49 所示的电气控制线路是以 SHL10-2.45/400 ℃-AⅢ 型号的锅炉为例,只对电气控制电路控制情况进行简要分析。由于自动调节过程采用的仪表较多,控制过程复杂,汽包水位、过热蒸汽温度、锅炉燃料系统等自动调节不作分析。

1. 系统简介

型号意义:SHL10-2.45/400 ℃-AⅢ 表示双锅筒、横置式、链条炉排,蒸发量为 10 t/h,出口蒸汽压力为 2.45 MPa,出口过热蒸汽温度为 400 ℃,适用三类烟煤。

动力电路电气控制的特点:水泵电动机功率为 45 kW,引风机电动机功率为 45 kW,一次风机电动机功率为 30 kW,需设置降压起动设备。因 3 台电动机不需要同时起动,所以可共用一台自耦变压器作为降压起动设备。为了避免 3 台或 2 台电动机同时起动,需设置起动互锁环节。

锅炉点火时,一次风机、炉排电机、二次风机必须在引风机起动后才能起动;停炉时,一次风机、炉排电机、二次风机停止数秒后,引风机才能停止。系统应用了按顺序规律实现控制的环节,并在极限低水位以上才能实现顺序控制。

在链条炉中,常布设二次风,其目的是二次风能将高温烟气引向炉前,帮助新燃料着火,加强对烟气的扰动混合,同时还可提高炉膛内火焰的充满度等。二次风量一般控制在总风量的5%～15%,二次风由二次风机供给。

自动调节的特点:汽包水位调节为双冲量给水调节系统。通过调节仪表自动调节给水电动阀门的开度,实现汽包水位的调节。水位超过高水位时,应使给水泵停止运行。

过热蒸汽温度调节是通过调节仪表自动调节减温水电动阀门的开度来调节减温水的流量,实现控制过热器出口蒸汽温度。

燃烧过程的调节是通过司炉工观察各显示仪表的指示值,操作调节装置,遥控引风风门挡板和一次风风门挡板,实现引风量和一次风量的调节。对炉排进给速度的调节是通过操作能实现无级调速的滑差电机调节装置,以改变链条炉排的进给速度。

系统设有必要的声光报警及保护装置系统和必要的显示仪表和观察仪表。

2. 动力电路电气控制分析

当锅炉需要运行时,首先要进行运行前的检查,一切正常后,将各电源自动开关 QF、QF1～QF6 合上,其主触点和辅助触点均闭合,为主电路和控制电路通电做准备。

(1)给水泵的控制

锅炉经检查符合运行要求后才能进行给水工作。按 SB3 或 SB4 按钮,接触器 KM2 得电吸合;主触点闭合,使给水泵电动机 M1 接通降压起动线路,为起动做准备;辅助触点 KM2$_{1,2}$

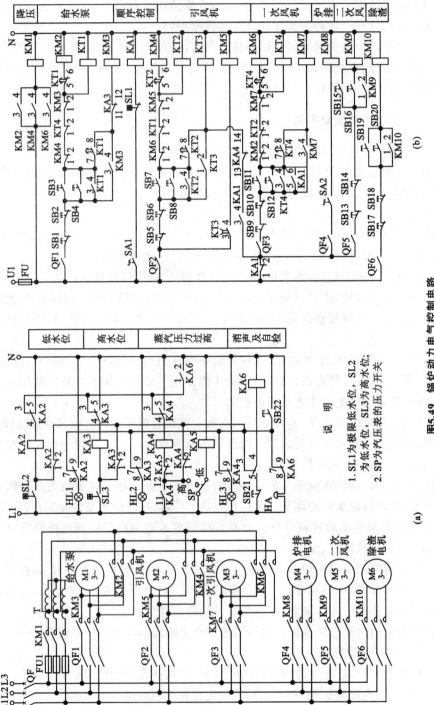

图5.49　锅炉动力电气控制电路

断开,切断 KM6 通路,实现对一次风机不许同时起动的互锁;$KM2_{3,4}$ 闭合,使接触器 KM1 得电吸合;其主触点闭合,给水泵电动机 M1 接通自耦变压器,实现降压起动。同时,时间继电器 KT1 得电吸合,其触点 $KT1_{1,2}$ 瞬时断开,切断 KM4 通路,实现对引风电机不许同时起动的互锁;$KT1_{3,4}$ 瞬时闭合,实现起动时自锁;$KT1_{5,6}$ 延时断开,使 KM2 失电,KM1 也失电,其触点复位,电动机 M1 及自耦变压器均切除电源;$KT1_{7,8}$ 延时闭合,接触器 KM3 得电吸合;其主触点闭合,使电动机 M1 接上全压电源稳定运行;$KM3_{1,2}$ 断开,KT1 失电,触点复位;$KM3_{3,4}$ 闭合,实现运行时自锁。

当汽包水位达到一定高度时,需将给水泵停止,做升火前的其他准备工作。

如锅炉正常运行,水泵也需长期运行时,将重复上述起动过程。高水位停泵触点 $KA3_{11,12}$ 的作用将在声光报警电路中分析。

(2) 引风机的控制

锅炉升火时,需起动引风机,按 SB7 或 SB8,接触器 KM4 得电吸合,其主触点闭合,使引风机电动机 M2 接通降压起动线路,为起动做准备;辅助触点 $KM4_{1,2}$ 断开,切断 KM2,实现对水泵电机不许同时起动的互锁;$KM4_{3,4}$ 闭合,使接触器 KM1 得电吸合,其主触点闭合,M2 接通自耦变压器及电源,引风机电动机实现降压起动。

同时,时间继电器 KT2 也得电吸合,其触点 $KT2_{1,2}$ 瞬时断开,切断 KM6 通路,实现对一次风机不许同时起动的互锁;$KT2_{3,4}$ 瞬时闭合,实现自锁;$KT2_{5,6}$ 延时断开,KM4 失电,KM1 也失电,其触点复位,电动机 M2 及自耦变压器均切除电源;$KT2_{7,8}$ 延时闭合,时间继电器 KT3 得电吸合,其触点 $KT3_{1,2}$ 闭合自锁;$KT3_{3,4}$ 瞬时闭合,接触器 KM5 得电吸合;其主触点闭合,使 M2 接上全压电源稳定运行;$KM5_{1,2}$ 断开,KT2 失电复位。

(3) 一次风机的控制

系统按顺序控制时,需合上转换开关 SA1,只要汽包水位高于极限低水位,水位表中极限低水位接点 SL1 闭合,中间继电器 KA1 得电吸合,其触点 $KA1_{1,2}$ 断开,使一次风机、炉排电机、二次风机必须按引风电机先起动的顺序实现控制;$KA1_{3,4}$ 闭合,为顺序起动做准备;$KA1_{5,6}$ 闭合,使一次风机在引风机起动结束后自行起动。

触点 $KA4_{13,14}$ 为锅炉出现高压时自动停止一次风机、炉排风机、二次风机的继电器 KA4 触点,正常时不动作,其原理在声光报警电路中分析。

当引风电机 M2 降压起动结束时,$KT3_{1,2}$ 闭合,只要 $KA4_{13,14}$、$KA1_{3,4}$、$KA1_{5,6}$ 闭合,接触器 KM6 得电吸合,其主触点闭合,使一次风机电动机 M3 接通降压起动线路,为起动做准备;辅助触点 $KM6_{1,2}$ 断开,实现对引风电机不许同时起动的互锁;$KM6_{3,4}$ 闭合,接触器 KM1 得电吸合,其主触点闭合,M3 接通自耦变压器及电源,一次风机实现降压起动。

同时,时间继电器 KT4 也得电吸合,其触点 $KT4_{1,2}$ 瞬时断开,实现对水泵电机不许同时起动的互锁;$KT4_{3,4}$ 瞬时闭合,实现自锁(按钮起动时用);$KT4_{5,6}$ 延时断开,KM6 失电,KM1 也失电,其触点复位,电动机 M3 及自耦变压器切除电源;$KT4_{7,8}$ 延时闭合,接触器 KM7 得电吸合,其主触点闭合,M3 接全压电源稳定运行;辅助触点 $KM7_{1,2}$ 断开,KT4 失电,触点复位;$KM7_{3,4}$ 闭合,实现自锁。

(4) 炉排电机和二次风机的控制

引风机起动结束后,就可起动炉排电机和二次风机。

炉排电机功率为 1.1 kW,可直接起动。用转换开关 SA2 直接控制接触器 KM8 线圈通电吸合,其主触点闭合,使炉排电机 M4 接通电源,直接起动。

二次风机电机功率为 7.5 kW,可直接起动。起动时,按 SB15 或 SB16 按钮,使接触器 KM9 得电,主触点闭合,二次风机电机 M5 接通电源,直接起动;辅助触点 $KM9_{1,2}$ 闭合,实现自锁。

（5）锅炉停炉的控制

锅炉停炉有三种情况:暂时停炉、正常停炉和紧急停炉（事故停炉）。暂时停炉为负荷短时间停止用汽时炉排用压火的方式停止运行,同时停送风机和引风机,重新运行时可免去升火的准备工作;正常停炉为负荷停止用汽及检修时有计划停炉,需熄火和放水;紧急停炉为锅炉运行中发生事故,如不立即停炉就有扩大事故的可能,需停止供煤、送风,减少引风,其具体工艺操作按规定执行。

（6）正常停炉和暂时停炉的控制

按下 SB5 或 SB6 按钮,时间继电器 KT3 失电,其触点 $KT3_{1,2}$ 瞬时复位,使接触器 KM7、KM8、KM9 线圈都失电,其触点复位,一次风机 M3、炉排电机 M4、二次风机 M5 都断电停止运行;$KT3_{3,4}$ 延时恢复,接触器 KM5 失电,其主触点复位,引风机电机 M2 断电停止。实现了停止时一次风机、炉排电机、二次风机先停数秒后再停引风机电机的顺序控制要求。

（7）声光报警及保护

系统装设有汽包水位的低水位报警和高水位报警及保护,蒸汽压力超高压报警及保护等环节,见图 5.49(a)声光报警电路,图中 KA2～KA6 均为灵敏继电器。

（8）水位报警

汽包水位的显示为电接点水位表,该水位表有极限低水位电接点 SL1、低水位电接点 SL2、高水位电接点 SL3、极限高水位电接点 SL4。当汽包水位正常时,SL1 闭合,SL2、SL3 断开,SL4 在系统中没有使用。

当汽包水位低于低水位时,电接点 SL2 闭合,继电器 KA6 得电吸合,其触点 $KA6_{4,5}$ 闭合并自锁;$KA6_{8,9}$ 闭合,蜂鸣器 HA 响,声报警;$KA6_{1,2}$ 闭合,使 KA2 得电吸合,$KA2_{4,5}$ 闭合并自锁;$KA2_{8,9}$ 闭合,指示灯 HL1 亮,光报警。$KA2_{1,2}$ 断开,为消声做准备。当值班人员听到声响后,观察指示灯,知道发生低水位时,可按 SB21 按钮,使 KA6 失电,其触点复位,HA 失电不再响,实现消声,并排除故障。水位上升后,SL2 复位,KA2 失电,HL1 不亮。

如汽包水位下降低于极限低水位时,电接点 SL1 断开,KA1 失电,一次风机、二次风机均失电停止。

当汽包水位上升超过高水位时,电接点 SL3 闭合,KA6 得电吸合,其触点 $KA6_{4,5}$ 闭合并自锁;$KA6_{8,9}$ 闭合,HA 响,声报警;$KA6_{1,2}$ 闭合,使 KA3 得电吸合,其触点 $KA3_{4,5}$ 闭合自锁;$KA3_{8,9}$ 闭合,HL2 亮,光报警;$KA3_{1,2}$ 断开,准备消声;$KA3_{11,12}$ 断开,使接触器 KM3 失电,其触点恢复,给水泵电动机 M1 停止运行（消声与前同）。

（9）超高压报警

当蒸汽压力超过设计整定值时,其蒸汽压力表中的压力开关 SP 高压端接通,使继电器 KA6 得电吸合,其触点 $KA6_{4,5}$ 闭合自锁;$KA6_{8,9}$ 闭合,HA 响,声报警;$KA6_{1,2}$ 闭合,使 KA4 得电吸合,$KA4_{11,12}$、$KA4_{4,5}$ 均闭合自锁;$KA4_{8,9}$ 闭合,HL3 亮,光报警;$KA4_{13,14}$ 断开,使一次风机、二次风机和炉排电机均停止运行。

当值班人员知道并处理后,蒸汽压力下降,当蒸汽压力表中的压力 SP 低压端接通时,使继电器 KA5 得电吸合,其触点 $KA5_{1,2}$ 断开,使继电器 KA4 失电,$KA4_{13,14}$ 复位,一次风机和炉排电机将自行起动,二次风机需用按钮操作。

按钮 SB22 为自检按钮,自检的目的是检查声、光器件是否能正常工作。自检时,HA 及各光器件均应能发出声、光信号。

（10）过载保护

各台电动机的电源开关都用自动开关控制,自动开关一般具有过载自动跳闸功能,也可有欠压保护和过流保护等功能。

锅炉要正常运行,锅炉房还需要有其他设备,如水处理设备、除渣设备、运煤设备、燃料粉碎设备等,各设备中均以电动机为动力,但其控制电路一般较简单,此处不再进行分析。

5.5　自备应急电源

工业与民用建筑物处于突然停电而又必须满足基本设备的安全用电或在火灾应急状态时,为了保证火灾扑救工作的成功,担负着向消防用电设备等供电的独立电源称为应急电源。

电源分为主电源和应急电源两类。主电源指电力系统电源;应急电源有三种,即电力系统电源、自备柴油发电机组和蓄电池组。对供电时间要求特别严格的地方,还可采用不停电电源（UPS）。

应急电源供电时间很短,例如,防排烟设备 30 min,水喷淋灭火设备 60 min,火灾自动报警装置 10 min,火灾应急照明与疏散指示标志为 20 min。

1. 柴油发电机组

柴油发电机组是将柴油机与发电机组合在一起的发电设备的总称,由同步发电机和拖动它的柴油机、控制屏三部分组成。

柴油机与发电机用弹性联轴器连接在一起,并用减震器安装在公共底盘上,便于移动和安装。柴油发电机组操作简单,运行可靠,维护方便,容易实现自动控制,并能长期运行适应长期停电的供电要求,而且运行中不受电力系统运行状态的影响,是独立的可靠电源。机组投入工作的准备时间短,起动迅速,可以在 $10\sim15$ s 内接通负荷,满足消防负荷的供电要求,是国内外广泛采用的应急电源。

（1）柴油发电机组容量的选择

按估算法选择,对大中型民用建筑,容量可按建筑面积的 $10\sim20$ W/m^2 估算;如果已知配电变压器容量 S_e,则发电机组容量 $S_t = (10\% \sim 30\%) S_e$;也可按照电动机直接起动台数或成组电动机容量估算,即每千瓦电机容量为 7 kV·A 发电机组容量。

（2）柴油发电机组可靠、安全、经济运行的措施

在消防用电设备中,一般来说消火栓水泵是最大的消防负荷,且在火灾时其起动顺序又具有很大的随机性。针对这种情况,为使柴油发电机组能可靠、安全、经济地运行,宜采取下列措施:

① 正确选择消防泵电机容量。对功率较大的异步电机尽量采用 Y-△ 起动、电抗器起动、电阻起动或自用减压补偿器等降压起动方法,以减少电动机起动容量。

② 调整起动顺序。较理想的顺序为:最大容量电动机→较小容量电动机→无冲击的其他负荷。

③ 错开起动时间,避免同时起动。可在消火栓加压泵及自动喷淋泵电机控制回路中接入时间继电器,把起动时间错开。

④ 火灾信号使柴油发电机组自起动投入前,应闭锁非消防负荷接入共用母线,或从共用

母线把非消防负荷自动切除。

2. 蓄电池组

蓄电池组是一种独立而又十分可靠的应急电源。火灾时,当电网电源一旦失去,它即向火灾信息检测、传递、弱电控制和事故照明等设备提供直流电能。这种电源经过逆变器或逆变机组将直流变为交流,可兼作交流应急电源,向不允许间断供电的交流负荷供电。

常用的蓄电池有酸性(铅)蓄电池和碱性(镉镍、铁镍)蓄电池两种。

蓄电池在使用时,根据不同电压的要求,将若干只蓄电池串联成蓄电池组。如火灾自动报警控制器所需电压为 24 V,单只镉镍蓄电池的额定电压为 1.25 V,则需要串联蓄电池 20 只。

蓄电池组通常按充放电制、定期浮充制和连续浮充制三种工作方式进行供电。消防常用连续浮充制的蓄电池组对小容量的消防用电设备供电。所谓连续浮充制,即整昼夜地将蓄电池组和整流设备并接在消防负载上,消防用电电流全部由整流设备供给,而蓄电池组处于连续浮充备用状态,当市电停电时才起作用。蓄电池组的优点是供电可靠、转换快;缺点是容量不大,持续时间有限,放电过程中电压不断下降,需经常检查维护。

3. 不停电电源

不停电电源(Uninterrupted Power Systems),简称 UPS,具有供电可靠(无任何瞬间中断)、供电质量高、抗干扰能力强、性能稳定、体积小、无噪音、维护费用少等优点,广泛应用于自动控制和数据处理系统。不足之处是长时过载能力较低,但短时过载能力可达额定电流的 125%～150%。

（1）基本结构

UPS 电源基本结构如图 5.50 所示,由三部分组成,即整流器、蓄电池组和逆变器。

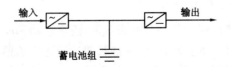

图 5.50　不停电电源原理示意图

整流器采用硅整流器或可控硅整流器,将电网电压 380/220 V 三相或单相交流电整流,并经滤波、稳压后变成直流电。

蓄电池组正常时处于连续浮充状态,当电网停电时提供直流电源。它与电网隔离,不受电网电压、频率突变和波形畸变的干扰和影响。

逆变器是一种由直流变为交流的变流装置。图 5.51 所示的逆变器中,V_1 和 V_2 这两只可控硅轮流导通把直流电源电压 E_d 交替地接通到变压器初级线圈的两个部分。这等效于一个交变电压加在一个初级线圈上。

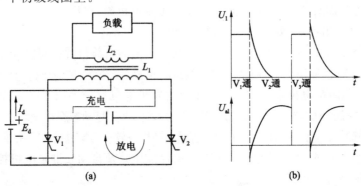

图 5.51　逆变器主电路原理图

可控硅关断是利用换流电容器 C 来实现的。V_1 导通，V_2 截止时，电容器 C 上将充有左负右正的电压，其电压数值为电源电压 E_d；当触发器使 V_2 导通时，电容器 C 上的电压经 V_2 向 V_1 放电，使 V_1 反向偏置而关断。然后再反方向充电，为 V_1 再次导通关断 V_2 准备了条件。

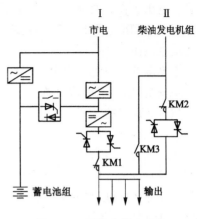

图 5.52　不停电供电系统

（2）不停电供电系统

在满足可靠性的前提下，不停电电源可采用单台供电系统、多台并联供电系统或时序备用系统。现主要介绍时序备用系统中简单的静止开关旁路系统。其供电主接线如图 5.52 所示。

正常情况下，由市电Ⅰ供电，逆变器从整流器得电能，经过交流静止开关向负载供给 380/220 V 电能，蓄电池组在此时按连续浮充制供电方式工作，蓄电池组只维持在一个正常的充电电平水平上，对负载不供给电能。当市电Ⅰ发生故障停电时，蓄电池组经直流静止开关对逆变器供电。同时，柴油发电机开始起动，待其电压和频率运转正常后，作为应急电源，经旁路交流静止开关取代市电继续供电。

如果备用电源是市电Ⅱ，那么逆变器应与市电保持锁相同步，实现两套并联交流电源的相位跟踪，即同相位、同频率。当逆变器故障或发生超载时，临界负载就会自动地通过静止开关接通市电Ⅱ，其转换时间不超过 1 ms，从而保证了负载的不中断供电。

正常/应急电源间的切换是通过交流静止开关自动完成的。由于可控硅的单向导电性，每组交流静止开关均由两只反向并联的快速可控硅组成，由逻辑控制信号决定其通断。为了排除故障和定期检修维护方便，可由电磁或手动操作开关完成，KM1、KM2、KM3 就是为此而设置的。当逆变器或静止开关发生故障时，可断开 KM1、KM2，接通 KM3，直接由市电Ⅱ对负载供电。这时逆变器和静止开关与市电隔离，可对其修理而不影响对负载供电。

对单相交流不停电电源，其市电输入仅为 380/220 V。与三相交流不停电电源不同的是，可控硅整流器主电路采用三相桥式半可控整流电路，直流输出 120 V 电压，经滤波后给方波逆变器供电，并同时给蓄电池组进行浮充。逆变器输出为单相交流 50 Hz 正弦波电压。电源旁路电磁开关可在逆变器故障或蓄电池组输出不足时自动切换到旁路备用电源，如图 5.53 所示。

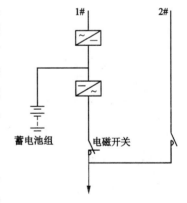

图 5.53　单相不停电系统

4. 主电源与应急电源的连接

不停电设备或消防用电设备除正常时由主电源供电外，停电时应由应急电源供电。当主电源不论何时停电，应急电源应能自动投入以保证应急用电的可靠性。

应急电源与主电源之间应有一定的电气联锁关系。当主电源运行时，应急电源不允许工作；一旦主电源失电，应急电源必须立即在规定时间内投入运行。在采用自备发电机作为应急电源的情况下，如果起动时间不能满足应急设备对停电间隙的要求，可以在主电源失电而自备发电机组尚待起动之间，使蓄电池迅速自动地投入运行，直至自备发电机组向配电线路供电时才自动退出工作。此外,亦可采用不停电电源来达到目的,如银行大厦、计算机中心、气象预报等部门业务用的计算机及高层建筑中的管理用计算机及其信息处理系统等就可用不停电电源作为应急电源。

主电源恢复时可采用手动或自动复位,但当电源复位时会引起电动机重新起动,危及人身和设备安全时,只能手动切换。

(1) 电源切换方式

① 首端切换

如图 5.54 所示,各不停电用电设备的电源由应急母线集中提供,并从专用的回路向不停电用电设备供电。应急母线电源来自柴油发电机组和主电源,为此应急母线则以一条单独馈线经自动开关(称联络开关)与主电源变电所低压母线相连接。正常情况下,该自动开关是闭合的,消防用电设备经应急母线由主电源供电。当主电源出现故障或因救火而断开时,主电源低压母线失电,联络开关经延时后自动断开,柴油发电机组经 10~15 s 起动后,仅向应急母线供电,从而实现了首端切换目的,保证了不停电用电设备的可靠供电。这里引入延时的目的是为了避免柴油发电机组因瞬间的电压骤降而进行不必要的起动。

这种切换方式在正常时,应急电网实际变成了主电源供电电网的一个组成部分,但馈线一旦有故障,它所连接的不停电用电设备则将失去电源。另外,由于柴油发电机容量是依据消防泵等大电机的起动容量来选择的,备用能力较大,应急时只能供应消防电梯、消防泵、事故照明等少量不停电负荷,这样就造成了柴油发电机组设备利用率很低。

② 末端切换

引自应急母线和主电源低压母线段的两条独立的馈线在各自末端的事故电源切换箱内实现切换,如图 5.55 所示。由于各馈线是独立的,从而提高了供电的可靠性,但其馈线比首端切换增加了一倍。火灾时当主电源切断,柴油发电机组起动供电后,如果应急馈线故障,同样有使不停电或消防用电设备失去电能供应的可能。

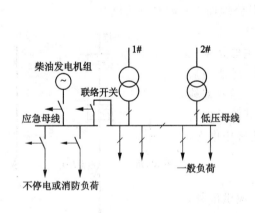

图 5.54　应急母线集中供电首端切换

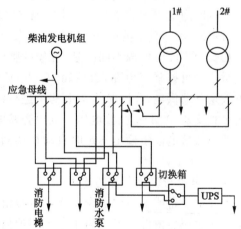

图 5.55　两路电源末端切换

(2) 备用电源自动投入装置

当供电网路向消防负荷供电的同时,还应考虑电动机的自起动问题。如果网路能自动投入,但消防泵不能自起动,仍然无济于事。特别是火灾时消防水泵电动机起动冲击电流往往会引起应急母线上电压的降低,严重时使电动机达不到应有的转矩,会使继电保护误动作,甚至会使柴油机熄火停车,达不到火灾应急供电,发挥消防用电设备投入灭火的目的。目前解决这一问题的手段是设备用电源自动投入装置(BZT)。

消防规范要求一类、二类高层建筑分别采用双电源、双回路供电。为保障供电的可靠性,变配电所常用分段母线供电,BZT 则安装在分段断路器上,如图 5.56(a)所示。正常时分段断路器断开,两段母线分段运行,当任一电源故障时,BZT 装置将分段断路器合上,保证另一电源继续供电。

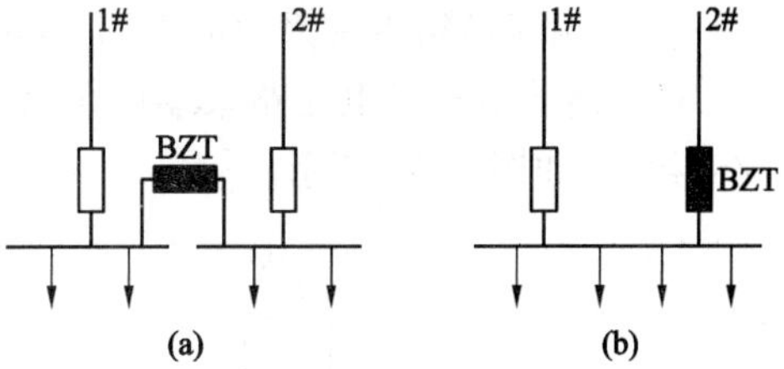

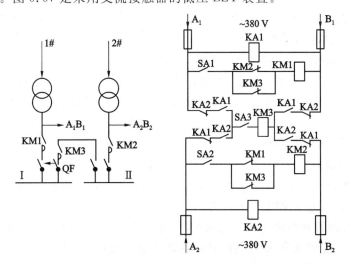

图 5.56 备用电源自动投入形式

当然,BZT 也可安装在备用电源进线的断路器上,如图 5.56(b)所示。正常时备用线路处于备用状态,当工作线路故障时,备用线路自动投入。

BZT 低压线路中可通过自动空气开关或接触器来实现其功能。

(3) 对备用电源自动投入装置的要求

① 当一路电源母线失去电压时,备用电源应自动投入。

② 备用电源必须在确认工作电源已经断开,且其工作电压为正常值时才能投入,目的是为避免备用电源投入到故障线路上,从而保证消防用电动机的自起动。

③ 备用电源投入时间应尽量缩短,以减少中断供电时间。

④ 只允许 BZT 装置动作一次,避免投入永久故障线路上。

⑤ 应防止电压互感器控制回路熔断器引起 BZT 误动作。

(4) 低压 BZT 装置举例

BZT 装置可通过自动空气开关和接触器来实现,下面以接触器为例予以说明。

① 采用交流接触器的 BZT 接线

对双电源、两台变压器的变电所,BZT 装置可采用带有远距离操作机构的自动空气开关或接触器来实现。图 5.57 是采用交流接触器的低压 BZT 装置。

图 5.57 交流接触器 BZT 接线

正常时,两台变压器分别运行,接触器 KM1 及 KM2 合上,母线分段接触器 KM3 断开,自动空气开关 QF 作短路保护用,平时处于闭合状态。由于 Ⅰ、Ⅱ 段母线都有电,交流电磁继电器 KA1、KA2 吸合,常开接点闭合,常闭接点断开,用以监视两段母线的电源情况。比如,Ⅰ 段母线失去电压,继电器 KA1 释放,常闭接点闭合,接触器 KM3 吸合,接在分段母线上的主触头闭合,Ⅰ段母线通过Ⅱ段母线接受 2# 电源供电,完成了 BZT 的自动切换任务。

② 末端切换箱中常采用的 BZT 接线

双回路放射式供电线路末端的负荷容量一般较小,可采用交流接触器(如 CJ10 型等)的 BZT 接线,如图 5.58 所示。

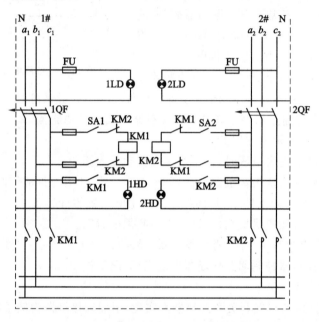

图 5.58 末端切换箱 BZT 原理接线

图中自动空气开关 1QF、2QF 作为短路保护用,正常运行中处于闭合位置。当 1# 电源失压时,接触器主触头 KM1 分断,常闭接点闭合,KM2 线圈通电,将 2# 电源自动投入供电。

此接线也可通过控制开关 SA1 或 SA2 进行手动切换电源。显然,它的优点是简单方便。

③ 对切换开关性能的要求

切换开关的性能对应急电源能否适时投入影响很大。目前电网供电持续率都比较高,有的地方可达每年只停电数分钟的程度,而供消防用的切换开关经常是闭置不用。正因为电网的供电可靠性较高,切换开关就容易被忽视,因此,对切换开关性能应有特别高的要求,归纳起来有下列四点:

a. 绝缘性能,特别是平时不通电又不常用部分的性能要高。

b. 通电性能要良好。

c. 切换通断性能要可靠,由于长期处于不动作的状态下,一旦应急就要立即投入。

d. 长期不维修,又能立即工作的性能。

随着新材料的出现和自动化技术的发展,目前已进入不用维修、不用检查和无人值守的时代,用户按这四条性能要求来选择产品,就能提高供电电源的可靠性。

(5) 应急母线连接非消防负荷时应注意的问题

为了提高柴油发电机组设备的利用率和备用能力,设计人员有时出于经济效能的考虑而将部分非消防负荷接于应急母线上,这样,在非火灾停电时则可起动柴油发电机向其所联的用电设备供电。但从消防用电的安全可靠角度考虑要注意以下问题:

① 柴油发电机的负荷能力必须满足应急母线所有装接负荷连续运行的要求。

② 校验在带足非消防负荷的情况下,具有起动消防用电动机的能力。

③ 为确保柴油发电机起动消防用电动机,当火灾确认后,将非消防负荷从应急母线上自动切除。

④ 对非消防用的普通电梯实行火灾管制,管制应急操作控制方式可采用电脑群控或集选控制方式,使电梯在很短时间内转入火灾紧急服务或强制电梯返回指定层放出乘客、开门停运。

小　结

本课题列举了楼宇中一些典型设备的电气控制实例,通过对其电气控制特点、拖动要求及电气原理的分析,使读者对楼宇电气控制有较基础的认识,从而掌握阅读和分析电气设备原理图的基本方法。

电梯的电气控制叙述了电梯中的专用设备、相关知识及电梯的电力拖动,最后以按钮控制电梯和信号控制电梯的应用实例对电梯的控制进行了详细的分析。

空调与制冷系统的电气控制重点介绍分散式和集中式两种,对于四个季节空调的运行及不同季节的工况转换进行了详细的说明。对集中式空调系统配套的制冷系统进行分析,使读者了解制冷系统的控制特点。

生活给水排水系统的电气控制分析了几种水泵电动机的电气控制,如水泵电动机的自动起停及负荷调节是根据水池(箱)水位、气压罐压力和管网压力来决定的。

消火栓灭火系统是移动式灭火设施,可以采用降压和全压起动两种形式。

锅炉由锅炉本体和锅炉房辅助设备组成,其自动控制的任务是给水系统的自动调节、锅炉蒸汽过热系统的自动调节及锅炉燃烧系统的自动调节。

自备应急电源介绍了应急电源的种类、自备应急电源与主电源的连接及其控制过程,根据应急电源在主电源停电后自动投入带动负载的要求,对应急电源电路自动连接的继电控制过程进行了分析。

思考题与习题

5.1　电梯由哪些部分组成?

5.2　限速器与安全钳如何实现对电梯的超速保护?

5.3　楼层指示器和机械选层器的作用和特点是什么?

5.4　按钮控制电梯对开关门电路有何要求? 在开门过程中是怎样避免发生撞击的?

5.5　电梯用双速鼠笼式电动机的快速绕组和慢速绕组各起什么作用? 串入的电阻和电感各起什么作用?

5.6　电梯下行,如三层有人呼梯下行,是怎样实现截停的? 如果轿厢客满怎么办?

5.7　电梯检修时,如何实现慢速上升?

5.8　压力控制器和起动继电器区别是什么?

5.9　几种空调系统的电气控制特点和要求各是什么?

5.10　说明干簧继电器的工作原理。

5.11　试设计一个电极水位控制器控制两台泵互为备用直接投入的控制电路。

5.12　电加热器和电加湿器的作用各是什么?

5.13　自备应急电源有哪些种类?

课题 6 电气控制系统的设计、安装、调试与检修

知识目标

1. 掌握电气控制线路的设计要求和方法；
2. 掌握电气控制线路的安装要求；
3. 掌握电气控制线路的调试步骤及方法；
4. 掌握常见低压电器故障及检修方法。

能力目标

1. 能够进行简单电气控制线路的设计；
2. 能够实现简单电气控制线路的安装；
3. 能够进行电气控制线路的调试；
4. 能够对常见低压电器进行故障检修与排除。

6.1 继电器接触器控制系统的电路设计方法

6.1.1 电气控制设计概述

电气控制设计包括电气原理图设计和电气工艺设计两个方面。电气原理图设计是为满足生产机械及其工艺要求而进行的电气控制系统设计；电气工艺设计是为满足电气控制系统装置本身的制造、使用、运行以及维修的需要而进行的生产工艺设计，包括机箱（柜）体设计、布线工艺设计、保护环节设计、人体工学设计及操作、维修工艺设计等。

电气原理图设计的质量决定着一台（套）设备的实用性、先进性和自动化程度的高低，是电气控制系统设计的核心。而电气工艺设计则决定着电气控制设备的制造、使用、维修等的可行性，直接影响电气原理图设计的性能目标及经济技术指标的实现。

电气设计的基本任务是根据控制要求设计和编制出设备制造和使用维修过程中所必需的图纸、资料，包括总图、系统图、电气原理图、总装配图、部件装配图、电器元器件布置图、电气安装接线图、电气箱（柜）制造工艺图、控制面板及电器元件安装底板、非标准件加工图等，以及编制外购器件目录、单台材料消耗清单、设备使用维修说明书等资料。

现代工业生产和生活中，所用的机电设备品种（类）繁多，其电气控制设备类型也是千变万化，但电气控制系统的设计规则和方法是有一定规律可循的，这些规则、方法和规律是人们通过长期的实践而总结和发展的。作为电气工程技术人员，必须掌握这些基本原则、规则和方法，并通过工作实践取得较丰富的实践经验后才能做出满意的工程设计。一项电气控制系统

的设计,应根据工程需要提出的技术要求、工艺要求,拟定总体技术方案,并与机械结构设计协调,才能开始进行设计工作。一项机电一体化设计的先进性和实用性是由机电设备的结构性能及其电气自动化程度共同决定的。

任何生产工艺过程、机械功能的实现主要取决于电气控制系统的正常运行,电气控制系统的任一环节的正常运行都将保证生产工艺过程、机械功能的实现。相反,电气控制系统的非正常运行将会造成事故甚至重大的经济损失。任何一项工程设计的成功与否必须经过安装和运行才能证明,而设计者也只能从安装和运行的结果来验证设计工作,一旦发生严重错误,必将付出代价。因此,保证电气控制系统的正常运行首先取决于严谨而正确的设计,总体设计方案和主要设备的选择应正确、可靠、安全及稳定,无安全隐患,这就要求设计者应正确理解设计任务、精通生产工艺要求、准确计算、合理选择产品的规格型号并进行校验。正确的设计思想和工程意识是高质量完成设计任务的基本保证。为了保证实现设计功能,设计者还应精心设计施工图样,并进行全面的核算,有时会在其中找到纰漏,只有这样才能保证设计质量和工程质量,保证电气控制系统的正常运行。

完整的设计程序一般包括初步设计、技术设计和施工图设计三个阶段。初步设计完成后经过技术审查、标准化审查、技术经济指标分析等工作后,才能进入技术设计和施工图设计阶段。但对于比较简单的设计,可以直接进入技术设计工作。本课题讨论的是各阶段的共性问题,不涉及各阶段的设计程序。实际上根据不同行业特点,设计程序是有差异的。

6.1.2 电气控制设计的一般原则及注意问题

在电气控制系统设计的过程中,通常应遵循以下几个原则:

(1) 最大限度地满足机械或设备对电气控制系统的要求是电气设计的依据,这些要求常常以工作循环图、执行元件动作节拍表、检测元件状态表等形式提供,有调速要求的设备还应给出调速技术指标。其他如起动、转向、制动等控制要求应根据生产需要充分考虑。

(2) 在满足控制要求的前提下,设计方案应力求简单、经济。在电气控制系统设计时,为满足同一控制要求,往往要设计几个方案,应选择简单、经济、可靠和通用性强的方案,不要盲目追求自动化程度和高指标。

(3) 妥善处理机械与电气的关系。机械或设备与电力拖动已经紧密结合并融为一体,传动系统为了获得较大的调速比,可以采用机电结合的方法实现,但要从制造成本、技术要求和使用方便等具体条件去协调平衡。

(4) 要有完善的保护措施,防止发生人身事故和设备损坏事故。要预防可能出现的故障,采用必要的保护措施。例如短路、过载、失压和误操作等电气方面的保护功能和使设备正常运行所需要的其他方面的保护功能。

电气设计中应注意的问题:

(1) 尽量减少控制电源种类。当控制系统需要若干电源种类时,应按国标电压等级选择。

(2) 尽量缩短连接导线的数量和长度。设计控制线路时,应考虑各个元件之间的实际接线。特别要注意控制柜、操作台和按钮、限位开关等元件之间的连接线,如按钮一般均安装在控制柜或操作台上,而接触器安装在控制柜内,这就需要经控制柜端子排与按钮连接,所以一般都先将起动按钮和停止按钮的一端直接连接,另一端再与控制柜端子排连接,这样就可以减少一次引出线。

　　（3）尽量减少电器元件的品种、规格与数量。同一用途的器件尽可能选用相同品牌、型号的产品。电气控制系统的先进性总是与电器元件的不断发展紧密联系在一起的，因此，设计人员必须密切关注相关技术的新发展，不断收集新产品资料，以便及时应用于设计中，使控制线路在技术指标、先进性、稳定性、可靠性等方面得到进一步提高。

　　（4）使设计的电气控制系统在正常工作中尽可能减少通电电器的数量，以利节能，延长电器元件寿命以及减少故障。

　　（5）合理使用电器触头。在复杂的电气控制系统中，各类接触器、继电器数量较多，使用的触头也多，在设计中应注意尽可能减少触头使用数量，以简化线路。使用触头容量、断流容量应满足控制要求，避免使用不当而出现触头磨损、黏滞和释放不了等故障，以保证系统工作寿命和可靠性。此外应合理安排电器元件及触头位置。对一个串联回路，各电器元件或触头位置互换并不影响其工作原理，但从实际连线上有时会影响到安全、节省导线等方面的问题。如图 6.1 两种接法所示，两者工作原理相同，但是采用图 6.1（a）的接法既不安全又浪费导线，因为限位开关 SQ 的常开、常闭触头靠得很近，在触头断开时，由于电弧可能造成电源短路，很不安全，而且这种接法控制柜到现场要引出五根线，很不合理。采用图 6.1（b）所示的接法只引出三根线即可，较合理。

　　（6）正确连接电器的线圈。在交流控制电路中，电器元件的线圈不能串联接入，如图 6.2 所示。即使外加电压是两个线圈额定电压之和也是不允许的，因为每个线圈上所分配到的电压与线圈阻抗成正比，由于制造上的原因，两个电器总有差异，不可能同时吸合。假如交流接触器 K2 先吸合，由于 K2 的磁路闭合，线圈的电感显著增加，因而在该线圈上的电压降也相应增大，从而使另一个接触器 K1 的线圈电压达不到动作电压。因此，两个电器需要同时动作时其线圈应并联连接。

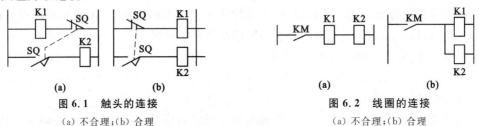

图 6.1　触头的连接
（a）不合理；（b）合理

图 6.2　线圈的连接
（a）不合理；（b）合理

　　（7）在控制线路中应避免出现寄生电路。在电气控制线路的动作过程中，意外接通的电路叫寄生电路。图 6.3 所示是一个具有指示灯和热继电器保护的正反向控制电路。在正常工作时，能完成正反向起动、停止和信号指示。但当热继电器 FR 动作时，线路就出现了寄生电路（图 6.3 中虚线所示），使正向接触器 K1 不能释放，起不了保护作用。在设计电气控制线路时，严格按照"线圈、能耗元件右边接电源（零线），左边接触头"的原则，就可降低产生寄生回路的可能性。另外，还应注意消除两个电路之间产生联系的可能性，否则应加以区分、联锁隔离或采用多触头开关分离。如将图 6.3 中指示灯分别用 K1、K2 的另外的常开触头直接连接到左边控制母线上，加以区分就可消除寄生。

　　（8）避免发生触头"竞争"与"冒险"现象。在电气控制电路中，在某一控制信号作用下，电路从一个状态转换到另一个状态时，常常有几个电器的状态发生变化，由于电器元件总有一定的固有动作时间，往往会发生不按预定时序动作的情况，触头争先吸合，发生振荡，这种现象称为电路的"竞争"。另外，由于电器元件的固有释放延时作用，也会出现开关电器不按要求的逻辑功能转换状态的可能性,这种现象称为"冒险"。"竞争"与"冒险"现象都将造成控制回路不能按要求动作,引起控制失灵。如图 6.4 所示电路,当 KM 闭合时,K1、K2 争先吸合,只有经过多次振荡吸合竞争后,才能稳定在一个状态上。同样,在 KM 断开时,K1、K2 又会争先断开,产生振荡。

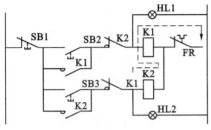

图 6.3 寄生电路

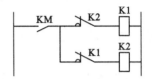

图 6.4 触头的"竞争"与"冒险"

(9) 电气联锁和机械联锁共用。在频繁操作的可逆线路、自动切换线路中,正、反向(或两只)接触器之间至少要有电气联锁,必要时要有机械联锁,以避免误操作可能带来的危害,特别是一些重要设备应仔细考虑每一控制程序之间必要的联锁,即使发生误操作也不会造成设备事故。重要场合应选用机械联锁接触器,再附加电气联锁电路。

(10) 设计的线路应能适应所在电网情况。在确定电动机的起动方式是直接起动还是降压起动时,应根据电网或配电变压器容量的大小、电压波动范围以及允许的冲击电流数值等因素全面考虑,必要时应进行详细计算,否则将影响设计质量甚至发生难以预测的事故。

(11) 应具有完善的保护环节,提高系统运行可靠性。电气控制系统的安全运行主要靠完善的保护环节,包括过载、短路、过流、过压、失压等,有时还应设有工作状态、合闸、断开、事故等必要的指示信号。保护环节应工作可靠,满足负载的需要,做到动作准确。正常操作下不发生误动作,并按整定和调试的要求可靠工作,稳定运行,能适应环境条件,抵抗外来的干扰;事故情况下能准确可靠动作,切断事故回路。

(12) 线路设计要考虑操作、使用、调试与维修的方便。例如,设置必要的显示,随时反映系统的运行状态与关键参数;考虑到运动机构调整、修理,设置必要的单机点动;以及必要的易损触头及电器元件的备用等。

6.1.3 电气控制系统故障危害及保护的一些基本知识

电气控制系统对国民经济的发展和人民生活的影响都很大,因此,提高电气控制系统的可靠性和安全是从事电气工作人员的重要任务。为了提高电气控制系统运行的可靠性,在电气控制系统的设计与运行中,都必须考虑到系统有发生故障和不正常工作情况的可能性。因为发生这些情况时,会引起电流增大,电压和频率降低或升高,致使电气设备和电能用户的正常工作遭到破坏。

在三相交流电力系统中,最常见和最危险的故障是各种形式的短路,其中包括三相短路、两相短路、一相接地短路以及电机和变压器一相绕组上的匝间短路等。除此以外,配电线路、电机和变压器还可能发生一相或两相断线以及上述几种故障同时发生的复杂故障。电气系统故障可能引起下列严重后果:

(1) 短路电流通过短路点燃引起电弧,使电气设备烧坏甚至烧毁,严重时会引发火灾。

(2) 短路电流通过故障设备和非故障设备时,产生热和电动力的作用,致使其绝缘遭到损坏或缩短使用寿命。

（3）造成电网电压下降，波及其他用户和设备，使正常工作和生产遭到破坏甚至使事故扩大，造成整个配电系统瘫痪。

（4）最常见的不正常工作情况是过负荷。长时间过负荷会使载流设备和绝缘的温度升高，而使绝缘加速老化或设备遭受损坏，甚至引起故障。

故障和不正常工作情况都可能在电气系统中引起事故，发生事故的原因是多种多样的，其中大多数是由于设备缺陷、设计错误和安装、检修质量不高以及运行维护不当等引起的。为此，只要正确地进行设计、制造与安装，加强设备维修，就有可能把事故消灭在发生之前，防患于未然。

电气系统各设备之间是电和磁的联系，当某一设备发生故障时，在极短的时间内就会影响到同一电气系统的非故障设备。为了防止电气系统事故的扩大，保证非故障部分仍然可靠运行，必须尽快切除故障，切除故障的时间有时甚至要求短到百分之几秒。在这样短促的时间内，由运行人员来发现故障设备并将故障设备切除是不可能的。要完成这样的任务，只有借助于安装在每一电气设备上的自动保护装置。

电气系统建立初期，通常采用熔断器作为保护装置。随着电气设备容量的增大，以及电气系统愈来愈复杂，熔断器已不能满足要求，因而各种电气保护装置得到了应用和发展，这些电气保护装置是能反映电气系统各电气设备故障或不正常工作情况，并作用于自动动作电器跳闸或发出信号的一种自动装置。由此可见，电气保护装置在电气系统中的作用是：

（1）借自动动作电器将故障设备与电气系统的非故障设备自动隔离，使系统的运行恢复正常。但对于某些不正常工作情况，例如小倍数过载，由于不会立即破坏电气系统的正常运行，在许多情况下，为了不影响设备工作的连续性，保护装置可只作用于信号。

（2）反映电气设备的不正常工作情况，并根据不正常工作情况和设备运行维护条件的不同发出信号，以便值班人员进行处理，或由装置自动地进行调整，或将那些继续运行而会引起事故的电气设备予以切除。反映不正常工作情况的保护装置一般带一定的延时动作。

电气保护装置是电气系统自动化的重要组成部分，是保证电气系统安全可靠运行的主要措施之一。在现代电气系统中，如果没有专门的电气保护装置，要想维持系统正常工作是根本不可能的。因此，所有电气控制系统均应具有完善的保护环节，用以保护电网、电动机、电器以及其他电路元件等。

电气系统发生短路和过电流等故障时，电气量将发生下述变化：

（1）电流增大，在短路点与电源间直接联系的电气设备上的电流会增大。

（2）电压降低，系统故障的相电压或相间电压会下降，而且离故障点愈近，电压下降愈多，甚至降为零。

（3）电流电压间的相位角会发生变化。例如，正常运行时，同相的电流与电压间的相位角为负荷功率因数角，为 $20°$ 左右；三相短路时电流与电压间的相位角则为线路阻抗角，架空线路电流与电压的相位角为 $60°\sim85°$。

利用短路时这些电气量的变化，可以构成各种作用原理的电气保护。例如，利用电流增大的特点可以构成过电流保护；利用电压降低的特点可以构成低电压保护；利用电流电压间相位角的变化特点可以构成断相保护、漏电保护等。常用的保护环节有过电流、短路、过载、过压、失压、断相保护等，有时还设有合闸、分闸、正常工作、事故等指示信号。下面从电气设计角度讨论电气故障的类型、产生原因及常用的电气保护方法,以供设计中参考。

6.1.3.1 电流型保护

在正常工作中,电气设备通过的电流一般不超过额定电流,若少量超过额定电流,在短时间内,只要温升不超过允许值也是允许的,这也是各种电气设备或元件应具有的过载能力。但当通过电气设备或元件的电流过大,将因发热而使温升超过绝缘材料的承受能力,就会造成事故,甚至烧毁电气设备。在散热条件一定的情况下,温升决定于发热量,而发热量不仅决定于电流大小,而且还与通电时间密切相关。电流型保护就是基于这一原理构成的,它是通过传感元件检测过电流信号,经过信号变换、放大后控制执行机构及被保护对象动作,切断故障电路。属于电流型保护的主要有短路、过电流、过载和断相保护等。

1. 短路保护

当电器或线路绝缘遭到损坏、负载短路或接线错误时将产生短路现象。短路时产生的瞬时故障电流可达到额定电流的十几倍到几十倍,使电气设备或配电线路因过流而产生电动力而损坏,甚至因电弧而引起火灾。短路保护要求具有瞬动特性,即要求在很短时间内切断电源。当电路发生短路时,短路电流引起电气设备绝缘损坏和产生强大的电动力,使电路中的各种电气设备产生机械性损坏。因此,当电路出现短路电流时,必须迅速、可靠地断开电源。

短路保护的常用方法是采用熔断器、低压断路器或专门的短路保护装置。在对主电路采用三相四线制或对变压器采用中性点接地的三相三线制的供电电路中,必须采用三相短路保护。若主电路容量较小,其电路中的熔断器可同时作为控制电路的短路保护;若主电路容量较大,则控制电路一定要单独设置短路保护熔断器。

2. 过电流保护

过电流保护是区别于短路保护的一种电流型保护。所谓过电流,是指电动机或电器元件超过其额定电流的运行状态,不正确地起动和负载转矩过大也常常引起电动机出现很大的过电流,由此引起的过电流一般比短路电流小,不超过 $6I_{N_0}$,在过电流情况下,电器元件并不是马上损坏,只要在达到最大允许温升之前电流值能恢复正常还是允许的。较大的冲击负载将使电路产生很大的冲击电流,以致损坏电气设备,同时,过大的电流引起电路中的电动机转矩很大也会使机械的转动部件受到损坏,因此要瞬时切断电源。在电动机运行中产生这种过电流比发生短路的可能性要大,特别是在频繁起动和正反转、重复短时工作的电动机更是如此。通常,过电流保护可以采用低压断路器、热继电器、电动机保护器、过电流继电器等,如图 6.5所示。其中,过电流继电器是与接触器配合使用,即将过电流继电器线圈串联在被保护电路中,电路电流达到其整定值时,过电流继电器动作,其常闭触头串联在接触器控制回路中,由接触器去切断电源。这种控制方法既可用于保护,也可达到一定的自动控制目的。这种保护主要应用于绕线转子异步电动机控制电路中。

3. 过载保护

过载保护是过电流保护的一种,也属于电流型保护。过载是指电动机的运行电流大于其额定电流,但超过额定电流的倍数更小些,通常在 $1.5I_{N_0}$ 以内。引起电动机过载的原因很多,如负载的突然增加、缺相运行以及电网电压降低等。若电动机长期过载运行,其绕组的温升将超过允许值而使绝缘老化、损坏。异步电动机过载保护应采用热继电器或电动机保护器作为保护元件。热继电器具有与电动机相似的反时限特性,但由于热惯性的关系,热继电器不会受短路电流的冲击而瞬时动作。当有 6 倍以上额定电流通过热继电器时,需经 5 s 后才动作,这样,在热继电器动作前就可能使热继电器的发热元件先烧坏,所以,在使用热继电器作过载保护时,还必须装有熔断器或低压断路器配合使用。由于过载保护特性与过电流保护不同,故不能采用过电流保护方法来进行过载保护,因为引起过载保护的原因往往是一种暂时因素,例如负载的临时增加而引起过载,过一段时间又转入正常工作,对电动机来说,只要过载时间内绕组不超过允许温升是允许的。如果采用过电流保护,势必要影响生产机械的正常工作,生产效率及产品质量会受到影响。过载保护要求保护电器具有与电动机反时限特性相吻合的特性,即根据电流过载倍数的不同,其动作时间是不同的,它随着电流的增加而减小。

图6.5是交流电动机常用保护类型示意图,具体选用时应有取舍。

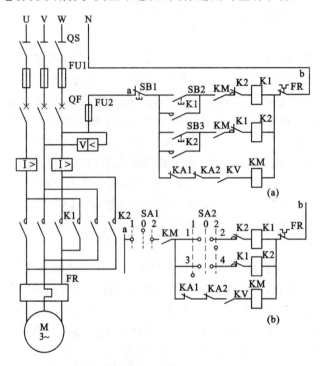

图6.5　交流电动机常用保护类型示意图
(a) 方案1;(b) 方案2

图6.5中采用低压断路器作为短路保护,热继电器用作过载保护。线路发生短路故障时,低压断路器动作切断故障;线路发生过载故障时,热继电器动作,事故处理完毕,热继电器可以自动复位或手动复位,使线路重新工作。当低压断路器的保护范围不能满足要求时,应采用熔断器作为短路主保护,而使低压断路器作为短路保护的后备保护。

图6.5中电压继电器是用于低电压保护,过流继电器用作电动机工作时的过电流保护。当电动机工作过程中由某种原因而引起过电流时,过电流继电器动作,其动断触头断开,电动机便停止工作,起到保护作用。当用过电流继电器保护电动机时,其线圈的动作电流可按下式计算:

$$I = 1.2I_{st}$$

式中　I——电流继电器的动作电流;

　　　I_{st}——电动机的起动电流。

应当指出,过电流继电器不同于熔断器和低压断路器,它是一个测量元件,低压断路器是把测量元件和执行元件装在一起,熔断器的熔体本身就是测量和执行元件。过电流保护要通过执行元件接触器来完成,因此,为了能切断过电流,接触器触头容量应加大,但不能可靠地切断短路电流。为避免起动电流的影响,通常将时间继电器与过电流继电器配合,起动时,时间继电器的动断触头闭合,动合触头尚未闭合时,过流继电器的线圈不接入电路,尽管电机的起动电流很大,而过流继电器不起作用。起动结束后,时间继电器延时结束,动断触头断开,动合触头闭合,过流继电器线圈得电,开始起保护作用。工作过程中,由某原因而引起过电流时,过电流继电器动作,其动断触头断开,电动机便停止工作,起到保护作用。

4. 断相保护

异步电动机在正常运行中,由于电网故障或一相熔断器熔断引起对称三相电源缺少一相,电动机将在缺相电源中低速运转或堵转,定子电流很大,是造成电动机绝缘及绕组烧损的常见故障之一。断相时,负载的大小及绕组的接法等因素引起相电流与线电流的变化差异较大,对于正常运行采用三角形连接的电动机(我国生产的三相笼型异步电动机在 4.5 kW 以上均采用三角形连接),如负载在 53%~67% 之间发生断相故障,会出现故障相的线电流小于对称性负载保护电流动作值,但相绕组最大一相电流却已超过额定值。热继电器热元件是串接在三相电流进线中,其断相保护功能采用专门为断相运行而设计的断相保护机构构成的。图 6.6 是一种电子式电动机断相、过载、短路保护电路原理图。电路由断相取样、短路取样、电流取样、延时、射极耦合双稳态触发器、功率推动晶体管 V3、继电器 KM、直流稳压电源等部分组成。在正常运行时,接触器 K 工作,电机运转。触发器 V1 管的基极输入信号较小,V1 截止,V2 和 V3 导通,使继电器 KM 动作,KM 的常开触头闭合,将起动自锁,维持 K 吸合。

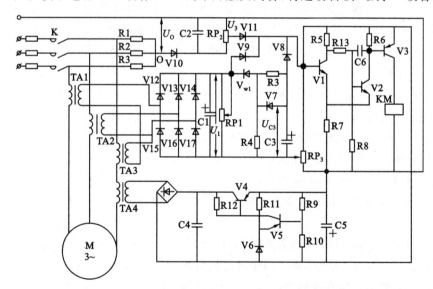

图 6.6　电子式异步电动机保护电路原理图

根据三相交流平衡时其零序电压为零的原理,用 R1、R2、R3 三个电阻形成一个零序点:相电压平衡时该点电位趋于零,当发生断相或三相严重不平衡时,U_o 升高,经 V10、C2 滤波后送至电位器 RP$_2$,在 RP$_2$ 上取出电压 U_3 经二极管 V11 加到 V1 的基极,使 V1 导通,V2 和 V3 截止,继电器 KM 释放,K 断开,将电源切除,达到断相保护的目的。调节 RP2 使三相不平衡值小于某值,如 5% 时,U_3 不足以使 V1 导通。电流信号由三个电流变换器 TA1、TA3 取得,电流变换器的一次绕组串接在电动机定子三相电路里,三次绕组产生的交流电压经三相桥式整流、滤波后得到一直流电压 U_1。当电动机短路时,电枢电流很大,U_1 升高,由电位器 RP_1 上引出的电压 U_2 也随即升高,它经二极管 V9 加到 V1 基极,使 V1 导通,V2、V3 截止,KM 释放,K 断开,以实现过载保护。RP_1 用以调整被保护电路的短路电流值,当电动机电流超过额定值时,增大的 U_1 克服稳压管 V_{w1} 的稳压值,经电阻 R3 和电容 C3 组成的充电延时环节使 U_{C3} 升高,它经二极管 V8 使 V1 导通,V2、V3 截止,KM 释放,K 断开,达到短路保护的目的。其他部分请读者自行分析。

6.1.3.2　电压型保护

电动机或电器元件都是在一定的额定电压下才能正常工作,电压过高、过低或者工作过程中非人为因素的突然断电都可能造成生产机械的损坏或人身事故,因此,在电气控制线路中应根据要求设置失压保护、过电压保护及欠电压保护。

1. 失压保护

电动机正常工作时,如果因为电源电压的消失而停转,那么在电源电压恢复时就可能起动,电动机的自行起动将造成人身事故或机械设备损坏。对电网来说,许多电动机同时起动也会引起不允许的过电流和过大的电压降。为防止恢复时电动机的自行起动或电器元件自行投入工作而设置的保护,称为失压保护。采用接触器和按钮控制电动机的起、停就具有失压保护作用。因为,如果正常工作中电网电压消失,接触器就会自动释放而切断电动机电源,当电网恢复正常时,由于接触器自锁电路已断开,不会自行起动。但如果不是采用按钮而是用不能自动复位的手动开关、行程开关等控制接触器,必须采用专门的零压继电器。对于多位开关,要采用零位保护来实现失压保护,即电路控制必须先接通零压继电器。工作过程中一旦失电,零压继电器释放,其自锁也释放,当电网恢复正常时,就不会自行投入工作。

2. 欠电压保护

电动机或电器元件在有些应用场合下,当电网电压降到额定电压 U_N 以下,如 $60\% \sim 80\%$ 时,就要求能自动切除电源而停止工作,这种保护称为欠电压保护,如图 6.5 所示。因为电动机在电网电压降低时,其转速、电磁转矩都将降低甚至堵转,在负载一定的情况下,电动机电流将增加,不仅影响产品加工质量,还会影响设备正常工作,使机械设备损坏,造成人身事故。另一方面,由于电网电压的降低,如降到 U_N 的 60%,控制线路中的各类交流接触器、继电器既不释放又不能可靠吸合,处于抖动状态并产生很大噪声,线圈电流增大,甚至过热造成电器元件和电动机的烧毁。

除上述采用接触器及按钮控制方式时利用接触器本身的欠电压保护作用外,还可以采用低压断路器或专门的电磁式电压继电器来进行欠电压保护,其方法是将电压继电器线圈跨接在电源上,其常开触头串接在接触器控制回路中。当电网电压低于整定值时,电压继电器动作使接触器释放。

3. 过电压保护

电磁铁、电磁吸盘等大电感负载及直流电磁机构、直流继电器等在通断时会产生较高的感应电动势,易使工作线圈绝缘击穿而损坏,因此,必须采用适当的过电压保护措施。通常过电压保护的方法是在线圈两端并联一个电阻,电阻串电容或二极管串电阻等形式,以形成一个放电回路,如图 6.7、图 6.8、图 6.9 所示。

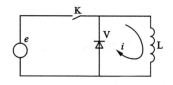

图 6.7 与电感线圈并联二极管

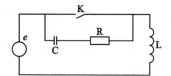

图 6.8 与触头并联阻容电路

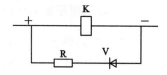

图 6.9 在直流线圈上并放电回路

6.1.3.3 位置控制与保护

一些生产机械运动部件的行程及相对位置往往要求限制在一定范围内,如直线运动切削机床、升降机械等需要有限位控制,有些生产机械工作台的自动往复运动需要有行程限位等,如起重设备的左右、上下及前后运动行程都必须有适当的位置保护,否则就可能损坏生产机械并造成人身事故,这类保护称为位置保护。位置保护、限位控制和行程限位在控制原理上是一致的,可以采用限位开关、干簧继电器、接近开关等电器元件构成控制电路,当运动部件到达设定位置时,开关动作,其常闭触点通常串联在接触器控制电路中,因常闭触头打开而使接触器释放,于是运动部件停止运行。图 6.10 是一种自动往返循环控制线路,电路的原理可适用于各种控制进给运动到预定点后自动停止的限位控制保护等,其应用相当广泛。图示控制线路是采用行程开关来实现的,这种控制是将行程开关安装在事先安排好的地点,当装于生产机械运动部件上的撞块压合行程开关时,行程开关的触头动作,从而实现电路的切换,以达到控制的目的。也可以采用非接触式接近开关代替行程开关。限位开关 SQ1 放在左端需要反向的位置,而 SQ2 放在右端需要反向的位置,机械挡铁装在运动部件上。起动时,利用正向或反向起动按钮,如按正转按钮 SB2,接触器 K1 通电吸合并自锁,电动机作正向旋转带动机械运动部件左移,当运动部件移至左端并碰到 SQ1 时,将 SQ1 压下,其常闭触头断开,切断接触器 K1 线圈电路,同时其常开触头闭合,接通反转接触器 K2 线圈电路,此时电动机由正向旋转变为反向旋转,带动运动部件向右运动,直到压下 SQ2 限位开关,电动机由反转又变成正转。

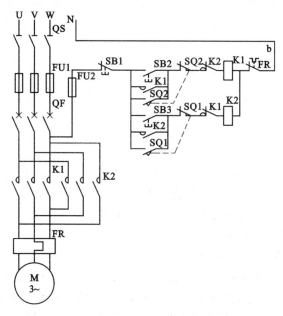

图 6.10 自动往返循环控制线路

6.1.4　电气原理图的设计

电气原理图是整个设计的中心环节,因为它是工艺设计和制订其他技术资料的依据。电气控制系统原理设计主要包括以下内容:

(1)制订电气设计任务书(技术条件)

设计任务书或技术建议书是整个系统设计的依据,同时又是今后设备竣工验收的依据,因此设计任务书的拟订是十分重要的,必须认真对待。在很多情况下,设计任务下达部门对本系统的功能要求、技术指标只能给出一个大致轮廓,设计应达到的各项具体的技术指标及其他各项要求实际是由技术部门、设备使用部门及设计部门共同协商,最后以技术协议形式予以确定的。

电气设计任务书中除简要说明所设计任务的用途、工艺过程、动作要求、传动参数、工作条件外,还应说明以下主要技术经济指标及要求:

① 电气传动基本特性要求、自动化程度要求及控制精度。

② 目标成本与经费限额。

③ 设备布局、安装要求、控制柜(箱)及操作台布置、照明、信号指示、报警方式等。

④ 工期、验收标准及验收方式。

(2)选择电气传动方案与控制方式

电力拖动方案与控制方式的确定是设计的重要部分,方案确定以后,就可以进一步选择电动机的类型、数量、结构形式以及容量等。电动机选择的基本原则是:

① 电动机的机械特性应满足生产机械的要求,要与被拖动负载特性相适应,以保证运行稳定并具有良好的起动、制动性能,对有调速要求时,应合理选择调速方案。

② 工作过程中电动机容量能得到充分利用,使其温升尽可能达到或接近额定温升值。

③ 电动机的结构形式应满足机械设计要求,选择恰当的使用类别和工作制,并能适应周围环境工作条件。在满足设计要求的情况下,应优先采用结构简单、使用维护方便的笼型三相交流异步电动机。

(3)确定电动机的类型及其技术参数。

(4)设计电气控制原理框图,确定各部分之间的关系,拟订各部分技术指标与要求。

(5)设计并绘制电气原理图,计算主要技术参数。

(6)选择电器元件,制订元器件目录清单。

(7)编写设计说明书。

电气设计的重点在两个方面:一是拖动方案的制订,这部分属于电机与拖动的内容,在此不再赘述;二是控制线路的设计,常用继电接触控制或可编程控制器(本书只涉及继电接触控制),采用的方法有分析设计法和逻辑代数设计法,由于设计不是课程要求的重点,在此着重介绍继电接触控制线路的分析设计方法。

6.1.4.1　继电接触控制线路的分析设计方法

分析设计法又称为经验设计法,特别适合不太复杂的控制线路设计。电气控制又称为继电器接触器逻辑控制,一般包括电源装置(或部分)、电动机控制线路及其辅助电路。电源装置可以独立存在,也可以是继电逻辑控制系统中的一部分。电气控制设计方法通常是以熟练掌握各种电气控制线路的基本环节和具备一定的阅读分析电气控制线路的经验为基础,要求设计人员必须掌握和熟悉大量的典型控制线路、多种典型线路的设计资料,同时具有丰富的设计经验,也就是说,它主要靠经验设计,因此通常称为经验设计法。

经验设计法的特点是无固定的设计程序和固定的设计模式,灵活性很大,但相对来说设计方法简单,容易被人们掌握,对于具有一定工作经验的电气人员来说,能较快地完成设计任务,因此在电气设计中被普遍采用。从另一个角度来说,高水平的设计人员除必须具备系统的基础理论、分析问题和解决问题的能力及很强的学习和接受新知识的能力外,还必须深入生产第一线,熟悉现场,掌握生产过程工艺,了解生产机械的性能。用经验设计方法初步设计出来的控制线路可能有多种,需要加以比较分析并反复地修改简化,甚至要通过实验加以验证,才能使控制线路符合设计要求。

采用经验设计方法设计,通常是先根据生产工艺的要求画出功能流程图,再用一些成熟的典型线路环节来实现某些基本要求,确定适当的基本控制环节,而后再根据生产工艺要求逐步完善其功能要求,并适当配置联锁和保护等环节,利用基本绘制原则把它们综合地组合成一个整体,成为满足控制要求的完整线路。当找不到现成的典型环节时,可根据控制要求,将主令信号经过适当的组合和变换,在一定的条件下得到执行元件所需要的工作信号,再套用典型控制电路完成设计。设计过程中要随时增减元器件和改变触头的组合方式,以满足被拖动系统的工作条件和控制要求,经过反复修改得到理想的控制线路。在进行具体线路设计时,一般先设计主电路,然后设计控制电路、信号电路、局部特殊电路等。初步设计完成后,应当仔细检查、反复验证,看线路是否符合设计要求,并进一步使之完善和简化,最后选择恰当的电器元件的规格型号,使其能充分实现设计功能。也可以用逻辑分析的方法进一步进行逻辑分析,以优化设计。

下面通过皮带运输机的实例介绍经验设计方法。

在建筑施工企业的沙石料场,普遍使用皮带运输机对沙和石料进行传送转运,图 6.11 是两级皮带运输机示意图,M1 是第一级电动机,M2 是第二级电动机。基本工作特点是:

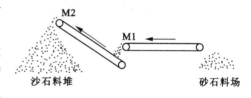

图 6.11　皮带运输机示意图

（1）两台电动机都存在重载起动的可能;

（2）任何一级传送带停止工作时,其他传送带都必须停止工作;

（3）控制线路有必要的保护环节;

（4）有故障报警装置。

1. 主线路设计

电动机采用三相鼠笼式异步电动机,接触器控制起动、停止,线路应有短路、过载、缺相、欠压保护,两台电动机控制方式一样。基本线路见图 6.12。

线路中采用了自动空气开关、熔断器、热继电器,可满足上述保护需要。

2. 控制线路设计

直接起动的基本线路如图 6.13 所示,为操作方便,线路中设计了总停按钮 SB5。

考虑到皮带运输机随时都有重载起动的可能,为了防止在起动时热继电器动作,有两个解决办法,第一是把热继电器的整定电流调大,使之在起动时不动作,但这样必然降低了过载保护的可靠性;第二是起动时将热继电器的发热元件短接,起动结束后再将其接入,这就需要用

时间继电器控制。如图 6.14(a)所示,起动时按下 SB1,接触器 KM1、KM3 和时间继电器 KT1
同时得电,KM3 主触点闭合短接热继电器发热元件,经过一段时间电动机完成起动,时间继电
器 KT1 常闭触点延时断开,KM3 失电,主触点断开,热继电器发热元件接入,线路正常工作。
此时主电路见图 6.14(b)。

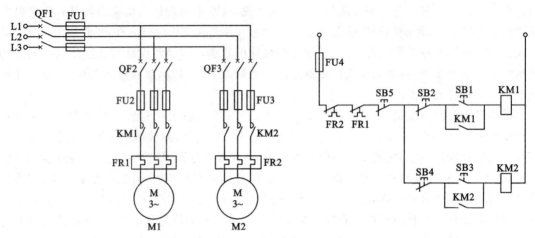

图 6.12　皮带运输机主电路　　　　　　图 6.13　皮带运输机控制电路

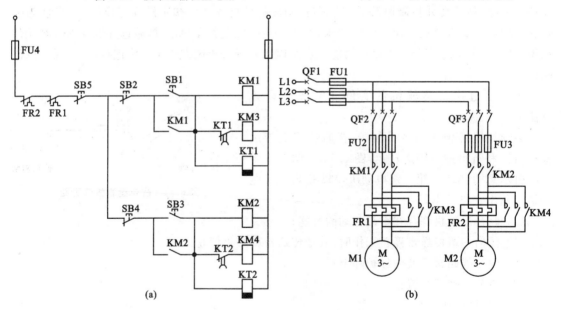

图 6.14　皮带运输机的控制电路

(a)主线路;(b)考虑重载起动

　　若遇故障,某级传送带停转,要求各级传送带都应停止工作,控制线路应能做到自动停车,
同时发出相应警示。在发生故障停车时,皮带会因沙石自重而下沉,可以在皮带下方恰当位置
安装限位开关 SQ1(SQ2),由它来完成停车控制和报警。控制线路见图 6.15。

　　主线路见图 6.16,线路中增加了接触器 KM 和总起动按钮 SB6,只有当 SQ1、SQ2 没有动
作,常闭触点闭合时,按下 SB6,得电,主电路和控制线路才有电。反之,当故障停车时,SQ1
(SQ2)动作,KM 失电,主电路和控制线路电源被切断。

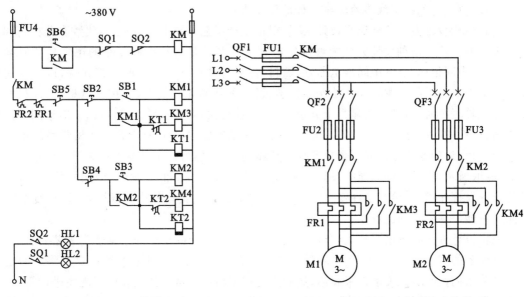

图 6.15　皮带运输机控制线路(考虑故障停车)　　图 6.16　皮带运输机主线路(考虑故障停车后)

　　如遇临时停电,由于有了 SQ1、SQ2 的保护作用,线路将无法再起动,因此 SQ1、SQ2 只能在电动机完成起动后才能投入,为此增加了时间继电器 KT,见图 6.17,利用常闭(延时断开)触点短接 SQ1、SQ2,保证线路能顺利进行重载起动,起动结束后传送带正常运行,在时间继电器触点延时断开之前,SQ1、SQ2 常闭触点已复位,线路正常工作。

　　3. 设计线路的复验

　　设计最后完成主线路(图 6.16)和控制线路(图 6.17),根据四项设计要求逐一验证。

　　(1)线路中采用了自动空气开关、熔断器、热继电器,可满足线路保护需要。

　　(2)两台电动机重载起动措施:由 KM3(KM4)在起动时切除热继电器发热元件,由时间继电器 KT 短接 SQ1(SQ2),保证 KM 得电,线路通电。

　　(3)任何一级皮带输送机出现故障停止工作时,传送带受重下沉使 SQ1(SQ2)动作,KM 失电,主电路和控制线路同时断电。

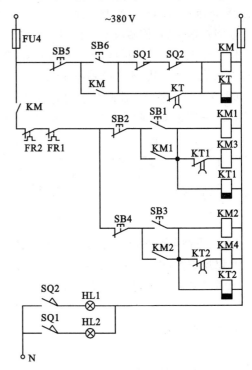

图 6.17　皮带运输机控制线路(考虑停电再起动)

　　(4)故障指示灯 HL1、HL2 显示相应传送带故障。

　　皮带运输机根据不同的使用场合有不同的控制线路,本例重点是从清楚层次,易于理解的角度讲述了经验设计法的运用,涉及设备元件的选型、计算等问题,在此不做要求。

6.1.4.2　电气控制线路的逻辑分析设计方法

逻辑分析设计方法又称逻辑设计法,是根据生产工艺的要求,利用逻辑代数来分析、化简、设计线路的方法。这种设计方法能够确定实现一个开关量自动控制线路的逻辑功能所必需的、最少的中间记忆元件(中间继电器)的数目,然后有选择地设置中间记忆元件,以达到使逻辑电路最简单的目的。逻辑设计法比较科学,设计的线路比较简化、合理。但是,当设计的控制线路比较复杂时,这种方法显得十分繁琐,工作量也大,而且容易出错,所以一般适用于简单的系统设计。但是,将一个较大的、功能较为复杂的控制系统分为若干个互相联系的控制单元,用逻辑设计的方法先完成每个单元控制线路的设计,然后再用经验设计法把这些单元组合起来,各取所长,也是一种简捷的设计方法,可以获得理想经济的方案,所用元件数量少,各元件能充分发挥作用,当给定条件变化时,容易找出电路相应变化的内在规律,在设计复杂控制线路时更能显示出它的优点。

逻辑设计方法是利用逻辑代数这一数学工具来实现电路设计,即根据生产工艺要求,将执行元件需要的工作信号以及主令电器的接通断开看成逻辑变量,并根据控制要求将它们之间的控制关系用逻辑函数关系式来表达,然后再运用逻辑函数基本公式和运算规律进行简化,使之成为需要的最简"与"、"或"关系式,根据最简式画出相应的电路结构图,最后进一步地检查和完善,即能获得需要的控制线路。

任何控制线路、控制对象与控制条件之间都可以用逻辑函数式来表示,所以逻辑设计法不仅可以进行线路设计,也可以进行线路简化和分析。利用逻辑分析法读图的优点是各控制元件的关系能一目了然,不会读错和遗漏。

(1)继电器-接触器控制线路的逻辑函数

在继电器逻辑控制系统中,其控制线路中的开关量符合逻辑规律,可用逻辑函数关系式来表示。在逻辑函数中,将执行元件作为输出变量,将检测信号、中间单元触头及输出变量的反馈触头等作为逻辑输入变量。再根据各触头之间连接关系和状态,就可列出逻辑函数关系式。

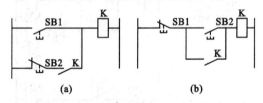

图 6.18　两种简单的电动机起、停、自锁电路的结构

按规定,常开触头以正逻辑表示,而常闭触头以反逻辑(逻辑"非")表示。图中,SB1 为起动信号(开起),SB2 为停止信号(关断),接触器的常开触头 K 为自锁(保持)信号。按图 6.18(a)可列出逻辑函数式式为:

$$f_{k(a)} = SB1 + \overline{SB2} \cdot K$$

其一般形式为:

$$f_{k(a)} = X1 + X0 \cdot K$$

式中　$X1$——开起信号;

　　　$X0$——关断信号;

　　　K——自锁信号。

按图 6.18(b)可列出逻辑函数为:

$$f_{k(b)} = \overline{SB1}(SB2 + K)$$

其一般形式为:

$$f_{k(b)} = X0(X1 + K)$$

X1 应选取在输出变量开起边界线上发生状态转变的输入变量,若这个输入变量的元件状态是由"0"转换到"1",则选原变量(常开触头)形式;若是由"1"转换到"0",则取反变量(常闭触头)形式。

X0 选取在输出变量关闭边界线上发生状态转变的输入变量,若这个输入变量的元件状态是由"1"转换到"0",则选取原变量(常闭触头)形式;若是由"0"转换到"1",则取其反变量(常开触头)形式。

(2) 逻辑代数法进行线路设计的基本步骤

① 根据生产工艺列出工作流程图;

② 列出元件动作状态表;

③ 写出执行元件的逻辑表达式;

④ 根据逻辑表达式绘制控制线路图;

⑤ 完善并校验线路。

6.2 继电器接触器控制系统的电路安装

6.2.1 控制线路的安装要求和相关原则

控制线路安装必须严格遵循《电气装置安装工程 低压电器施工及验收规范》(GB 50254—2014)的有关规定,按照有关施工工艺标准实施。

GB 50254—2014 是强制性国家标准,内容包括总则,一般规定,低压断路器,低压隔离开关、刀开关、转换开关及熔断器组合电器,住宅电器、漏电保护器及消防电气设备,控制器、继电器及行程开关,电阻器及变阻器,电磁铁,熔断器,工程交接验收。

在控制线路安装工程中,还将涉及《建筑电气工程施工质量验收规范》(GB 50303—2015)等国家标准,必须遵照执行。

电气控制设备各部分及组件之间的接线方式一般遵循以下原则:

(1) 开关电器板、控制板的进出线一般采用接线端头或接线鼻子连接,按电流大小及进出线数选用不同规格的接线端头或接线鼻子。

(2) 电气柜(箱)控制箱、柜(台)之间以及它们与被控制设备之间采用接线端子排或工业连接器连接。

(3) 弱电控制组件、印制电路板组件之间应采用各种类型的标准接插件连接。

(4) 电气柜(箱)、控制箱、柜(台)内的元件之间的连接可以借用元件本身的接线端子直接连接,过渡连接线应采用端子排过渡连接,端头应采用相应规格的接线端子处理。

电器元件布置图是某些电器元件按一定原则的组合。电器元件布置图的设计依据是部件原理图、组件的划分等,应遵循以下原则:

(1) 同一组件中电器元件的布置应注意将体积大和较重的安装在电器板的下面,而发热元件应安装在电气箱(柜)的上部或后部,但热继电器宜放在其下部,因为热继电器的出线端直接与电动机相连便于出线,而其进线端与接触器直接相连接,便于接线并走线最短。

(2) 强电与弱电分开,并注意屏蔽。

(3) 需要经常维护、检修、调整的电器元件安装位置不宜过高或过低,人力操作开关及需经常监视的仪表的安装位置应符合人体工学原理。

（4）电器元件的布置应考虑安全间隙，并做到整齐、美观、对称，外形尺寸与结构类似的电器安放在一起，以利加工、安装和配线。若采用行线槽配线方式，应适当加大各排电器间距，以利布线和维护。

（5）各电器元件的位置确定以后，便可绘制电器布置图。布置图是根据电器元件的外形轮廓绘制的，以其轴线为准，标出各元件的间距尺寸。每个电器元件的安装尺寸及其公差范围应按产品说明书的标准标注，以保证安装板的加工质量及各电器的顺利安装。大型电气柜中的电器元件宜安装在两个安装横梁之间，这样，一可减轻柜体重量，节约材料，另外便于安装，设计时应计算纵向安装尺寸。

（6）在电器布置图设计中，还要根据本部件进出线的数量、采用导线规格及进出线位置等选择进出线方式及接线端子排、连接器或接插件，按一定顺序标上进出线的接线号。

6.2.2　常用低压电器的安装

1. 低压断路器的安装

（1）低压断路器安装前的检查，应符合下列要求，以保证一次试运行成功。

① 衔铁工作面上的油污应擦净，防止衔铁表面粘上灰尘等杂质，动作时出现缝隙，产生响声。

② 触头闭合、断开过程中，可动部分与灭弧室的零件不应有卡阻现象。

③ 各触头的接触面平整；开合顺序、动静触头分闸距离等应符合设计要求或产品技术文件的规定。

④ 受潮的灭弧室安装前应烘干，烘干时应监测温度，将灭弧室的温度控制在不使灭弧室变形为原则。

（2）低压断路器的安装应符合下列要求：

① 低压断路器的安装应符合产品技术文件的规定；当无明确规定时，宜垂直安装，其倾斜度不应大于5°，近年来由于低压断路器性能的改善，在某些场合有横装的，又如直流快速断路器等为水平装。

② 低压断路器与熔断器配合使用时，熔断器应安装在电源侧，以便于检修。检修断路器时不必将母线停电，只需将熔断器拔掉即可。

③ 由于低压断路器操作机构的功能和操作速度直接与触头的闭合速度有关，脱扣装置也比较复杂。低压断路器操作机构的安装应符合要求：操作手柄或传动杠杆的开、合位置应正确，操作力不应大于产品的规定值；电动操作机构接线应正确，在合闸过程中开关不应跳跃。开关合闸后，限制电动机或电磁铁通电时间的联锁装置应及时动作。电动机或电磁铁通电时间不应超过产品的规定值；开关辅助接点动作应正确可靠，接触应良好；抽屉式断路器的工作、试验、隔离三个位置的定位应明显，并应符合产品技术文件的规定；抽屉式断路器空载时进行抽、拉数次应无卡阻，机械联锁应可靠。

（3）低压断路器的接线应符合下列要求：

① 裸露在箱体外部且易触及的导线端子应加绝缘保护。塑料外壳断路器在盘、柜外单独安装时，由于接线端子裸露在外部且很不安全，应在露出的端子部位包缠绝缘带或做绝缘保护罩作为保护。

② 有半导体脱扣装置的低压断路器,其接线应符合相序要求,脱扣装置的动作应可靠。可用试验按钮检查动作情况并做相序匹配调整,必要时应采取抗干扰措施,确保脱扣器不误动作。

(4) 直流快速断路器的安装、调整和试验,除执行上面有关规定外,尚应符合下列专门要求:

① 安装时应防止断路器倾倒、碰撞和激烈振动。由于直流断路器较重,吸合时动作力较大,基础槽钢与底座间应按设计要求采取防振措施。

② 断路器极间中心距离及与相邻设备或建筑物的距离不应小于 500 mm。当不能满足要求时,应加装高度不小于单极开关总高度的隔弧板。直流快速断路器在整流装置中作为短路、过载和逆流保护用的场合较多,为了安装的需要,根据产品技术说明书及原规范(GJB 232 82)的规定,应对距离作要求。

在灭弧室上方应留有不小于 1000 mm 的空间;当不能满足要求时,在开关电流 3000 A 以下断路器的灭弧室上方 200 mm 处应加装隔弧板;在开关电流 3000A 及以上断路器的灭弧室上方 500 mm 处应加装隔弧板。

③ 灭弧室内绝缘衬件应完好,电弧通道应畅通。

④ 触头的压力、开距、分断时间及主触头调整后灭弧室支持螺杆与触头间的绝缘电阻,应符合产品技术文件要求。

⑤ 直流快速断路器的接线容易出错,造成断路器误动作或拒绝动作,安装时应注意符合要求:与母线连接时,出线端子不应承受附加应力;母线支点与断路器之间的距离不应小于 1000 mm;当触头及线圈标有正、负极时,其接线应与主回路极性一致;配线时应使控制线与主回路分开。

直流快速断路器调整和试验应符合下列要求:轴承转动应灵活,并应涂以润滑剂;衔铁的吸合动作应均匀;灭弧触头与主触头的动作顺序应正确;安装后应按产品技术文件要求进行交流工频耐压试验,不得有击穿、闪络现象;脱扣装置应按设计要求进行整定值校验,在短路或模拟短路情况下合闸时,脱扣装置应能立即脱扣。

2. 低压接触器及电动机起动器的安装

(1) 低压接触器及电动机起动器安装前的检查应符合下列要求:

① 制造厂为了防止铁芯生锈,出厂时在接触器或起动器等电磁铁的铁芯面上涂以较稠的防锈油脂,安装前应做到衔铁表面无锈斑、油垢;接触面应平整、清洁,以免油垢粘住而造成接触器在断电后仍不返回。同时,可动部分应灵活无卡阻,灭弧罩之间应有间隙,灭弧罩的方向应正确。

② 触头的接触应紧密,固定主触头的触头杆应固定可靠。

③ 当带有常闭触头的接触器与磁力起动器闭合时,应先断开常闭触头,后接通主触头,当断开时应先断开主触头,后接通常闭触头,且三相主触头的动作应一致,其误差应符合产品技术文件的要求。

④ 电磁起动器热元件的规格应与电动机的保护特性(反时限允许过载特性)相匹配。热继电器的电流调节指示位置应调整在电动机的额定电流值上,并应按设计要求进行定值校验。

每个热继电器出厂试验时都进行刻度值校验,一般只做三点:最大值、最小值、中间值。为此,当热继电器作为电动机过载保护时用户不需逐个进行校验,只需按比例调到合适位置即可。当作为重要设备或机组保护时,对热继电器的可靠性、准确性要求较高,按比例调到合适位置难免有误差,这时可根据设计要求进行定值校验。

(2)低压接触器和电动机起动器安装完毕后,应进行下列检查:

① 接线应正确。

② 在主触头不带电的情况下,主触头动作正常,衔铁吸合后应无异常响声。起动线圈应间断通电,以防止合闸瞬间线圈电流大,如果通电时间长,使线圈温升超过允许值而烧毁线圈。

(3)真空接触器目前已普遍采用,根据产品说明,真空接触器安装前应进行下列检查:

① 可动衔铁及拉杆动作应灵活可靠、无卡阻。

② 辅助触夹应随绝缘摇臂可靠动作,且触头接触应良好。

③ 按产品接线图检查内部接线应正确。

(4)对新安装和新更换的真空开关管,要事先采用工频耐压法检查其真空度,并符合产品技术文件的规定。

(5)真空接触器接线应按出厂接线图接外接导线,且符合产品技术文件的规定;接地应可靠,可接在固定接地极或地脚螺栓上。

(6)可逆起动器或接触器电气联锁装置和机械联锁装置的动作均应正确、可靠,防止正、反向同时动作,同时吸合将会造成电源短路,烧毁电器及设备。

(7)Y-△起动器的检查、调整应符合下列要求:

① 起动器的接线应正确;电动机定子绕组正常工作应为△形接线。

② 手动操作的 Y-△起动器应在电动机转速接近运行转速时进行切换;自动转换的起动器应按电动机负荷要求正确调节延时装置。

(8)自耦减压起动器的安装、调整应符合下列要求:

① 起动器应垂直安装。

② 油浸式起动器的油面不得低于标定油面线。

③ 减压抽头在 65%~80% 额定电压下,应按负荷要求进行调整;起动时间不得超过自耦减压起动器允许的起动时间。

④ 自耦减压起动器出厂时,其变压器抽头一般接在 65% 额定电压的抽头上,当轻载起动时,可不必改接;如重载起动,则应将抽头改接在 80% 位置上。

用自耦降压起动时,电动机的起动电流一般不超过额定电流的 3~4 倍,最大起动时间(包括一次或连续累计数)不超过 2 min,超过 2 min 按产品规定应冷却 4 h 后方能再次起动。

(9)手动操作的起动器,触头压力应符合产品技术文件规定,操作应灵活。

(10)电磁式、气式等接触器和起动器均应进行通断检查:检查接触器或起动器在正常工作状态下加力使主触头闭合后,接触器、起动器工作是否正常,否则应及时处理。用于重要设备的接触器或起动器还应检查其起动值,并应符合产品技术文件的规定,以确保这些接触器、起动器正常工作,保证重要设备可靠运行。

(11)变阻式起动器的变阻器安装后,应检查其电阻切换程序、触头压力、灭弧装置及起动值,并应符合设计要求或产品技术文件的规定,防止电动机在起动过程中定子或转子开路而影响电动机正常起动。

3. 控制器和主令控制器的安装

(1)控制器的工作电压应与供电电源电压相符,有些系列主令控制器适用于交流,不能代替直流控制器使用,为此应检查控制器的工作电压,以免误用。

(2) 凸轮控制器及主令控制器应安装在便于观察和操作的位置上。操作手柄或手轮的安装高度宜为 800～1200 mm,以便操作和观察,但在实际安装工程中也有少数例外。

(3) 控制器的工作特点是操作次数频繁、挡位多。例如,KTJ 系列交流凸轮控制器的额定操作频率为 600 次/h,LK18 系列主令控制器的额定操作频率为 1200 次/h,因此,控制器安装应做到操作灵活,挡位明显、准确。带有零位自锁装置的操作手柄应能正常工作,安装完毕后应检查自锁装置能否正常工作。

(4) 操作手柄或手轮的动作方向宜与机械装置的动作方向一致。操作手柄或手轮在各个不同位置时,其触头的分合顺序均应符合控制器开、合图表的要求,通电后应按相应的凸轮控制器件的位置检查电动机,并应运行正常。为使控制对象能正常工作,应在安装完毕后检查控制器的操作手柄或手轮在不同位置时控制器触头分、合的顺序,且应符合控制器的接线图,并在初次带电时再一次检查电动机的转向、速度是否与控制操作手柄位置一致,且符合工艺要求。

(5) 控制器触头压力均匀,触头超行程不应小于产品技术文件的规定。凸轮控制器主触头的灭弧装置应完好。

(6) 控制器的转动部分及齿轮减速机构应润滑良好,以利于各转动部件正常工作,减少磨损,延长使用年限。

4. 继电器的安装

继电器安装前的检查应符合下列要求:

(1) 可动部分动作应灵活、可靠。

(2) 表面污垢和铁芯表面防腐剂应清除干净。

5. 按钮的安装

(1) 按钮之间的距离宜为 50～80 mm,按钮箱之间的距离宜为 50～100 mm;当倾斜安装时,其与水平方向的倾斜角不宜小于 30°。

(2) 按钮操作应灵活、可靠,无卡阻。

(3) 集中在一起安装的按钮应有编号或不同的识别标志,"紧急"按钮应有明显标志,并设保护罩。

6. 行程开关的安装、调整

由于行程开关种类很多,以下为一般常用的行程开关有共性的基本安装要求:

(1) 安装位置应能使开关正确动作且不妨碍机械部件的运动。

(2) 碰块或撞杆应安装在开关滚轮或推杆的动作轴线上,对电子式行程开关应按产品技术文件要求调整可动设备的间距。

(3) 碰块或撞杆对开关的作用力及开关的动作行程均不应大于允许值。

(4) 限位用的行程开关应与机械装置配合调整,确认动作可靠后方可接入电路使用。

7. 熔断器的安装

熔断器种类繁多,安装方式也各异,一般原则要求是:

(1) 熔断器及熔体的容量应符合设计要求,并核对所保护电气设备的容量与熔体容量相匹配;对后备保护、限流、自复、半导体器件保护等有专用功能的熔断器,严禁替代。

(2) 熔断器安装位置及相互间距离应便于更换熔体。

（3）有熔断指示器的熔断器，其指示器应装在便于观察的一侧。

（4）瓷质熔断器在金属底板上安装时，其底座应垫软绝缘衬垫。

（5）安装具有几种熔体规格的熔断器，为避免配装熔体时出现差错，应在底座旁标明规格，以免影响熔断器对电器的正常保护工作。

（6）有触及带电部分危险的熔断器，应配齐绝缘抓手。

（7）带有接线标志的熔断器，电源线应按标志进行接线。

（8）螺旋式熔断器的安装，其底座严禁松动，电源应接在熔芯引出的端子上。

6.2.3　控制线路的技术准备

（1）认真阅读电气原理图，结合生产设备工作原理，弄清生产工艺过程和电气控制线路各环节之间的关系，对重点部位、关键设施、复杂过程要反复阅读，弄懂吃透。

（2）通过阅读安装图和接线图，了解各元器件的安装位置和内部接线的走向，并弄清外部连接线的走向、数量、规格、长短等。

（3）认真阅读产品说明书，了解产品的型号、规格、技术指标、工作原理、安装、调试、维修要点及注意事项。

在进行设备安装调试时，电气控制柜由厂家提供并随设备运抵，经过长途运输，难免不出现电气控制元器件松动及连接线脱落等问题，因此在安装工作进行时，首先要对柜内进行检查，柜内所有电气元器件的规格、型号、安装位置均应正确，接线应紧固，安装在设备上的分立器件必须位置正确、功能完好。必须对所有接线编号进行详细核对，做到准确无误后方可进行安装、调试。

6.3　控制线路的调试

6.3.1　控制线路的模拟动作试验

（1）断开电气主线路的主回路开关出线处，电动机等电气设备不通电，接通控制线路电源，检查各部分电源电压是否正确、符合规定，信号灯指示器工作是否正常，零压继电器工作是否正常。

（2）操作各开关按钮，相应的各个继电器、接触器应该动作，并吸合、释放迅速，无黏滞、卡阻现象，无不正常噪声，各信号指示正确。

（3）用人工模拟的办法试动各保护器件，应能实现迅速、准确、可靠的保护功能。

（4）手动各个行程开关，检查限位位置、动作方向、动作可靠性。

（5）对机械、电气联锁控制环节，检查联锁功能是否准确可靠。

（6）按照设备工作原理和生产工艺过程，按顺序操作各开关和按钮，检查接触器、继电器是否符合规定动作程序。

6.3.2　试运行

（1）试运行是对整个设备运行调试。试运行是在控制线路的模拟动作试验完成，电动机安装完毕并完成了盘车、旋转方向确定，空载测试，完成了电气部分与机械部分的转动、动作协调一致,检查后进行。

(2)试运行按以下原则进行:先控制回路,后主回路;先辅助回路,后主要回路;先局部后整体;先点动后运行;先单台后联动;先低速后高速;限位开关先手动后电动。

(3)试运行时若出现继电保护装置动作,必须查明原因,不得随意增大整定电流,更不允许短接保护装置强行通电。

(4)试运行时若出现意外、紧急、特殊情况,操作人员应自行紧急停车。

6.3.3 常见低压电器故障及检修方法

6.3.3.1 低压断路器常见故障及检修方法

故障现象 1:手动操作断路器不能闭合。

产生原因:(1)失压脱钩器无电压;(2)线圈损坏;(3)储能弹簧变形,导致闭合力减小;(4)反作用弹簧力过大,机构不能复位再扣。

检修方法:(1)检查电压是否正常,连接是否可靠;(2)检查或更换线圈;(3)更换储能弹簧;(4)调整弹簧反力,调整再扣接触面至规定值。

故障现象 2:电动操作断路器不能闭合。

产生原因:(1)电源电压不符合要求,电源容量不够;(2)电磁铁拉杆行程不够;(3)电动机操作定位开关变位;(4)控制器元件损坏。

检修方法:(1)调整电源满足要求;(2)重新调整或更换电磁铁拉杆;(3)调整定位开关到合适位置;(4)更换元件。

故障现象 3:漏电保护断路器不能闭合或频繁动作。

产生原因:(1)线路某处漏电或接地;(2)操作机构损坏;(3)漏电保护电流偏小或漏电保护电流变化。

检修方法:(1)排除漏电、接地故障;(2)送制造厂修理;(3)重新校正漏电保护电流至合适值。

故障现象 4:缺相。

产生原因:(1)一般型号的断路器的连杆断裂,限流断路器拆开机构的可拆连杆之间的角度变大;(2)触头烧毁、接线螺栓松动或烧毁。

检修方法:(1)更换连杆,调整可拆连杆之间的角度达规定值;(2)更换触头,调整并紧固或更换螺栓。

故障现象 5:分离脱扣器不能分断。

产生原因:(1)线圈短路或断路;(2)电源电压太低;(3)再扣接触面太大;(4)螺钉松动。

检修方法:(1)更换或修复线圈;(2)调整电源电压至规定值;(3)重新调整;(4)拧紧螺钉。

故障现象 6:欠电压脱扣器不能分断。

产生原因:(1)反力弹簧变小或损坏;(2)机构卡阻。

检修方法:(1)调整反力弹簧,调整或更换蓄能弹簧;(2)消除卡阻原因。

故障现象 7:起动电动机时断路器立即分断。

产生原因:(1)过电流脱扣器瞬动整定值太小;(2)零件损坏;(3)反力弹簧断裂或脱落。

检修方法:(1)重新调整脱扣器瞬动整定值;(2)更换脱扣器或更换损坏零件;(3)更换弹

簧或重新装上。

故障现象 8:断路器的温升过高。

产生原因:(1) 断路器选用偏小;(2) 触头压力太小;(3) 触头表面氧化或有油污、表面磨损严重造成接触不良,连接螺栓松动。

检修方法:(1) 更换断路器;(2) 调整触头压力或更换弹簧;(3) 打磨清理触头或更换触头保证接触良好;(4) 拧紧连接螺栓。

故障现象 9:欠电压脱扣器噪声太大。

产生原因:(1) 反作用弹簧力太大;(2) 铁芯有油污;(3) 短路环断裂。

检修方法:(1) 重新调整反力弹簧;(2) 清除油污;(3) 修复短路环或更换铁芯。

故障现象 10:带负荷一定时间后自行分断。

产生原因:过电流脱扣器长延时整定值不对,热元件整定值不对。

检修方法:重新调整和更换。

6.3.3.2　接触器(电磁式继电器)常见故障及检修方法

故障现象 1:按下起动按钮,接触器不动作,或在正常工作情况下自行突然分开。

产生原因:(1) 供电线路断电;(2) 按钮的触头失效;(3) 线圈断路。

检修方法:(1) 检查控制线路电源。(2) 检查按钮触头及引出线,若按下点动按钮接触器动作正常,一般都是起动按钮触头有问题。(3) 检查线圈引出线有无断线和焊点脱落。若是线圈内部断线,需拆开线圈外层绝缘进行修复;若是外层引线脱焊,焊好断线,并把绝缘修复即可;若是线圈内层断线一般不再修复,直接换上新线圈。

故障现象 2:按下起动按钮,接触器不能完全闭合。

产生原因:(1) 按钮的触头不清洁或过度氧化;(2) 接触器可动部分局部卡阻;(3) 控制电路电源电压低于额定值85%;(4) 接触器反力过大(即触头压力弹簧和反力弹簧的压力过大);(5) 触头超行程过大。

检修方法:(1) 清洁按钮触头;(2) 消除卡阻;(3) 调整电源电压到规定值;(4) 调整弹簧压力或更换弹簧;(5) 调整触头超行程距离。

故障现象 3:按下停止按钮,接触器不分开。

产生原因:(1) 可动部分被卡住;(2) 反力弹簧的反力太小;(3) 剩磁过大;(4) 铁芯极面有油污,使动铁芯黏附在静铁芯上;(5) 触头熔焊(熔焊的主要原因有操作频率过高或接触器选用不当、负载短路、触头弹簧压力过小、触头表面有金属颗粒突起或异物、起动过程尖峰电流过大、线圈的电压偏低或磁系统的吸力不足,造成触头动作不到位或动铁芯反复跳动,致使触头处于似接触非接触的状态);(6) 联锁触头与按钮间接线不正确而使线圈未断电。

检修方法:(1) 消除卡阻原因。(2) 更换反力弹簧。(3) 更换铁芯。(4) 清除油污。(5) 降低操作频率或更换合适的接触器,排除短路故障,调整触头弹簧压力,清理触头表面,降低尖峰电流。当闭合能力不足时,提高线圈电压不低于额定值的85%。当触头轻微焊接时,可稍加外力使其分开,锉平浅小的金属熔化痕迹;对于已焊牢的触头,只能拆除更新。(6) 检查联锁触头与按钮间接线。

故障现象 4:铁芯发出过大的噪声,甚至嗡嗡振动。

产生原因:线圈电压不足,动、静铁芯的接触面相互接触不良,短路环断裂。

检修方法:调整电源电压不低于线圈电压额定值的85%,锉平铁芯接触面,使相互接触良好,焊接或更新断裂的短路环。

故障现象 5:起动按钮释放后接触器分开。

产生原因:(1) 接触器自锁触头失效;(2) 自锁线路接线错误或线路接触不良。

检修方法:(1) 检查自锁触头是否有效接触;(2) 排除线路接线错误并使线路接触可靠。

故障现象 6:按下起动按钮,接触器线圈过热、冒烟。

产生原因:(1) 控制电路电源电压大于线圈电压,此时接触器会出现动作过猛现象;(2) 线圈匝间短路,此时线圈呈现局部过热,因吸力降低而铁芯发生噪声。

检修方法:(1) 检查电源电压,如果是因更换了接触器线圈而出现此现象,一般是线圈更换错误(如将 220 V 的线圈用于 380 V);(2) 用线圈测量仪测量其圈数或测量其直流电阻,与线圈标牌上的圈数或电阻值相比较,一般均换成新线圈而不修理。

故障现象 7:短路。

产生原因:(1) 接触器用于正、反转控制过程中,正转接触器触头因熔焊、卡阻等原因不能分断,反转接触器动作造成相间短路;(2) 正、反转线路设计不当,当正向接触器尚未完全分断时反向接触器已接通而形成相间短路;(3) 接触器绝缘损坏对地短路。

检修方法:(1) 消除触头熔焊、可动部分卡阻等故障;(2) 设计上增加联锁保护,应更换成动作时间较长(即铁芯行程较长)的可逆接触器;(3) 查找绝缘损坏原因,更换接触器。

故障现象 8:触头断相。

产生原因:(1) 触头烧缺;(2) 压力弹簧片失效;(3) 螺钉松脱。

检修方法:(1) 更换触头;(2) 更换压力弹簧;(3) 拧紧松脱螺钉。

故障现象 9:肉眼可见外伤。

产生原因:机械性损伤。

检修方法:仅为外部损伤时,可进行局部修理,如外部包扎、涂漆或黏结好骨架裂缝。当为机械性损伤而引起线圈内部短路、断路或触头损坏等,应更换线圈、触头。

6.3.3.3 热继电器常见故障

故障现象 1:电气设备经常烧毁而热继电器不动作。

产生原因:热继电器的整定电流与被保护设备要求的电流不符。

检修方法:(1) 按照被保护设备的容量调整整定电流到合适值;(2) 更换热继电器。

故障现象 2:在设备正常工作状态下热继电器频繁动作。

产生原因:(1) 热继电器久未校验,整定电流偏小;(2) 热继电器刻度失准或没对准刻度;(3) 热继电器可调整部件的固定支钉松动,偏离原来整定点;(4) 有盖子的热继电器未盖上盖子,灰尘堆积、生锈或动作机构卡阻,磨损,塑料部件损坏;(5) 热继电器的安装方向不符合规定;(6) 热继电器安装位置的环境温度太高;(7) 热继电器通过了巨大的短路电流后,双金属元件已产生永久变形;(8) 热继电器与外界连接线的接线螺钉没有拧紧,或连接线的直径不符合规定。

检修方法:(1) 对热继电器重新进行调整试验(在正常情况下每年应校验一次),校准刻度、紧固支钉或更换新热继电器;(2) 清除热继电器上的灰尘和污垢,排除卡阻,修理损坏的部件,重新进行调整试验;(3) 调整热继电器安装方向符合规定;(4) 变换热继电器的安装位置或加强散热,降低环境温度,或另配置适当的热继电器;(5) 更换双金属片;(6) 拧紧接线螺钉或换上合适的连接线。

故障现象 3:热继电器的动作时快时慢。

产生原因:(1) 热继电器内部机构有某些部件松动;(2) 双金属片有形变损伤;(3) 接线螺钉未拧紧;(4) 热继电器校验不准。

检修方法:(1) 将松动部件加以固定;(2) 用热处理的办法消除双金属片内应力;(3) 拧紧接线螺钉;(4) 按规定的过程、条件、方法重新校验。

故障现象 4:接入热继电器后主电路不通。

产生原因:(1) 负载短路将热元件烧毁;(2) 热继电器的接线螺钉未拧紧;(3) 复位装置失效。

检修方法:(1) 更换热元件或热继电器;(2) 拧紧接线螺钉;(3) 修复复位装置或更换热继电器。

故障现象 5:控制电路不通。

产生原因:(1) 触头烧毁,或动触片的弹性消失,动、静触头不能接触;(2) 在可调整式的热继电器中,有时由于刻度盘或调整螺钉转到不合适的位置将触头顶开了;(3) 线路连接不良。

检修方法:(1) 修理触头和触片;(2) 调整刻度盘或调整螺钉;(3) 排除线路故障,保证连接良好。

故障现象 6:热继电器整定电流无法调准。

产生原因:(1) 热继电器电流值不对;(2) 热元件的发热量太小或太大;(3) 双金属片用错或装错。

检修方法:(1) 更换符合要求的热继电器;(2) 更换正确的热元件;(3) 更换或重新安装双金属片。电流值较小的热继电器,更换双金属片。

6.3.3.4　控制线路故障检修

1. 电气控制线路故障分类

(1) 控制线路电器元件自身损坏:设备在运行过程中,其电气设备常常承受许多不利因素的影响,诸如电器动作过程中机械振动、过电流的热效应加速电器元件的绝缘老化变质、电弧的烧损、长期动作的自然磨损、周围环境温度的影响、元件自身的质量问题、自然寿命等原因。

(2) 人为故障:设备在运行过程中,由于人为破坏或操作不当、安装不合理而造成的故障。

(3) 设备故障原因:如机械传动卡阻、负荷太重等。

(4) 供电线路故障:电源电压过高或过低及缺相等。

(5) 其他原因:如控制柜渗水、外力损伤、酸碱或有害介质腐蚀线路等。

2. 检修前的准备

(1) 仪器、工具、材料等的准备。

(2) 技术准备:熟悉和理解设备的电气线路图,正确判断和迅速排除故障。设备的电气线路是根据设备的用途和工艺要求而确定的,因此应了解设备基本工作、加工范围和操作程序,掌握设备电气控制线路的原理和各环节的作用。电气控制线路是由主电路和控制电路两大部分组成,通常首先从主电路入手,了解设备采用几台电动机拖动,从每台电动机主电路中使用接触器的主触头的连接方式,是否采用了降压起动、调速、制动,是否有正反转;而控制电器又可分为若干个基本控制电路或环节(如点动、正反转、降压起动、制动、调速等)。分析电路时,先读懂主电路,再按照主电路电器元件图形及文字符号在控制线路中找到相对应的控制环节,读懂控制线路的控制原理、动作顺序、互相间联系等。主电路直接控制设备电动机或其他动作器件,比较容易读懂,而控制线路完成设备全部控制过程,阅读难度较大,必须在熟悉基本控制环节和了解设备工作过程的基础上才能很好地掌握。

除了熟悉主电路、控制线路之外,还要熟悉安装图、接线图,以便掌握电器元件的位置和连接线的走向。另外,还应该掌握设备所采用的电器元件的工作原理、特性和作用。

3.　控制线路故障的检修方法

控制线路故障的检修方法采用"望"、"嗅"、"问"、"听"、"切"、"诊"。

"望":即用眼观察发生故障部位及周边情况,当故障有明显的外表特征时很容易被观察到。例如接线头松动或脱落,接触器或电器触头脱落或接触不良,熔断器内的熔丝熔断,电器元件损坏,线路损坏,电动机、电器冒烟,电器元件及导线连接处有烧焦痕迹,线圈烧坏使表层绝缘纸烧焦变色,烧化的绝缘清漆流出,弹簧脱落或断裂,电气开关的动作机构受阻显示失灵等,这类故障是由于电动机与电器过载、绝缘被击穿、短路或接地所引起的。

"嗅":如有电器元件烧毁,必然散发出明显的焦臭味。

"问":询问操作人员,了解故障发生前后的情况。如故障是首次突然发生还是经常发生;以前类似故障现象是如何处置的;故障发生在起动时还是发生在运行中;是运行中自动停止还是发现异常情况后由操作者停下来的;发生故障时,设备处在什么工作状态,按了哪个按钮,扳动了哪个开关;故障发生时是否有烟雾、跳火、异常声音和气味出现;有何失常和误动作。在听取操作者介绍故障时,要注意收集设备发生故障时的任何细微异常迹象。

"听":即听电动机、控制变压器、接触器、继电器运行中声音是否正常。

"切":切断电源用手背触摸有关电器的外壳或电磁线圈,试其温度是否显著上升,是否有局部过热现象,检查温度是否在正常范围内,用仪表检查电压、电流及有关参数是否正常。

"诊":即综合分析产生故障的原因。根据前述的控制线路产生的故障原因进行分析,判断是机械或液压的故障还是电气故障,或者是综合故障。对于没有明显外表特征的故障,先不要把问题想得太复杂,这一类故障是控制电路的主要故障,往往是由于电器元件调整不当,机械动作失灵,或触头及压接线头接触不良或脱落,以及某个小零件的损坏导线断裂等原因所造成。线路越复杂,出现这类故障的几率也越大。这类故障虽小但经常碰到,由于没有外表特征,要寻找故障发生点常需要花费很多时间,有时还需借助各类测量仪表和工具才能找出故障点,而一旦找出故障点,往往只需简单的调整或修理就能立即恢复设备的正常运行。

4.　控制线路故障的检修步骤

(1) 故障调查。

(2) 故障分析。

(3) 断电检查。检查前应首先断开设备电源,在确保安全的情况下,根据故障性质和可能产生故障的部位,有所侧重地进行故障的检查工作。断电检查的内容有:电源有无接地、短路等现象;熔断器是否烧损,断电保护及热继电器是否动作,电气元件有无明显的变形损坏或因过热、烧焦和变色而有焦臭气味;断路器、接触器、继电器等电器元件的可动部分是否灵活;电动机是否烧毁;检查控制线路的绝缘电阻,一般不应小于 0.5 MΩ;导线是否连接可靠,相关触头是否接触良好。

(4) 通电检查。当断电检查未找到故障时,在确保人员和设备安全的前提下,可对设备进行通电检查。但应注意:通电检查前,电动机和传动的机械部分应脱开,所有电器元件恢复原状态(正常位置),设备总电源开关必须有人值守,保证在紧急情况下能及时切断电源;通电检查时一定要在设备操作人员的配合下进行;先易后难,分区通电。

对比较复杂的电气控制线路故障进行检查时,应在检查前考虑好一个初步检查顺序,将复杂线路划分为若干单元,要耐心仔细地检查每一个单元,不可马马虎虎,遗漏故障点。

电器控制线路发生故障,往往不是独立事件,必须把因为线路、设备、操作不当和其他原因排除后才能下结论。维修时必须综合考虑,全面分析,找出和排除造成上述故障的原因。一定要按照规定的检修程序或考虑好的方案顺序检查,绝不可东找一下西拧一下,杂乱无章地进行,更不可头痛医头、脚痛医脚,将损坏的电器元件一换了之,这样不仅不能彻底排除故障,反而会使故障进一步扩大,甚至会造成设备损毁、人员伤亡的严重后果。

6.3.4　电气控制线路检查的具体方法

(1) 电阻测量法

当设备安装就位后或控制电路接线结束或控制电路出现故障等情况下,都要对线路进行检查,最基本的检查程序是校线,即根据电路图校对接线是否正确。常用的校线方法有电阻测量法、电源加信号灯(电池灯)法、电源加蜂鸣器法等,这些方法的基本原理是相同的,只不过是根据线路的距离不同来选择不同的校线方法。下面介绍电阻测量法。

① 分阶测量法

电阻的分阶测量法如图 6.19 所示。将万用表选择在电阻挡,一般放在 kΩ 挡。检测时一定不要合上控制电路的电源,按下 SB2 不放松,先测量 1—7 两点间的电阻,如电阻值为无穷大,说明 1—7 之间的电路有断路。然后分阶测量 1—2、1—3、1—4、1—5 各点间电阻值。若电路正常,则该两点间的电阻值为"0";当测量到某标号间的电阻值为无穷大时,则说明表棒刚跨过的触头或连接导线断路。1—6 之间的电阻值也并不大,一般只有几十欧姆。

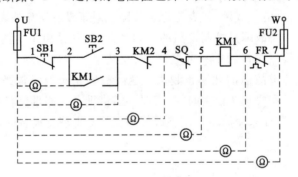

图 6.19　电阻的分阶测量法

② 分段测量法

电阻的分段测量法如图 6.20 所示。检查时,先切断控制电路的电源,按下起动按钮 SB2,然后依次逐段测量相邻两标号点 1—2、2—3、3—4、4—5、5—6、6—7 间的电阻。如测得某两点间的电阻为无穷大,说明这两点间的触头或连接导线断路。例如,当测得 1—2 两点间电阻值为无穷大时,说明停止按钮 SB1 或连接 SB1 的导线断路。

电阻测量法的优点是安全,缺点是测得的电阻值不准确时,容易产生判断错误。因此应注意:用电阻测量法检查故障时一定要断开电源;如被测的电路与其他电路并联时,必须将该电路与其他电路断开,否则所测得的电阻值是不准确的;测量高电阻值的电器元件时,把万用表

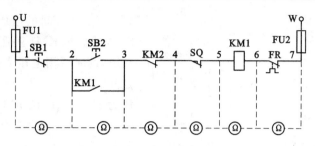

图 6.20 电阻的分段测量法

的选择开关旋转至适合的电阻挡。

（2）电压测量法

① 分阶测量法

检查时把万用表的选择开关旋到交流电压 500 V 挡位上。电压的分阶测量法如图 6.21 所示。检查时，首先用万用表测量 1—7 两点间的电压，若电路正常应为 380 V。再测 1—6 两点间的电压，若电压仍然为 380 V，说明热继电器的常闭触头是闭合的。然后按住起动按钮 SB2 不放，同时将黑色表棒接到点 6 上，红色表棒按 5、4、3、2 标号依次向前移动，分别测量 6—5、6—4、6—3、6—2 各阶之间的电压，电路正常情况下，各阶的电压值均为 380 V。如测到 6—5 之间无电压，说明是断路故障，此时可将红色表棒向前移，当移至某点（如点 2）时电压正常，说明点 2 以后的触头或接线有断路故障。一般是点 2 后第一个触头（即刚跨过的起动按钮 SB2 触头）或接线断路。

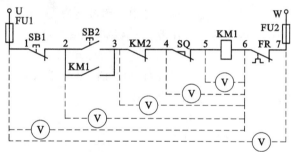

图 6.21 电压的分阶测量

根据各阶电压值来检查故障的方法见表 6.1。这种测量方法像上台阶一样，所以称为分阶测量法。

表 6.1 分阶测量法判别故障原因

故障现象	测试状态	6—5	6—4	6—3	6—2	6—1	故障原因
按下 SB2 KM1 不吸合	按下 SB2 不放松	0	380 V	380 V	380 V	380 V	SQ 常闭触头接触不良
		0	0	380 V	380 V	380 V	KM2 常闭触头接触不良
		0	0	0	380 V	380 V	SB2 常开触头接触不良
		0	0	0	0	380 V	SB1 常闭触头接触不良

② 分段测量法

电压的分段测量法如图 6.22 所示。先用万用表测试 1—7 两点，电压值为 380 V，说明电源电压正常。电压的分段测试法是将红、黑两根表棒逐段测量相邻两标号点 1—2、2—3、3—

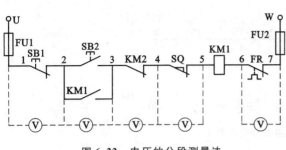

图 6.22 电压的分段测量法

4、4—5、6—7 间的电压。如电路正常,按 SB2,接触器 KM1 不吸合,说明发生断路故障,此时可用电压表逐段测量各相邻两点间的电压。如测量到某相邻两点间的电压为 380 V 时,说明这两点间所含的触头连接导线接触不良或有断路故障。例如标号 4—5 两点间的电压为 380 V,说明接触器 KM2 的常闭触头接触不良。根据各段电压值来检查故障的方法见表 6.2。

表 6.2 分段测量法判别故障原因

故障现象	测试状态	1—2	2—3	3—4	4—5	6—7	故障原因
按下 SB2 KM1 不吸合	按下 SB2 不放松	380 V	0	0	0	0	SB1 常闭触头接触不良
		0	380 V	0	0	0	SB2 常开触头接触不良
		0	0	380 V	0	0	KM2 常闭触头接触不良
		0	0	0	380 V	0	SQ 常闭触头接触不良
		0	0	0	0	380 V	FR 常闭触头接触不良

(3)短接法

在没有万用表的情况下,要想早一点排除故障,可以采用短接法。短接法是用一根绝缘良好的导线把所怀疑断路的部位短接,如短接过程中电路被接通,就说明该处断路。还可以直接判断接触器是否损坏。但是,因为是带电作业,一定要注意安全。

① 局部短接法

局部短接法如图 6.23 所示。按下起动按钮 SB2 时,接触器 KM1 不吸合,说明该电路有故障。若已经知道电压正常,可按下起动按钮 SB2 不放松,然后用一根绝缘良好的导线分别短接标号相邻的两点,如短接 1—2、2—3、3—4、4—5、6—7。当短接到某两点时,接触器 KM1 吸合,说明断路故障就在这两点之间。但 5—6 两点间绝对不能短接,否则将造成短路。具体短接部位及故障原因如表 6.3 所示。

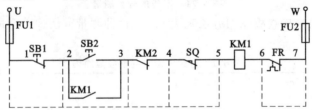

图 6.23 局部短接法

表 6.3 局部短接法短接部位及故障原因

故障现象	短接点标号	KM1 状态	故障原因
按下 SB2 KM1 不吸合	1—2	KM1 吸合	SB1 常闭触头接触不良
	2—3	KM1 吸合	SB2 常开触头接触不良
	3—4	KM1 吸合	KM2 常闭触头接触不良
	4—5	KM1 吸合	SQ 常闭触头接触不良
	6—7	KM1 吸合	FR 常闭触头接触不良

② 长短接法

长短接法检查断路故障如图 6.24 所示。当 FR 的常闭触头和 SB1 的常闭触头同时接触不良,如用上述局部短接法短接 1—2 点,按下起动按钮 SB2,KM1 仍然不会吸合,可能会造成判断错误。而采用长短接法将 1—5 短接,如 KM1 吸合,说明 1—5 这段电路中有断路故障,然后再短接 1—3 或 3—5,若短接 1—3 时 KM1 吸合,则说明故障在 1—3 段范围内。再用局部短接法接 1—2 和 2—3,能很快地排除电路的断路故障。

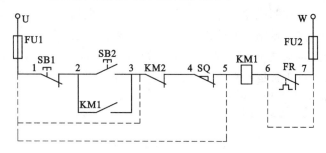

图 6.24　长短接法

短接法检查故障时应注意:这种方法是用手拿绝缘导线带电操作的,所以一定要注意安全,避免触电事故发生。短接法只适用于检查压降极小的导线和触头之类的断路故障。对于压降较大的电器,如电阻、线圈、绕组等断路故障,不能采用短接法,否则会出现短路故障;对于机床的某些要害部位,必须保证电气设备或机械部位不会出现事故的情况下才能使用短接法。

6.3.5　检修实例

【例 6.1】　某设备往返装置在工作时停于终端,电动机烧毁。

"望":往返装置停止于设备右终端,热继电器有过热痕迹。

"嗅":电动机发出焦臭味。

"问":设备发生故障前,往返机构行进到右终端时有异常响声。

"切":测量电源电压无异常,控制线路对地绝缘良好。

"诊":三相电源供电正常,设备及控制柜未见异常,控制线路供电正常,控制柜内除了热继电器以外其他相关电器元件无肉眼可见损伤。

将设备全部电动机接线在控制柜接线排处断开,合上电源开关模拟全控制过程正常,手动各正常行程开关且动作正常。仔细观察往返机构,发现行程开关撞块损坏脱落,重新更换撞块、更换热继电器,点动试车正常,空载运行正常,负荷运转正常,故障排除。

该故障产生的原因是设备往返装置上的撞块损坏脱落,往返机构到极限位置不能撞击行程开关,反转接触器不能动作,电动机继续正转,电流增大,同时热继电器失效,不能切断电源,造成电动机烧毁。

【例 6.2】　泵站水泵电动机在一次检修后,经常出现烧毁保险丝、热继电器动作和空气开关跳闸现象。

该泵站采用卧式多级水泵,在一次检修后频频出现以上现象,电动机起动困难,工作电流偏大,发热增加,熔断器接线端氧化严重,对接线端进行维修后,故障依然未排除。

由于该水泵房距变压器较远,供电线路较为陈旧,供电质量不高,因此,是水泵机械故障还是供电故障,各方争执不下。

利用周末电源负荷较轻,供电质量较好时进行检修,水泵能起动,但起动时间偏长,起动电流过大,电动机声音发闷。停机后脱开电动机和水泵的传动连接,电动机空载运行正常,用手盘动水泵感觉十分沉重,仔细询问水泵检修情况,得知水泵拆卸前未做定位编号标记,没做到原样复装,故而检修后造成水泵盘动沉重,将水泵送回原厂重新调试,故障排除。

考虑到该水泵供电质量不高,后提前一小时上班来起动水泵,以避开用电高峰时段起动电动机,从此很少发生类似故障。

以上两例说明,电气控制线路故障原因具有多样性,除电器元件自身质量或老化以外,一般还与其他因素有关,只有排除了其他因素,才能从根本上排除故障。

维修结束后,应先点动试车,再空载运行,然后再负荷运行。维修人员应观察一段时间,确保故障已经排除、设备可正常运行后方能离去。观察阶段如有异常应立即停车,避免在维修过程中将故障进一步扩大甚至损坏设备。

小　　结

本课题介绍了电气控制线路设计的基础知识,讲述了电气控制线路的设计原则、设计内容,并对逻辑设计方法进行了讲解;对电气控制线路的安装、调试、检修进行了介绍,根据国家规范对电气安装工程施工进行了讲述,同时参照有关施工工艺标准讲述了调试要求,并介绍了常用电器元件故障的检修方法。

思考题与习题

6.1　试分析在设计举例中,皮带运输机控制线路设计存在的不足,并就发现的问题对控制线路进行改进。(提示:当出现故障时,所有传送带都将受砂石料自重下沉,限位开关都将动作,指示灯全亮,无法判断具体出现故障的传输机。)

6.2　短接法检查故障时应注意什么?

课题 7 S7-200 可编程控制器

 知识目标

1. 了解 S7-200PLC 的硬件配置及编址；
2. 了解 S7-200 常用指令；
3. 了解 S7-200 其他指令；
4. 熟悉 S7-200PLC 的实际应用。

 能力目标

1. 能够完成 S7-200PLC 硬件电路的配置及编址；
2. 能够完成 S7-200PLC 的程序编译；
3. 能够运用 S7-200PLC 完成简单系统的控制任务。

7.1 S7-200PLC 的硬件配置及编址

7.1.1 PLC 的基本概念

随着微处理器、计算机和数字通信技术的飞速发展，计算机控制几乎已经扩展到所有的工业领域。当前用于工业控制的计算机可以分为几类，例如可编程序控制器、集散控制系统（DCS）和现场总线控制系统（FCS）等。

现代社会要求制造业对市场需求作出迅速的反应，生产出小批量、多品种、多规格、低成本和高质量的产品，为了满足这一要求，生产设备和自动生产线的控制系统必须具有极高的可靠性和灵活性，可编程序控制器（Programmable Logic Controller，PLC）正是顺应这一要求出现的，它是以微处理器为基础的通用工业控制装置。

PLC 应用面广、功能强大、使用方便，是当代工业自动化的主要设备之一，已经广泛地应用在各种机械设备和生产过程的自动控制系统中。在其他领域，例如民用和家庭自动化方面，PLC 也得到了迅速的发展。

国际电工委员会（IEC）在 1985 年的 PLC 标准草案第 3 稿中，对 PLC 作了如下定义："可编程控制器是一种数字运算操作的电子系统，专为在工业环境下应用而设计。它采用可编程序的存储器，用来在其内部存储执行逻辑运算、顺序控制、定时和算术运算等操作的指令，并通过数字式、模拟式的输入和输出，控制各种类型的机械或生产过程。可编程控制器及其有关设备，都应按易于使工业控制系统形成一个整体，易于扩充其功能的原则设计。"从上述定义可以看出，PLC 是一种用程序来改变控制功能的工业控制计算机，除了能完成各种各样的控制功能外,还有与其他计算机通信联网的功能。

本课题以西门子 S7-200 系列小型 PLC 为主要讲授对象。S7-200 以其极高的性能价格比,在国内占有很大的市场份额。S7-200 适用于各行各业的检测、监测及控制的自动化,无论独立运行或连成网络,都能实现复杂的控制功能。另外,S7-200 具有极高的可靠性、丰富的指令集、内置的集成功能、强大的通信能力和丰富的扩展模块。

7.1.2　PLC 的硬件组成

尽管 PLC 品种繁多,结构、功能多种多样,但系统组成和工作原理基本相同。系统都是由硬件和软件两大部分组成,都采用集中采样、集中输出的周期性循环扫描方式进行工作。PLC 的硬件由中央处理器(CPU)、存储器、输入/输出单元(I/O 模块)、电源、底板或机架、外部设备等组成。图 7.1 为 PLC 的硬件简化框图。

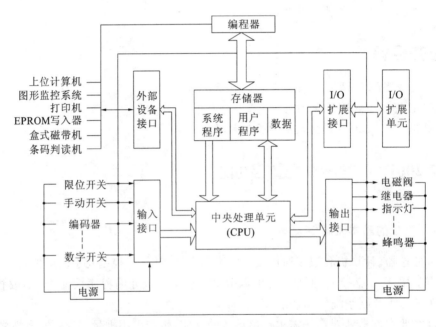

图 7.1　PLC 的硬件简化框图

1. 中央处理器

中央处理器(CPU)是 PLC 的核心部分,由控制器、运算器和寄存器组成并集成在一个芯片内。在 PLC 系统中,CPU 通过数据总线、地址总线、控制总线和电源总线与存储器、输入输出等相连接,在系统中起到类似人体神经中枢的作用,来协调控制整个系统。

2. 存储器

存储器即 PLC 系统的内存,一般包括系统程序存储器、用户程序存储器和工作存储器三部分,主要用于存放系统程序、用户程序及工作数据等。存储器通常分为可读/写的随机存储器 RAM(Random Access Memory)和只读存储器 ROM(Read Only Memory)两种。系统程序存储器用于存储整个系统的监控程序,一般为 ROM。需要后备电池在掉电后保护程序。现在多采用电可擦除可编程只读存储器 EEPROM(Electrical Erasable Programmable Read Only Memory)或闪存,免去了后备电池的麻烦。工作寄存器中的工作数据是 PLC 运行中经常变化、经常存取的一些数据,存放在 RAM 中,以适应随机存取的要求。

3. I/O 模块

输入、输出模块通常称为 I/O 模块,PLC 的对外功能主要是通过各种 I/O 接口模块与外界联系而实现。输入模块和输出模块是 PLC 与现场 I/O 装置或设备之间的连接部件。根据工作电源的类型,常用的开关量输入接口分为三种类型:直流输入接口、交流输入接口和交/直流输入接口。

4. 电源模块

PLC 一般都配有开关式稳压电源,用于给 PLC 的内部电路和各模块提供工作电源。PLC电源的工作稳定性好、抗干扰能力强。有些机型的 PLC 电源还向外提供 24V 直流电源,用于给外部输入信号或传感器供电。

5. 底板或机架

大多数 PLC 使用底板或机架,用以实现各模块之间的联系,同时在机械上实现各模块间的连接,使各模块构成一个整体。

6. 外部设备

外部设备是 PLC 系统的有机组成部分,主要包括以下几种类型:

(1)编程设备

编程器的作用是输入、编辑和调试用户程序,在线监视 PLC 内部状态和参数。

(2)输入/输出设备

输入/输出设备用于接收现场的输入信号或送出输出信号,一般有条码读入器、输入模拟量的电位器和打印机等。

(3)网络通信设备

PLC 具有通信联网功能,借助于通信模块可使 PLC 与 PLC 之间、PLC 与上位机以及其他智能设备之间能够交换信息,构成控制网络。

7.1.3　S7-200 模块的特点及技术参数

S7-200D 的主机单元的 CPU 共有 2 个系列,即 CPU21X 和 CPU22X。CPU21X 已经停产。CPU22X 系列包括 CPU221、CPU222、CPU224、CPU224XP、CPU24XPxi、CPU226 等。CPU22X 系列的主要技术参数如表 7.1 所示。

表 7.1　CPU22X 系列的主要技术性能指标

特性	CPU 221[1]	CPU 222[1]	CPU 224[1]	CPU 224XP[1] CPU 224XPsi	CPU 226[1]
集成的数字量输入/输出	6 DI/4 DO	8 DI/6 DO	14 DI/10 DO	14 DI/10 DO	24 DI/16 DO
数字量输入/输出/使用扩展模块的最多通道数量	–	48/46/94	114/110/224	114/110/224	128/128/256
模拟量输入/输出/使用扩展模块的最多通道数量	–	16/8/16	32/28/44	2 AI/1 AO integrated 32/28/44	32/28/44
程序存储器	4 KB	4 KB	8/12 KB	12/16 KB	16/24 KB
数据存储器	2 KB	2 KB	8 KB	10 KB	10 KB
使用高性能电容储存动态数据	一般 50 小时	一般 50 小时	一般 100 小时	一般 100 小时	一般 100 小时

续表 7.1

特性	CPU 221[1]	CPU 222[1]	CPU 224[1]	CPU 224XP[1] CPU 224XPsi	CPU 226[1]
高速计数器	4x30 kHz, 其中 2x20 kHz A/B 计数器可用	4x30 kHz, 其中 2x20 kHz A/B 计数器可用	6x30 kHz, 其中 4x20 kHz A/B 计数器可用	4 x 30 kHz, 2 x 200 kHz 其中 3 x 20 kHz + 1 x 100 kHz A/B 计数器可用	6 x 30 kHz, 其中 4 x 20 kHz A/B 计数器可用
通信接口 RS 485	1	1	1	2	2
所支持的协议:				适用于两个接口	适用于两个接口
– PPI 主站/从站	✓	✓	✓	✓	✓
– MPI 从站	✓	✓	✓	✓	✓
– 自由口（自由组态 ASCII 协议）	✓	✓	✓	✓	✓
通信选项	–	–，PROFIBUS DP 从站和/或 AS-i 接 口主站/以太网/互 联网/调制解调器	✓，PROFIBUS DP 从站和/或 AS-i 接 口主站/以太网/互 联网/调制解调器	✓，PROFIBUS DP 从站和/或 AS-i 接口 主站/以太网/互联网 /调制解调器	✓，PROFIBUS DP 从站 和/或 AS-i 接口主站/以太 网/互联网/调制解调 器
集成 8 位模拟电位器 （用于调试，改变值）	1	1	2	2	2
实时时钟	可选	可选	✓	✓	✓
集成的 24 V DC 传感器供电电压	最大 180 mA	最大 180 mA	最大 280 mA	最大 280 mA	最大 400 mA
可拆卸的终端插条	–	–	✓	✓	✓
尺寸 W x H x D（mm）	90 x 80 x 62	90 x 80 x 62	120.5 x 80 x 62	140 x 80 x 62	196 x 80 x 62

7.1.4 PLC 的软件组成

PLC 除了硬件设备外，还需要软件系统支撑。PLC 软件根据生产厂家和型号不同而有所不同，总体可分为系统程序和应用程序两大部分。

1. 系统程序

系统程序是 PLC 本身的运行控制程序，由生产厂家设计，包括系统管理程序、用户指令解释程序、编辑程序、功能子程序以及调用管理程序组成，不包括 PLC 编程、调试与仿真软件，其程序代码不向用户开放。

（1）系统管理程序

系统管理程序是系统程序的主体，负责整个 PLC 的运行，是管理程序中最重要、最核心的部分。主要包括以下三方面的内容：

①系统运行管理：指时间分配的管理，即 PLC 输入采样、刷新、运算、自诊断以及数据通信的时序。

②存储空间分配管理：指生产用户环境管理，规定各种数据、程序的存放地址，将用户程序中使用的数据、存储地址转化为系统内部的数据格式以及物理存放地址。通过内存管理，PLC 可以将有限的资源转变为用户直接可以使用的方便元件。

③系统自检程序：包括系统错误检测、用户程序语法检测、通信超时检查、警戒时钟运行等。当系统发生错误时，可进行相应的报警提示。

（2）用户指令解释程序

该程序的主要作用是在执行指令前，将用户编程的 PLC 语言转化为机器能识别的机器代码。为节省内存,提高解释速度,用户程序是以内码的形式存储在 PLC 中。

(3)标准程序块

为方便用户编程,PLC 厂家将一些实现标准动作或特殊功能的程序块以类似子程序的形式存储在系统程序中,这些子程序称为标准程序块。用户程序如需标准程序块功能,只需调用相应的标准程序块,并进行执行条件的赋值即可。

7.1.5 PLC 的工作原理与 S7-200 工作方式

PLC 实际上是一台用于工业控制的专用计算机,其工作原理与普通计算机类似,但实际工作方式却与计算机有一定的差异。

早期的 PLC 主要用于替代传统的继电器控制系统,但两者的运行方式不同。继电器的控制方式属于并列运行的方式。如果一个继电器的线圈通电或断电,它的所有触点都立即同时动作。PLC 采用顺序扫描用户程序的运行方式,如果一个线圈接通或断开,该线圈的所有触点不会立即动作,必须等到扫描到该触点时才会动作。计算机一般采用等待输入、响应处理的工作方式。没有输入时就等待输入,如有键盘或鼠标等信号触发,则由计算机的操作系统进行处理,转入响应的程序。

1.PLC 的工作原理

在 PLC 中,用户程序按顺序存放,系统工作时从第一条指令开始逐条执行,直到最后一条指令又返回到开始,不断地循环执行程序。

PLC 的一个工作过程一般有五个阶段:内部处理阶段、通信处理阶段、输入采样阶段、程序执行阶段和输出刷新阶段。当 PLC 开始运行时,首先清除 I/O 映像区的内容,其次进行自诊断,然后与外部设备进行通信连接,确认正常后开始扫描。对每个用户程序,CPU 从第一条指令开始执行,按指令序号作周期性的循环扫描。如无跳转指令,则从第一条指令开始逐条执行用户程序,直到遇到结束符后返回到第一条指令。如此周而复始不断循环,因此,PLC 的工作方式是一种串行循环工作方式。

①内部处理阶段

在该阶段,CPU 监测主机硬件、用户程序存储器、I/O 模块的状态,以及清除 I/O 映像区的内容等。若诊断正常,就继续向下扫描。若发现异常,PLC 会进行必要的处理,如停止运行、报警、在内部产生出错标志等。

②通信处理阶段

在该阶段,CPU 自动监测并处理各种通信接口收到的任何信息,检查是否有编程器、计算机等的通信要求,进行相应的处理。PLC 通信处理的作用如下:

a.数据输入:CPU 接受来自通信接口的输入数据,并将其保存到对应的存储器中。

b.数据输出:CPU 通过通信接口向外部发出数据,进行状态显示、打印、通信等。

③输入采样阶段

在该阶段,PLC 首先扫描所有的输入端子,并按顺序将所有输入端的输入信号读入输入映像寄存区。完成输入端刷新工作后,将关闭输入接口,转到下一步即程序执行阶段。在程序执行期间,即使输入端状态发生变化,输入寄存器的内容也不会发生改变,这些改变必须等到下一个周期的输入刷新阶段才能被读入。

输入采样存在一定的时间间隔,对一般的开关量信号不会产生多大的影响。但对于输入频率高、周期短(小于 2 倍 PLC 循环周期)的脉冲信号将产生错误。因此,对高频脉冲输入与状态保持时间小于 PLC 循环时间的信号,必须用 PLC 的高速输入端或高速计数器模块进行输入。

④程序执行阶段

在该阶段,PLC 根据用户的输入控制程序,从第一条指令开始逐条执行,并将相应的逻辑运算结果存入对应的内部辅助存储器和输出状态寄存器中。状态寄存器的状态马上被后面的程序使用,无须等到下次循环。但是,在本次循环中,除非再次对状态寄存器进行赋值,否则不能改变已经写入的状态,必须等到下一个循环的到来。对于输出线圈来说,程序按照"从上到下"的顺序执行;对同一线圈的控制支路,按照从左到右的顺序执行,动作不可逆转。在扫描过程中如果遇到程序跳转指令,就会根据跳转条件是否满足来决定程序的跳转地址。

⑤输出刷新阶段

在该阶段,CPU 根据用户程序的处理结果,将输出状态寄存器的状态依次输出到输出锁存电路,并通过一定的输出方式输出,驱动外部负载。

PLC 的状态输出是集中、统一进行的,虽然在用户程序的执行过程中输出映像的状态可能会不断改变,但 PLC 最终向外输出的状态是唯一的,仅决定于全部用户程序执行完成后的输出映像状态。

PLC 对输出信号的刷新也需要一定的时间间隔,对一般的开关量输出不会产生影响,但不能输出高频率、短周期的高速脉冲,高速脉冲输出必须用 PLC 的高速脉冲模块实现。

2. S7-200 的工作方式

S7-200 有三种工作方式,即 RUN(运行)、STOP(停止)和 TERM(终端),可通过安装在 PLC 上的选择开关进行切换,也可通过软件来控制 PLC 的工作。

(1) STOP 方式:在 STOP 方式下,不能运行用户程序,可以向 CPU 装载用户程序或进行 CPU 的设置;

(2) TERM 方式:在 TERM 方式下,允许使用工业编程软件 STEP-Micro/WIN32 来控制 CPU 的工作方式;

(3) RUN 方式:在 RUN 方式下,CPU 执行用户程序。

当电源停电又恢复后,如果方式选择开关在 TERM 或 STOP 状态下,CPU 自动进入 STOP 方式。如果方式选择开关在 RUN 状态下,则 CPU 自动进入 RUN 方式。

7.1.6　S7-200 的编程数据类型和编程元件的寻址

1. S7-200 的编程数据类型

在 S7-200 的编程语言中,大多数指令要具有一定大小的数据对象一起进行操作。不同的数据对象具有不同的数据类型,不同的数据类型又具有不同的数制和格式选择。程序中所用的数据类型及范围见表 7.2。

2. 编程元件及寻址

在 S7-200 中,主要编程元件有:输入继电器 I、输出继电器 Q、变量寄存器 V、辅助继电器 M、特殊继电器 SM、局部变量存储器 L、顺序控制继电器 S。这些存储区都可以按位、字节、字和双字来存取。

表 7.2 S7-200 的基本数据类型及范围

基本数据类型	位 数	说 明
布尔型 BOOL	1	位范围：0,1
字节型 BYTE	8	字节范围：0~255
字型 WORD	16	字范围：0~65535
双字型 DWORD	32	双字范围：0~4294967295
整型 INT	16	整数范围：-32768~+32767
双整型 DINT	32	双字整数范围：-2147483648~+2147483647
实数型 REAL	32	IEEE 浮点数

(1) 输入继电器 I

它是 PLC 存储系统中的输入映像寄存器。在每个扫描周期的开始，CPU 对物理输入点进行采样，并将采样值存于输入过程映像寄存器中。输入映像寄存器是 PLC 接收外部输入的数字量信号的窗口。PLC 通过光电耦合器将外部信号状态读入并存储在输入映像寄存器中，外部输入电路接通时对应的映像寄存器为 ON(1 状态)，反之为 OFF(0 状态)。输入端可以外接常开触点或常闭触点，也可以接多个触点组成的串并联电路。在梯形图中，可以多次使用常开触点和常闭触点。

(2) 输出继电器 Q

它是 PLC 存储系统中的输出映像寄存器。在扫描周期的末尾，CPU 将输出映像寄存器的数据传送给输出模块，再由后者驱动外部负载。如果梯形图中 Q0.0 的线圈"通电"，继电器型输出模块中对应的硬件继电器的常开触点闭合，使接在标号为 Q0.0 的端子的外部负载工作，反之则外部负载断电。输出模块中的每一个硬件继电器都有一对常开触点，但是在梯形图中，每一个输出位的常开触点和常闭触点都可以多次使用。

(3) 变量寄存器 V

S7-200 中有大量的变量寄存器，用于模拟量控制、数据运算、参数设置及存放程序执行过程中控制逻辑操作的中间结果。变量寄存器的数量与 CPU 的型号有关，CPU222 为 V0.0~V2047.7，CPU224 与 CPU226 均为 V0.0~V5119.7。

(4) 辅助继电器 M

在逻辑运算中，经常需要一些辅助继电器，它的功能与传统继电器控制线路中的中间继电器相同。辅助继电器与外部没有任何联系，不可直接驱动任何负载。

(5) 特殊继电器 SM

特殊继电器用来存储系统的状态变量及有关的控制参数和信息。它是用户程序与系统程序之间的界面，用户可以通过特殊继电器来沟通 PLC 与被控对象之间的信息，PLC 通过特殊继电器为用户提供一些特殊的控制功能和系统信息，用户也可以将对操作的特殊要求通过特殊继电器通知 PLC。

S7-200 的 CPU22X 系列 PLC 的特殊继电器的数量为 SM00~SM299.7。SMB0 有 8 个状态位，在每个扫描周期的末尾，由 S7-200 的 CPU 更新这 8 个状态位。因此，这 8 个状态位为只读型 SM，这些特殊继电器的功能和状态是由系统软件决定的，与输入继电器一样，不能通过编程的方式改变其状态。

SM00:RUN 监控,PLC 在运行状态时,SM00 总为 ON 状态。

SM01:初始脉冲,PLC 由 STOP 转为 RUN 时,SM01 ON 一个扫描周期。

SM02:当 RAM 中保存的数据丢失时,SM02 ON 一个扫描周期。

SM03:PLC 上电进入到 RUN 状态时,SM03 ON 一个扫描周期。

SM04:分时钟脉冲,此位提供高低电平各 30 s,周期为 1 min 的时钟脉冲。

SM05:秒时钟脉冲,此位提供高低电平各 0.5 s,周期为 1 s 的时钟脉冲。

SM06:扫描时钟,一个扫描周期为 ON,下一个扫描周期为 OFF,交替循环。

SM07:指示 CPU 工作方式开关的位置,0 为 TERM 位置,1 为 RUN 位置。通常用来在 RUN 状态下起动自由通信方式。

SMB1:用于潜在错误提示的 8 个状态位,这些信息可由指令在执行时进行置位或复位。

SMB2:用于自由口通信接收字符缓冲区,在自由口通信方式下,接收到的每个字符都放在这里,便于梯形图存取。

SMB3:用于自由口通信的奇偶校验,当出现奇偶校验错误时,将 SM3.0 置"1"。

SMB4:用于表示中断是否允许,发送口是否空闲。

SMB5:用于表示 I/O 系统发生的错误状态。

SMB6:用于识别 CPU 的类型。

SMB7:功能预留。

SMB8~SMB21:用于 I/O 扩展模板的类型识别及错误状态寄存。

SMW22~SMW26:用于提供扫描时间信息,以 ms 计的上次扫描时间,最短扫描时间及最长扫描时间。

SMB28 和 SMB29:分别对应模拟电器 0 和 1 的当前值,数值范围为 0~255。

SMB30 和 SMB130:分别为自由口 0 和 1 的通信控制寄存器。

SMB31 和 SMW32:用于永久存储器(EEPROM)写控制。

SMB34 和 SMB35:用于存储定时中断间隔时间。

SMB36~SMB65:用于监视和控制高速计数器 HSC0、HSC1、HSC2 的操作。

SMB66~SMB85:用于监视和控制脉冲输出(PTO)和脉冲宽度调制(PWM)功能。

SMB86~SMB94 和 SMB186~SMB194:用于控制和读出接收信息指令的状态。

SMB131~SMB165:用于监视和控制高速计数器 HSC3、HSC4、HSC5 的操作。

SMB166~SMB194:用于显示包络表的数量,包括表的地址和变量存储器在表中的首地址。

SMB200~SMB299:用于表示智能模板的状态信息。

(6)定时器 T

定时器是 PLC 的重要编程元件,它的作用与继电器控制线路中的时间继电器基本相似。定时器的设定值通过程序预先输入,当满足其工作条件时,定时器开始计时,其当前值从 0 开始按照一定的时间单位(即定时精度)增加。例如,对于 10 ms 定时器,其当前值间隔 10 ms 加 1。当其当前值达到它的设定值时,定时器动作。

S7-200 的 CPU22X 系列定时器的定时精度及编号见表 7.3。

表 7.3 CPU22X 系列定时器的定时精度及编号

定时器类型	定时器精度(ms)	最大当前值(s)	定时器编号
TON TOF	1	32.767	T32,T96
	10	327.67	T33~T36,T97~T100
	100	3277.7	T37~T63,T101~T255
TONR	1	32.767	T0,T64
	10	327.67	T1~T4,T65~T68
	100	3277.7	T5~T31,T69~T95

在使用定时器时应注意,不能把一个定时器号同时用做 TON 和 TOF,例如在一个程序中不能既有 TON32 又有 TOF32。

(7) 计数器 C

计数器也是广泛应用的重要编程元件,用来对输入脉冲的个数进行累计,实现计数操作。使用计数器时要事先在程序中给出计数的定值(也称预设定值,即要进行计数的脉冲数)。当满足计数器的触发输入条件时,计数器开始累计输入端的脉冲前沿的次数,当达到设定值时,计数器动作。S7-200 的 CPU22X 系列的 PLC 共有 256 个计数器,其编号为 C0~C255。每个计数器都有一个 16 位的当前值寄存器及一个状态位 C-bit。

计数器号包含计数器当前值和计数状态位两方面的信息。

计数器指令中所存取的是计数器当前值还是计数器状态位取决于所用的指令,带位操作的指令存取计数器状态位,带字操作的指令存取计数器的当前值。

计数器的计数方式有三种,即递增计数器、递减计数器和增/减计数器。递增计数器是从0 开始,累加到设定值,计数器动作。递减计数器是从设定值开始,累减到 0,计数器动作。

PLC 的计数器的设定值和定时器的设定值一般不仅可以用程序设定,也可以通过 PLC内部的模拟电位器或 PLC 外接的拨码开关方便、直观地随时修改。

(8) 高速计数器 HSC

普通计数器的计数频率受扫描周期的制约,在需要高频计数的情况下,可使用高速计数器。与高速计数器对应的数据只有一个当前值,它是一个带符号的 32 位双字型数据。

(9) 累加器 AC

累加器是像存储器那样使用的读/写设备,是用来暂存数据的寄存器。它可以向子程序传递参数,或从子程序返回参数,也可以用来存放运算数据、中间数据及结果数据。S7-200 共有4 个 32 位的累加器,即 AC0~AC3,使用时只表示出累加器的地址编号(AC0)。累加器存取数据的顺序取决于所用的指令,它支持字节、字、双字的存取,以字节或字为单位存取累加器时,是访问累加器的低 8 位和低 16 位。

(10) 状态继电器 S(也称为顺序控制继电器)

状态继电器是使用步进控制指令时的重要编程元件。用状态继电器和相应的步进控制指令,可以在小型 PLC 上编制较复杂的控制程序。

(11) 局部变量存储器 L

局部变量存储器用于存储局部变量。S7-200 中有 64 个局部变量存储器,其中 60 个可以用做暂时存储器或者向程序传递参数。如果用梯形图或功能图编程,STEP7-Micro/WIN32 保留这些局部变量存储器最后 4 字节。如果用语句表编程,可以寻址到 64 个字节,但不要使用最后 4 字节。

可以按位、字节、双字访问局部变量存储器,把局部变量存储器作为间接寻址的指针,但是不能作为间接寻址存储器区。

(12) 模拟量输入寄存器 AIW/模拟量输出寄存器 AQW

PLC 处理模拟量的过程是:模拟量信号经过 A/D 转换后变成数字量存储在模拟量输入寄存器中,通过 PLC 处理后将要转换成模拟量的数字量写入模拟量输出寄存器,再经 D/A 转换成模拟量输出。即 PLC 对这两种寄存器的处理方式不同,对模拟量输入寄存器只能作读取操作,而对模拟量输出寄存器只能作写入操作。

由于 PLC 处理的是数量,其数据长度是 16 位,因此要以偶数号字节进行编址,从而存取这些数据。例如某控制系统采用 CPU224,系统所需的输入/输出点数为:数字量输入(DI)24 点,数字量输出(DO)20 点,模拟量输入(AI)6 点,模拟量输出(AO)2 点。

本系统可以有多种不同模板的组合供选取,图 7.2 为扩展模板 I/O 链中一种可行的组态。

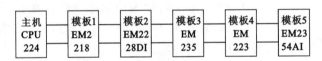

图 7.2　扩展模板 I/O 链图

根据图 7.2,各扩展模板的编址见表 7.4。

表 7.4　扩展模板编址表

主机	模板 1I/O	模板 2I/O	模板 3I/O	模板 4I/O	模板 5I/O
I0.0 Q0.0	I2.0	Q2.0	AIW0 AQW0	I3.0 Q3.0	AIW8 AQW2
I0.1 Q0.1	I2.1	Q2.1	AIW2	I3.1 Q3.1	AIW10
I0.2 Q0.2	I2.2	Q2.2	AIW4	I3.2 Q3.2	AIW12
I0.3 Q0.3	I2.3	Q2.3	AIW6	I3.3 Q3.3	AIW14
I0.4 Q0.4	I2.4	Q2.4			
I0.5 Q0.5	I2.5	Q2.5			
I0.6 Q0.6	I2.6	Q2.6			
I0.7 Q0.7	I2.7	Q2.7			
I1.0 Q1.0					
I1.1 Q1.1					
I1.2~I1.5					

在这种组态中,实际配置了数字量输入 26 点,数字量输出 22 点,模拟量输入 8 点,模拟量输出 2 点。S7-200 的 CPU22X 系列的编程元件的寻址范围见表 7.5。

表 7.5 S7-200 的 CPU22X 系列编程元件的寻址范围

编程元件	CPU221	CPU222	CPU224	CPU226
用户程序	2KB		4KB	
用户数据	1KB		2.5KB	
输入继电器 I	I0.0～I15.7			
输出继电器 Q	Q0.0～Q15.7			
模拟量输入映像寄存器 AIW	AIW0～AIW30			
模拟量输出映像寄存器 AQW	AQW0～AQW30			
变量寄存器 V	VB0.0～VB2047.7		VB0.0～VB5119.7	
局部变量寄存器 L	LB0.0～LB63.7			
辅助寄存器 M	M0.0～M31.7			
特殊继电器 SM 只读 SM	SM0.0～SM299.7 SM0.0～SM29.7			
定时器 T	T0～T255			
计数器 C	C0～C255			
高速计数器 HC	HC0,HC3,HC4,HC5		HC0～HC5	
状态继电器 S	S0.0～S31.7			
累加器 AC	AC0～AC3			
跳转标号	0～255			
调用子程序	0～63			

7.1.7 S7-200 编程语言及程序结构

1. S7-200 编程语言

（1）梯形图 LAD 梯形图 LAD 是在继电器接触器控制系统中控制线路图的基础上演变而来的,是应用最多的一种编程语言。梯形图可以看做 PLC 的高级语言,编程人员几乎不必具备计算机应用的基础知识,不用去考虑 PLC 内部的结构原理和硬件逻辑,只要有继电器控制线路的基础,就能在很短的时间内掌握梯形图的使用和编程方法。

（2）语句表 STL 语句表 STL 类似于计算机的汇编语言,是 PLC 的最基础的编程语言。它可以编写出用梯形图或功能图无法实现的程序,是 PLC 的各种语言执行速度最快的编程语言。用 STEO-Micro/WIN32 编程时,可以利用 STL 编程器查看用 LAD 或 FBD 编写的程序,但反过来,LAD 或 FBD 不一定能够全部显示利用 STL 编写的程序。

（3）功能块图 FBD 功能块 FBD 类似于数字电路,它是将具有各种"与"、"或"、"非"、"异或"等逻辑关系的功能块图按一定的控制逻辑组合起来,这种编程语言适合那些熟悉数字电路的人员。

2. S7-200 的程序结构

一个系统的控制区功能是由用户程序决定的。为完成特定的控制任务,需要编写用户程序,使 PLC 能以循环扫描的工作方式执行用户程序。在 SIMATIC S7 系列中,为适应设计用户程序的不同需求,STEP7 为用户提供了三种程序设计方法,其程序结构分别为线性化编程、分部式编程和结构化编程。

　　线性化编程就是将用户连续放置在 SIEMENS 的 PLC 的一个指令块中,通常称为组织块 OB1。CPU 周期性地扫描 OB1,使用户程序在 OB1 内顺序执行每条指令。由于线性化编程将全部指令都放在一个指令块中,它的程序结构具有简单、直接的特点,适合由一个人编写用户程序。S7-200 就是采用线性化编程方法。

　　分部式编程就是将一项控制任务分成若干个指令块,每个指令适用于控制一套设备或者完成一部分工作。每个指令块的工作内容与其他指令块的工作内容无关,一般没有子程序的调用,这些指令块的运行是通过组织块 OB1 内的指令来调用。在分部式程序中,既无数据交换,也无重复利用的代码,因此分部式编程允许多名设计人员同时编写用户程序,而不会发生内容冲突。

　　结构化编程是将整个用户程序分成一些具有独立功能的指令块,其中有若干个子程序块,然后再按要求调用各个独立的指令块,从而构成一整套用户程序。结构化编程的特点是编程简单,结构清晰,可以采用程序技术使部分程序标准化,调试方便。一般比较大型的控制程序均采用结构化编程。S7-200 的程序结构属于线性化编程,其用户程序逻辑一般由用户程序、数据块和参数块三部分构成。

　　用户程序一般由一个主程序、若干个子程序和若干个中断处理子程序组成。对线性化编程,主程序应安排在程序的最前面,其次为子程序和中断程序。

　　数据块一般为 DB1,主要用来存放用户程序运行需要的数据。在数据块中允许放的数据类型为布尔型、十进制、二进制或十六进制,字母、数字和字符型。

　　参数块中存放的是 CPU 的组态数据,如果在编程软件或其他编程工具上未进行 CPU 的组态,则系统以默认值进行自动配置。

7.2　S7-200 常用指令

　　在 S7-200 的指令系统中,可分为基本指令和应用指令。所谓基本指令,最初是为取代传统的继电器控制系统所需要的那些指令。由于 PLC 的功能越来越强,涉及的指令越来越多,对基本指令所包含的内容也在不断扩充。当然,基本指令和应用指令目前还没有严格的区分。

　　S7-200 的指令非常丰富,主要包括以下几种:

　　(1) 位操作指令　包括逻辑控制指令、定时器指令、计数器指令和比较指令。

　　(2) 运算指令　包括四则运算、逻辑运算、数学函数指令。

　　(3) 数据处理指令　包括传送、位移、字节交换和填充指令。

　　(4) 表功能指令　包括对表的存取和查表指令。

　　(5) 转换指令　包括数据类型转换指令、编码和译码指令、七段码指令和字符串转换指令。

　　在基本指令中,位操作指令是最重要的,是其他所有指令的基础。除位操作指令外,其他的基本指令反映了 PLC 对数据运算和数据处理的能力,这些指令拓展了 PLC 的应用领域。

7.2.1 基本逻辑指令

1. 装载指令 LD(Load)、LDN(Load Not)以及线圈驱动指令"＝"(Out)

(1) LD、LDN 指令总是与母线相连(包括在分支点引出的母线)。

(2) "＝"指令不能用于输入继电器。

2. 触点串联指令 A(And)、AN(And Not)

A、AN 指令应用于单个触点的串联(常开或常闭),可连续使用。A、AN 指令的操作数为 I、Q、M、SM、T、C、V、S。

3. 触点并联指令 O(Or)、ON(Or Not)

O、ON 指令应用于并联单个触点,紧接在 LD、LDN 之后使用,可以连续使用。O、ON 指令的操作数为 I、Q、M、SM、T、C、V、S。

4. 置位/复位指令 S(Set)/R(Reset)

S:置位指令,将由操作数指定的位开始的 1 位至最多 255 位置"1",并保持。R:复位指令,将由操作数指定的位开始的 1 位至最多 255 位置"0",并保持。S、R 指令的时序图、梯形图及语句表如图 7.3 所示。

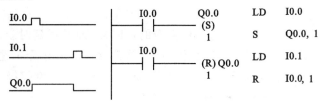

图 7.3 S、R 指令的时序图、梯形图及语句表

R、S 指令使用说明:

(1) 与"＝"指令不同,S 或 R 指令可以多次使用同一个操作数。

(2) 用 S/R 指令可构成 S-R 触发器,可用 R/S 指令构成 R-S 触发器。由于 PLC 特有的顺序扫描的工作方式,使得执行后面的指令具有优先权。

(3) 使用 S、R 指令时需要指定操作性质(S/R)、开始位(bit)和位的数量。

(4) 操作数被置"1"后,必须通过 R 指令清"0"。

5. 边沿触发指令 EU(Edge Up)和 ED(Edge Down)

EU:上升沿触发指令,在检测信号的上升沿有效时,产生一个扫描周期宽度的脉冲。

ED:下降沿触发指令,在检测信号的下降沿有效时,产生一个扫描周期宽度的脉冲。

EU、ED 指令的梯形图及语句表如图 7.4 所示。

6. 逻辑结果取反指令 NOT

NOT 指令用于将 NOT 指令左端的逻辑运算结果取非。NOT 指令无操作数,其梯形图如图 7.5 所示。

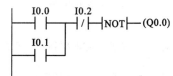

图 7.4 EU、ED 指令的梯形图及语句表   **图 7.5 NOT 指令的梯形图**

7. 立即存取指令 I(Immediate)

LDI、LDNI、AI、ANI、OI、ONI、=I、SI 和 RI 可通过立即存取指令加快系统的响应速度。立即存取指令允许系统对输入/输出点(只能是 I 和 Q 区)进行直接快速存取,共有四种方式,即

(1)立即读输入指令　它是在 LD、LDN、A、AN、O 和 ON 指令后加"I",组成 LDI、LDNI、AI、ANI、OI、ONI 指令。程序执行立即读输入指令时,只是立即读取物理输入点的值,而不改变输入映像寄存器的值。

(2)立即输出指令=I　执行立即输出指令,是将栈顶值立即复制指令所指定的物理输出点,同时刷新输出映像寄存器的值。

(3)立即置位指令 SI　执行立即置位指令,将从指令指定位开始最多 128 个物理输出点同时置"1",并且刷新输出映像寄存器的内容。

(4)立即复位指令 RI　执行立即复位指令,将从指令指定位开始最多 128 个物理输出点同时清"0",并且刷新输出映像寄存器的内容。

7.2.2　定时、计数和比较指令

1. 定时器指令

S7-200 的 CPU22X 系列的 PLC 有三种类型的定时器,即通用延时定时器 TON、保持型通用延时定时器 TONR 和断电延时定时器 TOF,总共提供 256 个定时器 T0~T255,其中 TONR 为 64 个,其余 192 个可定义为 TON 或 TOF。定时器的精度等级可分为 3 个:1 ms、10 ms、100 ms。有关定时器的精度和编号可参考表 7.3。

定时器的定时时间为

$$T = PT * S$$

式中,T 是定时器的时间;PT 是定时器的预设定值,数据类型为整数型;S 是定时器的精度。定时器指令需要三个操作数,即编号、设定值和允许输入。

(1)接通延时定时器指令 TON(On-Delay Timer)用于单一间隔的定时

在梯形图中,TON 指令以功能框形式编程,指令名称为 TON,它有两个输入端:IN 为起动定时器输入端,PT 为定时器的设定值输入端。当定时器的输入端 IN 为 ON 时,定时器开始定时;当定时器的当前值大于或等于设定值时,定时器被置位,其动合触点接通,动断触点断开,定时器继续计时,一直计时到最大值 32767。无论何时,只要 IN 为 OFF,TON 的当前值被复位到 0。在语句表中,接通延时定时器的指令格式为:TON TXXX(定时器编号),PT。图 7.6 为 TON 指令应用示例。

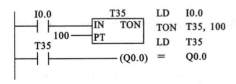

图 7.6　接通延时定时器应用示例

当定时器 T35 的允许输入 I0.0 为 ON 时,T35 开始计时,定时器 T35 的当前寄存器从 0 开始增加。当 T35 的当前值达到设定值 PT 时(本例为 1S),T35 的状态位(BIT)为 ON,T35 的动合触点为 ON,使得 Q0.0 为 ON。此时 T35 的当前值继续累加到最低位。在程序中也可以使用复位指令 R 使定时器复位。

(2)保持型接通延时定时器指令 TONR(Retentive On-Delay Timer)用于多个时间间隔的累计定时

当保持型接通延时定时器的输入电路接通时,开始定时。当前值大于或等于 PT 端指定的设定值时,定时器位变为 ON。达到设定值后,当前值仍然继续计数,直到最大值 32767。

输入电路断开时,当前值保持不变。可以用 TONR 来累计输入电路接通的若干时间间隔。图 7.7 是保持型接通延时定时器应用示例。

当定时器 T1 的允许输入 I0.0 为 ON 时,T1 开始计时,定时器 T1 的当前值寄存器从 0 开始增加。当 I0.0 为 OFF 时,T1 的当前值保持。当 I0.0 再次为 ON 时,T1 的当前值寄存器在保持值的基础上继续累加,直到 T1 的当前值达到设定值时,定时器动作,此时 T1 的当前值继续累加到最大值(32767 ∗ S,S 为定时器精度)或 T1 复位。当定时器动作后,即使 I0.0 为 OFF 时,T1 也不会复位,要使其复位必须使用复位指令 R。

(3) 断开延时定时器指令 TOF(Off-Delay Timer)用于允许输入端断开后的单一间隔定时

断开延时定时器在 IN 输入电路断开后延时一段时间,再使定时器位变为 OFF。它用输入从 ON 到 OFF 的负跳变起动定时。当定时器输入端为 ON 时,TOF 的状态为 ON,其动合触点接通,但是定时器的当前值仍为 0。只有当 IN 由 ON 变为 OFF 时,定时器才开始计时,当定时器的当前值大于或等于设定值时,定时器被复位,其动合触点断开,动断触点接通,定时器停止计时。如果 IN 的输入时间小于设定值,则定时器位始终为 ON,如图 7.8 所示。

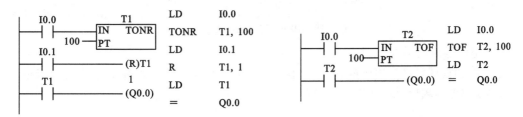

图 7.7　保持型接通延时定时器应用示例　　图 7.8　断开延时定时器指令应用示例

当允许输入 I0.0 为 ON 时,定时器的状态为 ON,当 I0.0 由 ON 到 OFF 时,当前值从 0 开始增加,直到达到设定值 PT,定时器的状态为 OFF,当前值等于设定值,停止累加计数。

在程序中用复位指令 R 使定时器复位。TOF 复位后,定时器的状态位(BIT)为 OFF,当前值为 0。当允许输入 IN 再次由 ON 到 OFF 时,TOF 再次起动。

(4) S7-200 定时器的刷新方式

S7-200 定时器有 1 ms 定时器的刷新方式、10 ms 定时器的刷新方式和 100 ms 定时器的刷新方式,即每种定时精度不同的时基脉冲。定时器计时的过程就是数时基脉冲的过程,然而,这三种不同定时精度的定时器的刷新方式是不同的,要正确使用定时器,首先要知道定时器的刷新方式,保证定时器在每个扫描周期都能刷新一次,并能执行一次定时器指令。

在 PLC 应用中,经常使用具有自复位功能的定时器,即利用定时器自己的动断触点去控制自己的线圈。在 S7-200 中,要使用具有自复位功能的定时器,必须考虑定时器的刷新方式。

在图 7.9(a)中,T32 是 1 ms 的定时器,只有正好在程序扫描到 T32 的动合触点之间时被刷新,产生 1 ms 的定时中断,进行状态位的转换,使 T32 的动合触点为 ON,从而使 M0.0 通一个扫描周期,否则 M0.0 将总是处于 OFF 状态。正确解决这个问题的方法是采用图 7.9(b)所示的编程方式。

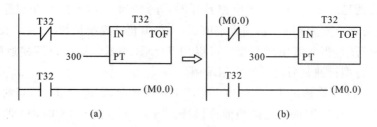

图 7.9　1 ms 定时器的正确使用

在图 7.10(a)中,T33 是 10 ms 的定时器,而 10 ms 的定时器是在扫描周期开始时被刷新的,由于 T33 动断触点和动合触点的相互矛盾状态,使得 M0.0 永远为 OFF 状态。正确解决这个问题的方法是采用图 7.10(b)所示的编程方式。

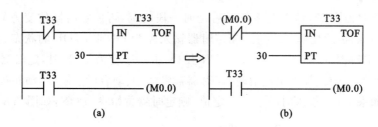

图 7.10　10 ms 定时器的正确使用

(5) 定时器应用举例

振荡器的设计是经常用到的,例如控制一个指示灯的闪烁。现在用 2 个定时器组成一个振荡器,振荡器的程序设计如图 7.11 所示。

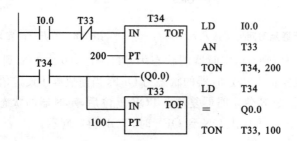

图 7.11　振荡器的程序设计

2. 计数器指令

计数器用来累计脉冲的个数。S7-200 的普通计数器有三种类型:递增计数器 CTU、递减计数器 CTD 和增减计数器 CTUD,共计 256 个。可根据实际需要对某个计数器的类型进行定义,编号为 C0~C255。不能重复使用同一个计数器的线圈编号,即每个计数器的线圈编号只能使用一次。每个计数器有 16 位的当前值寄存器和一个状态位,最大计数值 PV 的数据类型为整数型 INT,寻址范围为 VW、IW、QW、MW、SW、SMW、LW、AIW、T、C、AC、＊VD、＊AC、＊LD 及常数。

(1) 递增计数器指令 CTU(Count Up)

首次扫描 CTU 时,其状态位为 OFF,其当前值为 0。在梯形图中,递增计数器以功能框的形式编程,指令名称 CTU,它有三个输入端:CU、R 和 PV。PV 为设定输入值,CU 为计数脉冲的起动输入端。CU 为 ON 时,在每个输入脉冲的上升沿,计数器计数 1 次,当前值寄存器加 1。如果当前值达到设定值 PV,计数器动作,状态位为 ON,当前值继续递增计数,最大可达到 32767。CU 由 ON 变为 OFF,计数器的当前值停止计数,并保持当前值不变;CU 又变为 ON 时,则计数器在当前值的基础上继续递增计数。R 为复位脉冲的输入端,当 R 端为 ON 时,计数器复位,使计数器状态为 OFF,当前值为 0。也可以通过复位指令 R 使 CTU 计数器复位。CTU 梯形图及语句表如图 7.12 所示。

(2) 递减计数器指令 CTD(Count Down)

首次扫描 CTD 时,其状态为 OFF,其当前值为设定值。在梯形图中,它有 CD、R 和 PV 三个输入端。PV 为设定输入端,CD 为计数脉冲的输入端,在每个输入脉冲的上升沿,计数器计数 1 次,当前值寄存器减 1。如果当前值寄存器减到 0 时,计数器动作,状态位为 ON。计数器的当前值保持为设定值。也可以通过复位指令 R 使 CTD 计数器复位。CTD 计数器的梯形图及语句表如图 7.13 所示。

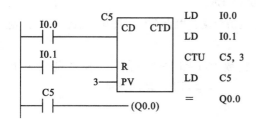

图 7.12　CTU 梯形图及语句表　　　　图 7.13　CTD 梯形图及语句表

(3) 增减计数器指令 CTUD(Counter Up/Down)

增减计数器 CTUD 首次扫描时,其状态位为 OFF,当前值为 0。在梯形图中,它有两个脉冲输入端 CU 和 CD,一个复位输入端 R 和一个设定值输入端 PV。CU 为脉冲递增计数输入端,在 CU 的每个输入脉冲的上升沿,当前值寄存器加 1;CD 为脉冲递减计数器输入端,在 CD 的每个输入脉冲的上升沿,当前值寄存器减 1。如果当前值等于设定值,CTUD 动作,其状态位为 ON。如果 CTUD 的复位输入端 R 为 ON 时,使用复位指令 R 可使 CTUD 复位,即使状态位为 OFF,使当前值寄存器为 0。

增减计数器的计数范围为 $-32767 \sim +32767$。当 CTUD 计数到最大值($+32767$)后,如 CU 端又有计数脉冲输入,在这个输入脉冲的上升沿,使当前值寄存器跳变到最小(-32767);反之,在当前值为最小值(-32767)后,如 CD 端又有计数脉冲输入,在这个脉冲的上升沿,使当前值寄存器跳变到最大值($+32767$)。

3. 比较指令

比较指令用于两个相同数据类型的有符号或无符号数 IN1 和 IN2 的比较判断操作。比较运算符有等于($=$)、大于或等于($>=$)、大于($>$)、小于($<$)、小于或等于($<=$)、不等于($<>$)。

在梯形图中,比较指令是以动合触点的形式编程的,在动合触点的中间注明比较参数和比较运算符。当比较的结果为真时,该动合触点闭合。

比较指令的数据类型有字节(BYTE)比较、整数(INT)比较、双整数(DINT)比较和实数(REAL)比较。操作数 IN1 和 IN2 的寻址方式如表 7.6 所示。

表 7.6　比较指令的操作数 IN1 和 IN2 的寻址范围

操作数	类型	寻　址　范　围
IN1 IN2	BYTE	VB,IB,QB,MB,SB,LB,SMB 等
	INT	VW,IW,QW,MW,SW,SMW,LM,T,C 等
	DINT	VD,ID,QD,MD,SD,SMD,LD,HC 等
	REAL	VD,ID,QD,MD,SD,SMD,LD 等

(1) 字节比较指令

字节比较指令用于两个无符号的整数字节 IN1 和 IN2 的比较。字节比较指令的格式为:

① LBD 比较运算符 IN1,IN2　　如:LBD=VB2,VB4。

② AB 比较运算符 IN1,IN2　　如:AB>=MB1,MB2。

③ OB 比较运算符 IN1,IN2　　如:OB<>VB3,VB8。

LDB、AB 或 OB 与比较运算符组合的原则,视比较指令动合触点在梯形图中的具体位置而定。

(2) 整数比较指令

整数比较指令用于两个有符号的一个字长的整数 IN1 和 IN2 的比较。整数范围为十六进制的 8000H 到 7FFFH,在 S7-200 中,用 16♯8000～16♯7FFF 表示。

整数比较指令的格式为:

① LDW 比较运算符 IN1,IN2　　如:LDW<=VW200,VW300。

② AW 比较运算符 IN1,IN2　　如:AW>MW2,MW4。

③ OW 比较运算符 IN1,IN2　　如:OW>=VW12,VW22。

LDW、AW 或 OW 与比较运算符组合的原则,视比较指令动合触点在梯形图中的具体位置而定。

(3) 双字节整数比较指令

双字节整数比较指令用于两个有符号的双字长的整数 IN1 和 IN2 的比较。双字节整数范围为十六进制的 16♯80000000～16♯7FFFFFFF。

双字节整数比较指令的格式为:

① LDD 比较运算符 IN1,IN2　　如:LDD<=VD2,VD10。

② AD 比较运算符 IN1,IN2　　如:AD>MD2,MD4。

③ OD 比较运算符 IN1,IN2　　如:OD>=VD100,VD200。

(4) 实数比较指令

实数比较指令用于两个有符号的双字长的实数 IN1 和 IN2 的比较。正实数的范围为:$+1.175495E-38$～$+3.402823E+38$,负实数的范围为:$-1.175495E-38$～$-3.402823E+38$。

实数比较指令的格式为:

① LDR 比较运算符 IN1,IN2　　如:LDR<=VD2,VD20。

② AR 比较运算符 IN1,IN2　　如:AD>=MD12,MD14。

③ OR 比较运算符 IN1,IN2　　如:OD<>AC2,123.33。

LDR、AR 或 OR 与比较运算符组合的原则,视比较指令动合触点在梯形图中的具体位置而定。

（5）数据比较指令应用实例

某轧钢厂的成品库可存放钢卷 1000 个,因为不断有钢卷进库、出库,需要对库存的钢卷数进行统计。当库存数低于下限 100 时,指示灯 HL1 亮;当库存数大于 900 时,指示灯 HL2 亮;当达到库存上限 1000 时,报警器 HA 响,停止库存。

分析:需要检测钢卷的进库、出库情况,可用增减计数器进行统计。I0.0 作为进库检测 ,I0.1 作为出库检测,I0.2 作为复位信号,设定值为 1000。用 Q0.0 控制指示灯 HL1,Q0.1 控制指示灯 HL2,Q0.2 控制指示灯 HA。控制系统比较指令应用实例的梯形图及语句表如图 7.14 所示。

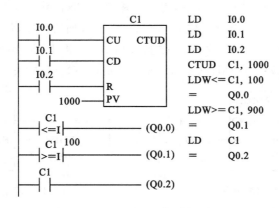

图 7.14 比较指令应用实例

7.3 S7-200 其他指令

7.3.1 算术运算指令

早期 PLC 是为了取代传统的继电器控制器控制系统的,因此,它的主要功能是本节所介绍的位逻辑操作。随着计算机技术的发展,目前 PLC 具备了越来越强的运算功能,拓宽了 PLC 的应用领域。

运算指令包括算术运算指令和逻辑运算指令。算术运算包括加法、减法、乘法、除法及一些常用的数学函数。在算术运算中,数据类型为整形 INT、双整型 DINT 和实数 REAL。

1. 加法指令

加法操作是对两个有符号数进行相加。包括整数加法指令+I,双整数加法指令+D,实数加法指令+R。

整数加法指令+I 在梯形图(LAD)及功能图(FBD)中,以功能框的形式编程。在整数加法功能框中,EN(Enable)为允许输入端,ENO(Enable Output)为允许输出端,IN1 和 IN2 为两个相加的有符号数,OUT 用于存放结果。

整数加法将影响特殊继电器 SM10(零)、SM11(溢出)、SM12(负)。影响允许输出 ENO 正常工作条件的是 SM11(溢出),SM43(运行时间),0006(间接寻址)。

整数加法指令中,操作数的寻址范围如表 7.7 所示。

表 7.7   整数加法操作数的寻址范围

操作数	类型	寻 址 范 围
IN1 IN2	INT	VW,IW,QW,SW,SMW,LW,AIW,T,C,AC,＊VD,＊AC＊LD 和常数
OUT	INT	VW,IW,QW,MW,SMW,LW,T,C,AC,＊VD,＊AC,＊LD

在语句表中,指令格式为:＋I IN1,OUT。这里 IN2 的 OUT 是同一个存储单元。指令执行的结果是:IN1＋IN2＝OUT。整数加法指令如图 7.15 所示。

双整数加法在功能框中,EN(Enable)为允许输入端,IN1 和 IN2 为两个需要进行相加的有符号数,OUT 用于存放和。当允许输入端有效时,执行加法操作,将两个双字长(32 位)的符号整数 IN1 和 IN2 相加,产生一个 32 位的整数和 OUT,即 IN1＋IN2＝OUT。双整数加法将影响特殊继电器 SM10(零)、SM11(溢出)、SM12(负)。双整数加法示例如图 7.16 所示。

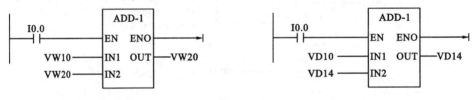

图 7.15   整数加法指令   图 7.16   双整数加法指令

实数加法指令在梯形图(LAD)及功能图(FBD)中以功能框的形式编程,指令名称 ADD·DR。在实数加法功能框中,EN(Enable)输入有效时,IN1 和 IN2 两个实数相加,结果存入 OUT 存储器中。

在语句表中,指令格式为:＋R IN1,OUT。这里 IN2 与 OUT 是同一个存储单元。指令执行的结果是:IN1＋IN2＝OUT。

2. 减法指令

减法指令是对两个有符号数进行相减操作。与加法指令一样,也可分为整数减法指令(－I)、双整数减法指令(－D)及实数减法指令(－R)。在 LAD 及 FBD 中,减法指令以功能框的形式进行编程,指令名称分别为整数减法指令 SUB-I、双整数减法指令 SUB-DI 及实数减法指令 SUB-DR。指令执行的结果,IN1－IN2＝OUT。

3. 乘法指令

乘法指令是对两个有符号数进行相乘运算,包括:整数乘法指令×I、完全整数乘法指令 MUL、双整数乘法指令×D 以及实数乘法指令×R。

整数乘法指令的功能是 IN1×IN2＝OUT。当允许输入有效时,将 2 个单字长(16 位)的有符号整数 IN1 和 IN2 相乘,产生一个 16 位的整数结果存入 OUT 中。如果运算结果大于 32767(16 位二进制数表示的范围),则产生溢出。

完全整数乘法指令的功能是将 2 个单字长(16 位)的有符号整数 IN1 和 IN2 相乘,产生一个 32 位的整数结果 OUT。完全整数乘法指令在 LAD 和 FBD 中用功能框的形式编辑,指令名称为 MUL。当允许输入 EN 有效时,执行乘法运算:IN1×IN2＝OUT。

双整数乘法指令的功能是将 2 个双字长(32 位)的有符号数 IN1 和 IN2 相乘,产生一个 32 位的双整数结果 OUT。如果运算结果大于 32 位二进制数的范围,则产生溢出。双整数乘法指令的名称为 MUL-DI。当允许输入有效时,执行乘法 IN1×IN2=OUT。

双整数乘法指令在 STL 中的指令格式为:＊D IN1,OUT。

执行结果:IN1×OUT=OUT。这里 IN2 和 OUT 同为一个存储单元。

实数乘法指令的功能是将 2 个双字长(32 位)的实数 IN1 和 IN2 相乘,产生一个 32 位的实数结果 OUT。如果运算结果大于 32 位二进制数表示的范围,则产生溢出。

实数乘法指令在 STL 中的指令格式为:×R IN1,OUT。

执行结果:IN1×OUT=OUT。这里 IN2 和 OUT 为同一个存储单元。

4. 除法指令

除法指令是对 2 个有符号数进行相除运算。与乘法指令一样,也可以分为整数除法指令(/I)、完全整数除法指令(DIV)、双整数除法指令(/D)及实数除法指令(/R)。

在 LAD 和 FBD 中,除法指令以功能框的形式进行编程,指令名称分别为:

整数除法指令:DIV-I。

完全整数除法指令:DIV。

双整数除法指令:DIV-DI。

实数除法指令:DIV-R。

指令执行结果:IN1/IN2=OUT。

各除法指令的操作数寻址范围与对应的乘法指令相同。

除法指令影响特殊继电器 SM10(零)、SM11(溢出)、SM12(负)、SM13(被 0 除)。

5. 增减指令

增减指令又称自动加 1 或自动减 1 指令。数据长度可以是字节、字、双字。

(1) 字节加 1 指令 INCB 和字节减 1 指令 DECB

当允许输入端 EN 有效时,INCB 将一个字节长的无符号数 IN 自动加 1;DECB 是将一个字节长的无符号数 IN 自动减 1,输出结果 OUT 为一个字节长的无符号数。

在梯形图 LAD 和功能图 FBD 中,INCB 和 DECB 以功能框的形式编程,指令名称及指令执行结果分别如下:

字节加 1 指令:指令名称 INC-B,指令执行结果:IN+1=OUT。

字节减 1 指令:指令名称 DEC-B,指令执行结果:IN−1=OUT。

在语句表 STL 中,字节加 1 指令格式为:INCB OUT,执行结果:OUT+1=OUT。字节减 1 指令格式为:DECB OUT,执行结果:OUT−1=OUT。

字节增减指令中操作数 IN 及 OUT 的寻址范围如表 7.8 所示。

表 7.8 字节增减指令中 IN 及 OUT 的寻址范围

操作数	类型	寻 址 范 围
IN	BYTE	VB,IB,QB,MB,SB,SMB,LB,AC,＊VD,＊AC,＊LD 和常数
OUT	BYTE	VB,IB,QB,MB,SB,SMB,LB,AC,＊VD,＊AC,＊LD

(2) 字加 1 指令 INCW 和字减 1 指令 DECW

当允许输入端 EN 有效时,INCW 将一个字长的有符号数 IN 自动加 1;DECW 是将一个字长的有符号数 IN 自动减 1,输出结果为一个字长的有符号数。

在梯形图 LAD 和功能图 FBD 中,INCW 和 DECW 指令执行结果如下:

字加 1 指令:指令名称 INC-W,指令执行结果:IN+1=OUT。

字减 1 指令：指令名称 DEC-W,指令执行结果：IN-1=OUT。

在语句表 STL 中,指令格式为：

字加 1 指令 INCW OUT,指令执行结果：OUT+1=OUT。

字减 1 指令 DECW OUT,指令执行结果：OUT-1=OUT。

(3) 双字加 1 指令 INCD 和双字减 1 指令 DECD

当允许输入端 EN 有效时,INCD 将一个双字长(32 位)的有符号数 IN 自动加 1；DECD 是将一个双字长(32 位)的有符号数 IN 自动减 1,输出结果为一个双字长的有符号数。

双字加 1 指令：指令名称 INCD,指令执行结果：IN+1=OUT。

双字减 1 指令：指令名称 DECD,指令执行结果：IN-1=OUT。

在语句表 STL 中,指令格式为：

双字加 1 指令 INCD:OUT+1=OUT。

双字减 1 指令 DECD:OUT-1=OUT。

7.3.2 逻辑运算指令

逻辑运算指令是对逻辑数(无符号数)进行处理,包括逻辑与、逻辑或、逻辑异或、取反等逻辑操作,数据长度可以是字节、字、双字。

1. 字节逻辑运算指令 ANDB、ORB、XORB、INVB

字节逻辑运算指令包括字节与 ANDB、字节或 ORB、字节异或 XORB 和字节取反 INVB 指令。在梯形图 LAD 及功能图 FBD 中,字节逻辑运算指令以功能框形式编程,指令的名称分别如下：

(1) 字节与指令 ANDB

当允许输入 EN 有效时,对 2 个一个字节长的逻辑数 IN1 和 IN2 按位进行与操作,得到 1 字节的运算结果存入 OUT 中。

在语句表 STL 中,IN2(或 IN)与 OUT 同在一个存储单元,字节逻辑运算指令格式是 ANDB IN1,OUT。指令执行的结果为：IN1 ANDB IN2(OUT)=OUT。

(2) 字节或指令 ORB

当允许输入 EN 有效时,对 2 个一个字节长的逻辑数 IN1 和 IN2 按位进行或操作,得到 1 字节的运算结果存入 OUT 中。

在语句表 STL 中,IN2(或 IN)与 OUT 同在一个存储单元,字节逻辑运算指令格式是 ORB IN1,OUT。指令执行的结果为：IN1 ORB IN2(OUT)=OUT。

(3) 字节异或指令 XORB

当允许输入 EN 有效时,对 2 个一个字节长的逻辑数 IN1 和 IN2 按位进行异或操作,得到 1 字节的运算结果存入 OUT 中。

在语句表 STL 中,IN2(或 IN)与 OUT 同在一个存储单元,字节逻辑运算指令格式是 XORB IN1,OUT。指令执行的结果为：IN1 XORB IN2(OUT)=OUT。

(4) 字节取反指令 INVB

当允许输入 EN 有效时,对一个字节长的逻辑数 IN 按位取反,得到 1 字节的运算结果存入 OUT。

在语句表 STL 中,IN 与 OUT 在同一个存储单元,字节逻辑运算的指令格式是 INVB

OUT。指令执行结果为：INVB IN(OUT)＝OUT。

2. 字逻辑运算指令 ANDW、ORW、XORW、INVW

字逻辑运算指令包括字与指令 ANDW、字或指令 ORW、字异或指令 XORW 和字取反指令 INVW。

(1) 字与指令 ANDW

当允许输入 EN 有效时，对 2 个一个字长的逻辑数 IN1 和 IN2 按位进行与操作，得到 1 个字长的运算结果存入 OUT 中。

在语句表 STL 中，IN2（或 IN）与 OUT 同在一个存储单元，字逻辑运算指令格式是 ANDW IN1,OUT。指令执行的结果为：IN1 ANDW IN2(OUT)＝OUT。

(2) 字或指令 ORW

当允许输入 EN 有效时，对 2 个一个字长的逻辑数 IN1 和 IN2 按位进行或操作，得到 1 个字长的运算结果存入 OUT 中。

在语句表 STL 中，IN2（或 IN）与 OUT 同在一个存储单元，字逻辑运算指令格式是 ORW IN1,OUT。指令执行的结果为：IN1 ORW IN2(OUT)＝OUT。

(3) 字异或指令 XORW

当允许输入 EN 有效时，对 2 个一个字长的逻辑数 IN1 和 IN2 按位进行异或操作，得到 1 个字长的运算结果存入 OUT 中。

在语句表 STL 中，IN2（或 IN）与 OUT 同在一个存储单元，字逻辑运算指令格式是 XORW IN1,OUT。指令执行的结果为：IN1 XORW IN2(OUT)＝OUT。

(4) 字取反指令 INVW

当允许输入 EN 有效时，对一个字长的逻辑数 IN 按位取反，得到 1 字的运算结果存入 OUT。

在语句表 STL 中，IN 与 OUT 在同一个存储单元。字逻辑运算的指令格式是 INVW OUT。指令执行结果为：INVW IN(OUT)＝OUT。

3. 双字逻辑运算指令 ANDD、ORD、XORD、INVD

双字逻辑运算指令包括双字与 ANDD、双字或 ORD、双字异或 XORD 和双字取反 INVD 指令。在梯形图 LAD 和功能图 FBD 中，双字逻辑运算指令以功能框形式编程，指令的名称及功能分别如下：

(1) 双字与指令 ANDD：当允许输入 EN 有效时，对 2 个双字长逻辑数 IN1 和 IN2 按位相与，得到一个双字长的运算结果放 OUT 中。双字与指令格式为：ANDD IN1,OUT。指令执行的结果为：IN1 ANDD IN2(OUT)＝OUT。

(2) 双字或指令 ORD：当允许输入 EN 有效时，对 2 个双字长逻辑数 IN1 和 IN2 按位相或，得到一个双字长的运算结果放 OUT 中。双字或指令格式为：ORD IN1,OUT 中。指令执行的结果为：IN1 ORD IN2(OUT)＝OUT。

(3) 双字异或指令 XORD：当允许输入 EN 有效时，对 2 个双字长逻辑数 IN1 和 IN2 按位相异或，得到一个双字长的运算结果放 OUT 中。双字异或指令格式为：XORD IN1,OUT。指令执行的结果为：IN1 XORD IN2(OUT)＝OUT。

(4) 双字取反指令 INVD：当允许输入 EN 有效时，对 1 个双字长逻辑数 IN 按位取反，得到一个双字长的运算结果放 OUT 中。双字取反指令格式为：INVD OUT。指令执行的结果为：INVD IN(OUT)＝OUT。

7.3.3　传送类指令

传送类指令用于各编程元件之间的数据传送。根据每次传送数据的数量,可分为单个传送指令和块传送指令。单个传送指令每次传送 1 个数据,传送数据的类型分为字节传送、字传送、双字传送和实数传送。

1. 字节传送指令 MOVB、BIR、BIW

字节传送指令可分为周期性字节传送指令(MOVB)和立即字节传送指令(BIR、BIW)。

(1) 周期性字节传送指令 MOVB:在梯形图中,周期性字节传送指令以功能框的形式编程,指令名称为 MOV-B。当允许输入 EN 有效时,将 1 个无符号单字节数据 IN 传送到 OUT 中。影响允许输出 ENO 正常工作的出错条件:SM43(运行时间),0006(间接寻址)。在语句表 STL 中,周期性字节传送指令 MOVB 的指令格式为:MOVB IN,OUT。

(2) 立即读字节传送指令 BIR:当允许输入 EN 有效时,BIR 指令立即读取(不考虑扫描周期)当前输入继电器中由 IN 指定的字节,并传送到 OUT。在梯形图中,立即读字节传送指令以功能框的形式编程,指令名称为:MOV-BIR。当允许输入有效时,将一个无符号的单字节数据 IN 传送到 OUT 中。

影响允许输入 ENO 正常工作的出错条件为:SM43(运行时间),0006(间接寻址)。在语句表中,立即读字节传送指令 BIR 的指令格式为:BIR IN,OUT。

(3) 立即写字节传送指令 BIW:当允许输入 EN 有效时,BIW 指令立即将由 IN 指定的字节数据写入(不考虑扫描周期)输出继电器中由 OUT 指定的字节。

在梯形图中,立即写字节传送指令以功能框的形式编程,指令名称为:MOV-BIW。当允许输入 EN 有效时,将 1 个无符号的单字节数据 IN 立即传送到 OUT 中。

影响允许输入 ENO 正常工作的出错条件为:SM43(运行时间),0006(间接寻址)。在语句表中,立即写字节传送指令 BIW 的指令格式为:BIW IN,OUT。

2. 字传送指令 MOVW

字传送指令 MOVW 将一个字长的有符号整数数据 IN 传送到 OUT。

在梯形图中,字传送指令以功能框的形式编程,当允许输入 EN 有效时,将一个无符号的单字长的数据 IN 传送到 OUT 中。影响允许输入 ENO 正常工作的出错条件为:SM43(运行时间),0006(间接寻址)。在语句表中,字传送指令 MOVW 的指令格式为:MOVW IN,OUT。

3. 双字传送指令 MOVD

双字传送指令 MOVD 将一个双字长的有符号整数数据 IN 传送到 OUT。

在梯形图中,双字传送指令以功能框的形式编程,当允许输入 EN 有效时,将一个无符号的双字长的数据 IN 传送到 OUT 中。影响允许输入 ENO 正常工作的出错条件为:SM43(运行时间),0006(间接寻址)。在语句表中,双字传送指令 MOVD 的指令格式为:MOVD IN,OUT。

4. 实数传送指令 MOVR

实数传送指令 MOVR 将一个字长的实数数据 IN 传送到 OUT。

在梯形图中,实数传送指令以功能框的形式编程,当允许输入 EN 有效时,将一个有符号的双字长的实数数据 IN 传送到 OUT 中。影响允许输入 ENO 正常工作的出错条件为:SM43(运行时间),0006(间接寻址)。在语句表中,实数传送指令 MOVR 的指令格式为:MOVR IN,OUT。

5. 块传送指令 BMB、BMW 和 BMD

块传送指令用来进行一次传送多个数据,将最多可达 255 个数据组成一个数据块,数据块的类型可以是字节块、字块或双字块。

(1) 字节块传送指令 BMB 字传送指令 BMB 的功能是:当允许输入 EN 有效时,将从输入字节 IN 开始的 N 个字节型数据传送到 OUT 开始的 N 个字节存储单元。

(2) 字块传送指令 BMW 字块传送指令 BMW 的功能是:当允许输入 EN 有效时,将从输入字 IN 开始的 N 个字型数据传送到 OUT 开始的 N 个字存储单元。

(3) 双字块传送指令 BMD 双字块传送指令 BMD 的功能是:当允许输入 EN 有效时,将从输入双字 IN 开始的 N 个双字型数据传送到 OUT 开始的 N 个双字存储单元。

影响允许输入 ENO 正常工作的出错条件为:SM43(运行时间),0006(间接寻址),0091(数据超界)。在语句表中,块传送指令的指令格式为:

字节块传送指令:BMB IN,OUT,N。

字块传送指令:BMW IN,OUT,N。

双字块传送指令:BMD IN,OUT,N。

7.3.4 移位指令

移位指令在 PLC 控制中是比较常用的。根据移位的数据长度可分为字节型移位、字型移位和双字型移位;根据移位的方向可分为左移和右移,还可进行循环移位。

1. 左移和右移指令

左移和右移指令的功能是将输入数据 IN 左移或右移 N 位后,把结果送到 OUT 中。左移和右移指令的特点如下:

① 被移位的数据是无符号数。

② 在移位时,存放被移位数据的编程元件的移出端与特殊继电器 SM1.1 连接,移出位进入 SM1.1(溢出),另一端自动补 0。

③ 移位次数 N 与移位数据的长度有关,如 N 小于实际的数据长度,则执行 N 次移位。如 N 大于数据长度,则执行移位的次数等于实际数据长度的位数。

④ 移位次数 N 为字节型数据。

左移和右移指令影响的特殊继电器:当移位操作结果为 0 时,SM1.0 自动置位;SM1.1(溢出)。

影响允许输出 ENO 正常工作的出错条件为:SM4.3(运行时间),0006(间接寻址)。

(1) 字节左移指令 SLB(Shift Left Byte)和字节右移指令 SRB(Shift Right Byte)。在梯形图中,字节左移指令或字节右移指令以功能框的形式编程,指令名称分别为 SHL-B 和 SHR-B。

当允许输入 EN 有效时,将字节型输入数据 IN 左移或右移 N 位($N<=8$)后,送到 OUT 指定的字节存储单元。

在语句表中,字节左移指令 SLB 或字节右移指令 SRB 的指令格式如下:

字节左移指令:SLB OUT,N(OUT 与 IN 为同一个存储单元)。

字节右移指令:SRB OUT,N(OUT 与 IN 为同一个存储单元)。

(2) 字左移指令 SLW(Shift Left Word)和字右移指令 SRW(Shift Right Word)。在梯形图中,字左移指令或字右移指令以功能框的形式编程,指令名称分别为 SHL-W 和 SHR-W。

当允许输入 EN 有效时,将字型输入数据 IN 左移或右移 N 位(N<=16)后,送到 OUT 指定的字存储单元。

在语句表中,字左移指令 SLW 或字节右移指令 SRW 的指令格式如下:

字左移指令:SLW OUT,N(OUT 与 IN 为同一个存储单元)。

字右移指令:SRW OUT,N(OUT 与 IN 为同一个存储单元)。

(3) 双字左移指令 SLD(Shift Left Double Word)和双字右移指令 SRD(Shift Right Double Word)。在梯形图中,双字左移指令或双字右移指令以功能框的形式编程,指令名称分别为 SHL-D 和 SHR-D。

当允许输入 EN 有效时,将双字型输入数据 IN 左移或右移 N 位(N<=32)后,送到 OUT 指定的双字存储单元。

在语句表中,双字左移指令 SLD 或双字右移指令 SRW 的指令格式如下:

双字左移指令:SLD OUT,N(OUT 与 IN 为同一个存储单元)。

双字右移指令:SRD OUT,N(OUT 与 IN 为同一个存储单元)。

2. 循环左移和循环右移指令

循环移位指令将输入 IN 中的各位向左或向右循环移动 N 位后,送给输出 OUT。循环移位是环形的,即被移出来的位将返回到另一端空出来的位置。

如果移动的位数 N 大于允许值(字节操作为 8,字操作为 16,双字操作为 32),执行循环移位前先对 N 进行取模操作。例如对于字移位,将 N 除以 16 后取余数,从而得到一个有效的移位次数。取模操作的结果对于字节操作是 0~7,对于字操作是 0~15,对于双字操作是 0~32。如果取模操作的结果为 0,不进行循环移位操作。

执行循环移位操作,移出的最后一位的数值存放在溢出位 SM1.1。如果实际移位次数为 0,零标志 SM1.0 被置 1。字节操作是无符号的,如果对有符号的字和双字操作,符号位也被移位。

(1) 字节循环左移位指令 RLB 和字节循环右移位指令 RRB。在梯形图中,字节循环指令以功能框形式编程,指令名称为 ROL-B 和 ROR-B。

当允许输入 EN 有效时,把字节型输入数据 IN 循环移位 N 位后,送到 OUT 指定的字节。在语句表中,字节循环移位指令的指令格式如下:

字节循环左移指令:RLB OUT,N。

字节循环右移指令:RRB OUT,N。

(2) 字循环左移位指令 RLW 和字循环右移位指令 RRW。在梯形图中,字循环指令以功能框形式编程,指令名称为 ROL-W 和 ROR-W。

当允许输入 EN 有效时,把字型输入数据 IN 循环移位 N 位后,送到 OUT 指定的字。在语句表中,字循环移位指令的指令格式如下:

字循环左移指令:RLW OUT,N。

字循环右移指令:RRW OUT,N。

(3) 双字循环左移位指令 RLD 和双字循环右移位指令 RRD。在梯形图中,双字循环指令以功能框形式编程,指令名称为 ROL-D 和 ROR-D。

当允许输入 EN 有效时,把双字型输入数据 IN 循环移位 N 位后,送到 OUT 指定的双字。在语句表中,双字循环移位指令的指令格式如下:

双字循环左移指令:RLD OUT,N。

双字循环右移指令:RRD OUT,N。

3. 移位寄存器指令 SHRB(Shift Register Bit)

在顺序控制或步进过程中,应用移位寄存器编程很方便。在梯形图中,移位寄存器以功能框的形式编程,指令名称为 SHRB。它有三个输入端:

① DATA:移位寄存器的数据输入端;

② S-BIT:组成移位寄存器的最低位;

③ N:移位寄存器的长度。

移位寄存器的特点如下:

① 移位寄存器的数据类型无字节型、字型、双字型之分,其长度 N($<=64$)由程序指定。

② 移位寄存器的组成:

最低位为 S-BIT;

最高位的计算方法为:MSB=($|$ N $|$ $-1+$S-BIT 的位号)/8;

最高位的字节号:MSB 的商$+$S$-$BIT 的字节号;

最高位的位号:MSB 的余数。

例如:S-BIT$=$V33.4,N$=$14,则 MSB$=(14-1+4)/8=17/8=2\cdots\cdots1$。

最高位的字节号:$33+2=35$,最高位的位号:1,最高位为:V35.1。

移位寄存器的组成:V33.4~V33.7,V34.0~V34.7,V35.0,V35.1 共 14 位。

③ N$>$0 时,为正向移位,即从最低位向最高位移位。

④ N$<$0 时,为反向移位,即从最高位向最低位移位。

移位寄存器的功能:当允许输入 EN 有效时,如果 N$>$0,则在每个 EN 的前沿,将数据输入 DATA 的状态移入移位寄存器的最低位 S-BIT;如果 N$<$0,则在每个 EN 的前沿,将数据输入 DATA 的状态移入移位寄存器的最高位,移位寄存器的其他位按照 N 指定的方向(正向或反向),依次串行移位。

⑤ 移位寄存器的移出端与 SM1.1 连接。

影响允许输出 ENO 的正常工作出错的条件为 SM4.3(运行时间)、0006(间接寻址)、0091(操作数超界)、0092(计数区错误)。

在语句表中,移位寄存器的指令格式为 SHRB DATA,S-BIT,N。

4. 后进先出指令 LIFO(Last Input First Output)

在梯形图中,LEFO 以功能框的形式编程,指令名称为 LIFO。当允许输入 EN 有效时,从 TAB 指定的表中,取出最后进入表中的数据,送入到 DATA 指定的单元,剩余数据位置不变。LIFO 指令影响的特殊继电器为 SM1.5(表空)。不能从一个空表中取数据,否则 SM1.5 置 1。

7.3.5 转换指令

转换指令的功能是对操作数的类型进行转换。利用转换指令可以实现数据类型的转换,完成数据类型到 ASCII 码字符串的转换,进行编程和译码操作,还可以产生七段码的输出。

1. 字节与整数的转换指令 BTI/ITB

在进行数据处理时,不同性质的操作指令需要不同数据类型的操作数。数据类型转换指令的功能是将一个固定的数值,根据操作指令对数据类型的需要进行相应类型的转换。

(1)字节到整数的转换指令 BIT。在梯形图中,字节到整数的转换指令以功能框形式编程,指令的名称为 B-I。当允许输入 EN 有效时,将字节型输入数据 IN 转换成整数型数据送到 OUT。

影响允许输出 ENO 正常工作的出错条件为 SM4.3(运行时间),0006(间接寻址)。在语句表中,BTI 指令的格式为:BTI IN,OUT。

(2) 整数到字节的转换指令 ITB。在梯形图中,整数到字节的转换指令以功能框的形式编程,指令的名称为 I-B。当允许输入 EN 有效时,将字节型整数输入数据 IN 转换成字节型数据送到 OUT。当输入数据 IN 超过字节型数据表示范围(0~255)时,产生溢出。

ITB 指令影响的特殊继电器:SM1.1(溢出)。

影响允许输出 ENO 正常工作的出错条件为:SM1.1(溢出),SM4.3(运行时间),0006(间接寻址)。在语句表中,ITB 指令的格式为:ITB IN,OUT。

2. 整数与双整数转换指令 ITD/DTI

(1) 整数到双整数转换指令 ITD。在梯形图中,整数到双整数转换指令以功能框形式编程,指令的名称为 I-D。当允许输入 EN 有效时,将整数型输入数据 IN 转换成双整数型数据(包括符号)送到 OUT。

影响允许输出 ENO 正常工作的出错条件为:SM4.3(运行时间),0006(间接寻址)。在语句表中,ITD 格式为:ITD IN,OUT。

(2) 双整数到整数转换指令 DTI。在梯形图中,双整数到整数转换指令以功能框形式编程,指令的名称为 D-I。当允许输入 EN 有效时,将双整数型输入数据 IN 转换成整数型数据(包括符号)送到 OUT。

影响允许输出 ENO 正常工作的出错条件为:SM1.1(溢出),SM4.3(运行时间),0006(间接寻址)。在语句表中,DTI 格式为:DTI IN,OUT。

3. 双整数与实数转换指令 ROUND/TRUNC/DTR

(1) 实数到双整数转换指令(小数部分四舍五入)ROUND。在梯形图中,实数到双整数转换指令以功能框形式编程,指令的名称为 ROUND。当允许输入 EN 有效时,将实数型输入数据 IN 转换成双整数型数据(对 IN 中的小数部分进行四舍五入处理),转换结果送到 OUT。

ROUND 指令影响的特殊继电器:SM1.1(溢出)。

影响允许输出 ENO 正常工作的出错条件为:SM1.1(溢出),SM4.3(运行时间),0006(间接寻址)。

在语句表中,ROUND 指令的格式为:ROUND IN,OUT。

(2) 实数到双整数转换指令(小数部分舍去)TRUNC。在梯形图中,实数到双整数转换指令以功能框形式编程,指令的名称为 TRUNC。当允许输入 EN 有效时,将实数型输入数据 IN 转换成双整数型数据(对 IN 中的小数部分舍去),转换结果送到 OUT。

TRUNC 指令影响的特殊继电器:SM1.1(溢出)。

影响允许输出 ENO 正常工作的出错条件为:SM1.1(溢出),SM4.3(运行时间),0006(间接寻址)。

在语句表中,TRUNC 指令的格式为:TRUNC IN,OUT。

(3) 双整数到实数转换指令 DTR。在梯形图中,双整数到实数转换指令以功能框形式编程,指令的名称为 DTR。当允许输入 EN 有效时,将双整数型输入数据 IN 转换成实数型数据,转换结果送到 OUT。

影响允许输出 ENO 正常工作的出错条件为:SM4.3(运行时间),0006(间接寻址)。

在语句表中,DTR 指令的格式为:DTR IN,OUT。

4. 整数与 BCD 码转换指令 IBCD/BCDI

(1) 整数与 BCD 码转换指令 IBCD。在梯形图中,IBCD 指令以功能框形式编程,指令的名称为 I-BCD。当允许输入 EN 有效时,将整数型输入数据 IN 转换成 BCD 码数据,转换结果送到 OUT。当输入数据 IN 超过 BCD 码表示的范围(0~9999)时,SM1.6 置位。

IBCD 指令影响的特殊继电器:SM1.6(BCD 错误)。

影响允许输出 ENO 正常工作的出错条件为:SM1.6(BCD 出错),SM4.3(运行时间),0006(间接寻址)。

在语句表中,IBCD 指令的格式为:IBCD OUT。

(2) BCD 码与整数转换指令 BCDI。在梯形图中,BCDI 指令以功能框形式编程,指令的名称为 BCD-I。当允许输入 EN 有效时,将 BCD 码输入数据 IN 转换成整数型数据,转换结果送到 OUT。当输入数据 IN 超过 BCD 码表示的范围(0~9999)时,SM1.6 置位。

BCDI 指令影响的特殊继电器:SM1.6(BCD 错误)。

影响允许输出 ENO 正常工作的出错条件为:SM1.6(BCD 出错),SM4.3(运行时间),0006(间接寻址)。

在语句表中,BCDI 指令的格式为: BCDI OUT。

7.3.6　编码和译码指令

1. 编码指令 ENCO(Encode)

编码指令的功能是对字型输入数据的最低有效位的位号进行编码后,送到输出字节的低位。

在梯形图中,编码指令以功能框的形式编程,指令名称为 ENCO。当允许输入 EN 有效时,将字型输入数据 IN 的最低位有效位(值为 1 的位)的位号(00~15)进行编码,编码结果送到由 OUT 指定字节的低 4 位。

影响允许输出 ENO 正常工作的出错条件为:SM4.3(运行时间),0006(间接寻址)。

在语句表中,编码指令 ENCO 的格式为:ENCO IN,OUT。

例:编码指令 ENCO AC1,MB0 的执行结果如表 7.9 所示。

表 7.9　ENCO 指令的执行结果

操作数	IN	OUT	说　　明
存储单元	AC1	MB0	将 AC1 的最低位有效位(第 5 位)进行编码,并将编码结果 0101 送到 MB0 的低 4 位
执行前数据	0000010000100000	＊ ＊ ＊ ＊ ＊ ＊ ＊ ＊	
执行后数据	0000010000100000	00000101	

2. 译码指令 DECO(Decode)

译码指令的功能是将字节型输入数据的低 4 位内容译成位号,并将输出字的该位置 1,其余位置 0。

在梯形图中,译码指令以功能框的形式编程,指令的名称为 DECO。当允许输入 EN 有效时,将字节型输入数据 IN 的低 4 位的内容译成位号(00~15),且将由 OUT 指定字的该位置

1,其余位置 0。

影响允许输出 ENO 正常工作的出错条件为:SM4.3(运行时间),0006(间接寻址)。

在语句表中,译码指令 DECO 的格式为:DECO IN,OUT。

例:译码指令 DECO MB0,AC1 的执行结果如表 7.10 所示。

表 7.10　DECO 指令的执行结果

操作数	IN	OUT	说　明
存储单元	MB0	AC1	对 MB0 的低 4 位(0011)进行译码,并根据译码结果(3),将 AC1 的第 3 位置 1,其余置 0
执行前数据	00000011	* * * * * * * * * * * *	
执行后数据	00000011	0000000000001000	

3. 七段码显示指令 SEG

如果在 PLC 的输出端上接数码管,可应用七段显示码指令将输入字节的低 4 位所对应的数据直接显示在数码管上。

在梯形图中,七段显示码指令以功能框的形式编程,当允许输入 EN 有效时,将字节型输入数据 IN 的低 4 位对应的七段显示码(0~F)输出到 OUT 指定的字节单元。如果该字节单元是输出继电器字节 QB,则可直接驱动数码管。

影响允许输出 ENO 正常工作的出错条件为:SM4.3(运行时间),0006(间接寻址)。

在语句表中,七段显示码指令的格式为:SEG IN,OUT。

4. 字符串转换指令

字符串转换指令是将用标准字符编码(即 ASCII 码)表示的 0~9、A~F 的字符串,与十六进制、整数、双整数及实数之间进行转换。

(1) ACSII 码到十六进制数指令 ATH(ASCII To Hex)。在梯形图中,ATH 指令以功能框的形式编程,指令名称为 ATH。它有 2 个数据输入端及 2 个输出端。

IN:开始字符的字节首地址。

LEN:字符串长度,字节型,最大长度 255。

OUT:输出字节的首地址。

当允许输入 EN 有效时,把从输入数据 IN 开始的长度 LEN 的 ASCII 码转换为十六进制数,并将结果送到首地址 OUT 的字节存储单元。

如果输入数据中有非法的 ASCII 字符,将终止转换操作,特殊继电器 SM1.7 置 1。在语句表中,ATH 的指令格式为:ATH IN,LEN,OUT。

(2) 十六进制数到 ACSII 码指令 HTA (Hex To ASCII)。在梯形图中,HTA 指令以功能框的形式编程,指令名称为 HTA。

IN:十六进制数开始位的字节首地址。

LEN:转换位数,字节型,最大长度 255。

OUT:输出字节的首地址。

当允许输入 EN 有效时,把从输入数据 IN 开始的长度 LEN 的十六进制数转换为 ASCII 码,并将结果送到首地址 OUT 的字节存储单元。

如果输入数据中有非法的 ASCII 字符,将终止转换操作,特殊继电器 SM1.7 置 1。在语句表中,HTA 的指令格式为:HTA IN,LEN,OUT。

(3) 整数到 ACSII 码指令 ITA 。在梯形图中,ITA 指令以功能框的形式编程,指令名称为 ITA。

IN:整数数据输入。

FMT:转换精度或转换格式(小数位的表示方式)。

OUT:连续 8 个输出字节的首地址。

当允许输入 EN 有效时,把整数输入数据 IN 根据 FMT 指定的转换精度转换成始终 8 个字符的 ASCII 码,并将结果送到首地址为 OUT 的 8 个连续存储单元。FMT 的定义如下:

MSB   LSB

0	0	0	0	C	n	n	n

在 FMT 中,高 4 位必须是 0。C 为小数点的表示方式:C=0 时,用小数点来分割整数和小数;当 C=1 时,用逗号来分割整数和小数。nnn 表示首地址为 OUT 的 8 个连续字节中小数的位数,nnn=000~101,分别对应 0~5 个小数位,小数部分的对位方式为右对齐。

7.4   S7-200PLC 应用实例——机械手控制系统的设计与实现

伴随着机电一体化在各个领域的应用,机械设备的自动控制成分显得越来越重要,由于工作的需要,人们经常受到高温、腐蚀及有毒气体等因素的危害,增加了工人的劳动强度,甚至于危及生命,因此机械手就在这样的背景下诞生了。工业机械手是近代自动控制领域中出现的一项新技术,它能部分地代替人工操作,能按照生产工艺的要求,遵循一定的程序、时间和位置来完成工件的传送和装卸,从而大大改善工人的劳动条件,显著地提高劳动生产率,加快实现工业生产机械化和自动化的步伐。

7.4.1   工艺过程与控制要求

机械手主要由手部、运动机构和控制系统三大部分组成。手部是用来抓持工件(或工具)的部件,如夹持型、托持型和吸附型等。运动机构有升降、伸缩、旋转等独立运动方式,实现改变被抓持物件的位置和姿势。控制系统是通过对机械手电动机的控制来完成特定动作,同时接收传感器反馈的信息,形成稳定的闭环控制。控制系统的核心通常是由单片机或 PLC 构成,通过对其编程实现所要求的功能。

本项目通过机加工车间某机械手的控制系统分析,介绍 PLC 的程序控制指令如何实现机械手控制系统的设计,为学习 PLC 的复杂编程打下基础。

该任务主要包括机械手传送带、光电开关、限位开关以及机械手的起动和停止按钮等。机械手工作示意图见图 7.17。

该机械手控制系统对电路的要求:按起动按钮后,传送带 A 运行,直到光电开关 PS 检测到物体停止。同时机械手下降,下降到位后机械手夹紧物体,2s 后开始上升,而机械手保持夹紧。上升到位后左转,左转到位后下降,下降到位后机械手松开。2s 后机械手上升,上升到位后,传送带 B 开始运行,同时机械手右转,右转到位,传送带 B 停止。此时传送带 A 运行,直到光电开关 PS 再次检测到物体才停止,如此循环。

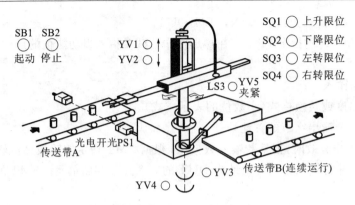

图 7.17　机械手工作示意图

7.4.2　控制方案的确定

1.确定控制方案

机加工车间机械手控制系统较简单,采用 PLC 单机控制即可,系统控制流程图如图 7.18 所示。

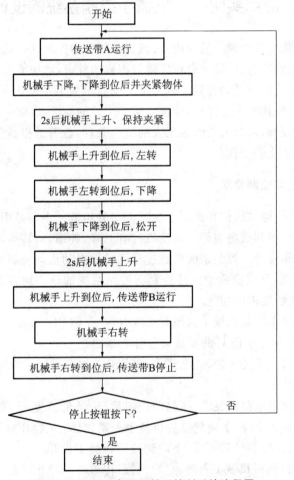

图 7.18　机加工车间机械手控制系统流程图

2. 选择 PLC 类型

本任务中,只用到了 7 个数字量输入点作为机加工车间机械的起停控制、限位开关控制等,7 个数字量输出点控制机械手的上升、下降、左右转、夹紧及传送,不需要模拟量 I/O 通道,一般的 PLC 都能够胜任。通过分析,PLC 选用 S7-200,CPU 选用 CPU224AC/DC/继电器。

3. PLC 的 I/O 地址分配

机加工车间机械手控制系统 PLC 的 I/O 地址分配如表 7.11 所示。

表 7.11 输入/输出分配表

序号	PLC 地址	电气符号	功能
1	I0.0	SB1	起动按钮
2	I0.1	SQ1	上升限位
3	I0.2	SQ2	下降限位
4	I0.3	SQ3	左转限位
5	I0.4	SQ4	右转限位
6	I0.5	SB2	停止按钮
7	I0.6	PS	光电开关
8	Q0.1	YV1	上升
9	Q0.2	YV2	下降
10	Q0.3	YV3	左转
11	Q0.4	YV4	右转
12	Q0.5	YV5	夹紧
13	Q0.6	A	传送带 A
14	Q0.7	B	传送带 B

7.4.3 系统硬件和软件的设计

1. PLC 输入/输出电路

机械手 PLC 控制系统硬件接线示意图见图 7.19。

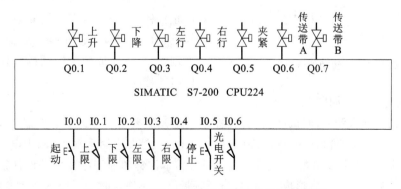

图 7.19 机械手 PLC 控制系统硬件接线示意图

根据图 7.19 PLC 输入/输出接线图,对机械手系统进行接线。起动按钮 S1 接在 S7-200 PLC 的输入点 I0.0 上;上升限位 SQ1 接在 PLC 输入点 I0.1 上;下降限位 SQ2 接在 PLC 输入点 I0.2 上;左转限位 SQ3 接在 I0.3 上;右转限位 SQ4 接在 I0.4 上;停止按钮 SB2 接在I0.5 上;光电开关接在 I0.6 上。作为机械手上升、下降、左转、右转、夹紧、传送带运行显示的 LED 指示灯 L0、L1、L2、L3、L4、L5、L6 分别接在 PLC 的输出点 Q0.1、Q0.2、Q0.3、Q0.4、Q0.5、Q0.6、Q0.7 上。比如机械手正在上升,则 LED 灯 L0 就会点亮。

2.程序设计

根据顺序功能图再设计出梯形图程序,如图 7.20 所示。顺序功能图是一个按顺序动作的步进控制系统,在本例中采用移位寄存器编程方法。用移位寄存器 M10.1～M1.2 位代表流程图的各步,两步之间的转换条件满足时,进入下一步。移位寄存器数据输入端 DATA (M10.0)由 M10.1～M11.1 各位的常闭接点、上升限位的标志位 M1.1、右转限位的标志位 M1.4 及传送带 A 检测到工件的标志位 M1.6 串联组成,即当机械手处于原位,各工步未起动时,若光电开关 PS 检测到工件,则 M10.0 置 1,这作为输入的数据,同时这也作为第一个移位脉冲信号。以后的移位脉冲信号,由代表步位状态中间继电器的常开接点和代表处于该步位的转换条件接点串联支路依次并联组成。在 M10.0 线圈回路中,串联 M10.1～M11.1 各位的常闭接点,是为了防止机械手还没有回到原位的运行过程中移位寄存器的数据输入端再次置 1。因为移位寄存器中的"1"信号在 M10.1～M11.1 之间依次移动时,各步状态位对应的常闭接点总有一个处于断开状态。当"1"信号移到 M11.2 时,机械手回到原位,此时移位寄存器的数据输入端重新置 1,若起动电路保持接通(M0.0=1),机械手将重复工作。当按下停止按钮时,使移位寄存器复位,机械手立即停止工作。若按下停止按钮后机械的动作继续进行,直到完成一个周期的动作后,回到原位时才停止工作。

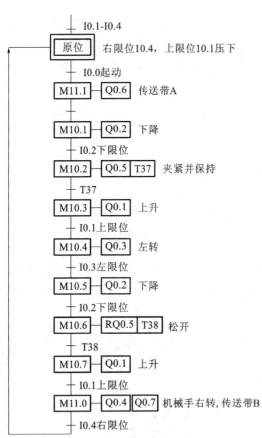

图 7.20　系统功能流程图

机械手的应用程序如图 7.21 所示。

输入图 7.21 所示程序,调试证明,所编程序满足控制要求。系统调试完成后,要整理、编写相关的技术文档,主要包括:电气原理图(包括主电路、控制电路和输入/输出电路)及设计说明(包括设备选型等),I/O 分配表、电路控制流程图,带注释的原程序和软件设计说明,调试记录,系统使用说明书等。最后形成正确的、与系统最终交付使用时相对应的一整套完整的技术文档。

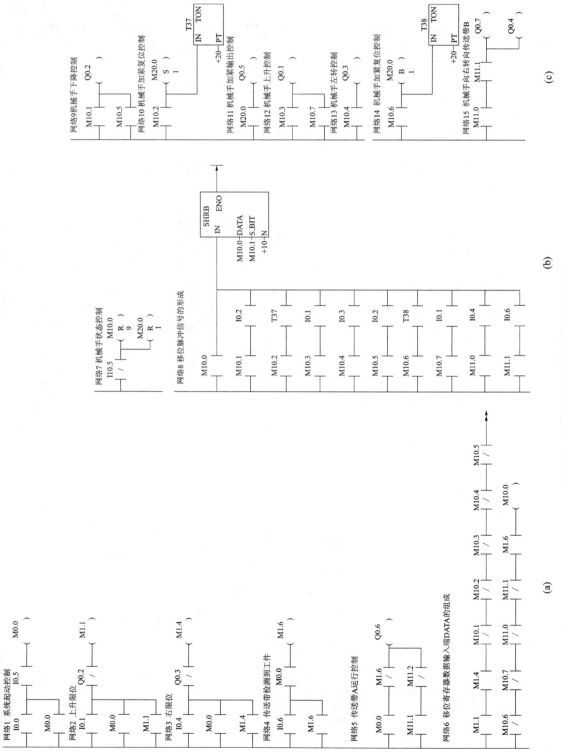

图 7.21 机械手 PLC 控制系统梯形图程序

小　　结

　　本课题以 S7-200 可编程控制器为例,介绍了可编程控制器的硬件构成和应用软件的编译,并通过机械手控制的工程实例具体介绍可编程控制器的应用情况。

思考题与习题

7.1　简述 S7-200 系统的基本构成。

7.2　S7-200PLC 的输入/输出是如何编址的?

7.3　S7-200 的编程元件有几种? 各是什么?

7.4　简述 S7-200 的定时器及其时基。

课题 8 西门子 MM420 变频器及其应用

知识目标

1. 熟悉变频器的工作原理,了解变频器的结构与分类。
2. 掌握西门子变频器的接线与参数设置的方法。
3. 掌握 PLC 与变频器联机控制电动机的原理。

能力目标

1. 掌握电动机变频器控制的线路设计与接线。
2. 掌握 PLC 与变频器联机控制电动机的线路设计、接线及 PLC 编程。
3. 熟悉变频器各组参数的含义,能够根据不同的需求设置变频器参数。

8.1 变频器基础

变频器是集高压大功率晶体管技术和电子控制技术于一体的控制装置,它利用电力电子器件的通断特性,将固定频率的电源变换为另一频率(连续可调)的交流电。其作用是改变交流电动机供电的频率和幅值,进而改变其运动磁场的周期,达到平滑控制交流电动机转速的目的,如图 8.1 所示。

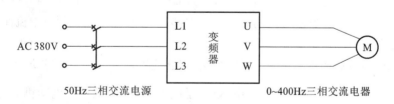

图 8.1 变频器的作用

变频器具有明显的智能化特征,能实现对交流电动机的软起动、变频调速,可提高运转精度、改变功率因数并具有过电流保护、过电压保护和过载保护功能。变频器与交流电动机相结合,可实现对生产机械的传动控制,称为变频器传动。变频器传动已成为实现工业自动化的主要手段之一,在各种生产机械中有着广泛的应用。它不仅可以提高自动化水平、机械的性能、生产效率、产品质量和节能等,而且缩小了机械的体积,降低了维修率,使传动技术发展到了一个新的阶段。

变频器的出现,使得交流电动机复杂的调速控制变得简单。它可替代大部分原来只能用直流电动机完成的工作,在调速性能方面可与直流电力拖动相媲美,是现代电动机调速运行的发展方向之一。

变频调速具有以下优点：

(1)调速时平滑性好,效率高。交流电动机低速运行时,相对稳定性好。

(2)调速范围大,精度高。

(3)可实现交流电动机软起动,且起动电流低,对系统及电网无冲击,节电效果明显。

(4)变频器体积小,便于安装、调试,维修简便。

(5)易于实现过程自动化。

(6)交流电动机总是保持在低转差率运行状态,可减小转子损耗。

8.1.1　变频器的工作原理概述

由电动机理论可知,电动机的转速 n 与三相交流电源的频率 f、电动机磁极对数 P、电动机转差率 s 之间的关系为 $n = \dfrac{60f}{P} \times (1-s)$。

从公式可以看出,影响电动机转速的因素有电动机的磁极对数 P、转差率 s 和电源频率 f。对于一个定型的电动机来说,磁极对数 P 一般是固定的,通常情况下,对于特定的负载来说转差率 s 是基本不变的,并且其可以调节的范围较小,加之转差率不易被直接测量,调节转差率来调速在工程上并未得到广泛应用。因此,只有通过改变电动机的供电频率 f 来实现电动机的调速运行,这就是变频器调速的原理。

1.变频器的工作原理

从表面上看,只要改变三相交流电源的频率 f,就可以调节电动机转速的高低。事实上,只改变 s 并不能正常调速,因为会出现转速非线性变化,而且很可能会引起电动机因过电流而烧毁,这是由异步电动机的特性决定的。因此,进行调速控制时,必须保持电动机的主磁通恒定。

若磁通太弱,铁芯利用不充分。在同样的转子电流下,电磁转矩小,电动机带负载能力下降。要想带负载能力恒定,需要加大转子电流,这就会引起电动机因过电流发热而烧毁。若磁通太强,则电动机处于过励磁状态,励磁电流过大,同样会引起电动机因过电流而发热。所以,变频调速一定要保持磁通恒定。

为了保证电动机调速过程中磁通保持恒定,由感应电动势的基本公式 $E = 4.44fN\Phi_m$ 可知,磁通最大值 $\Phi_m = \dfrac{E}{4.44fN}$,由于式中 N(定子绕组匝数)对某一台电动机而言是一个固定常数,所以只要对 E(感应电动势)和 f(频率)进行适当的控制,就可以使磁通保持额定值不变。恒磁通变频调速实质上就是调速时,要保证电动机的电磁转矩恒定不变,这是因为电磁转矩与磁通是成正比的关系。

由上面的分析可知,异步电动机的变频调速必须按照一定的规律且同时改变感应电动势 E 和频率 f,即必须通过变频装置获得电压和频率均可调节的供电电源,从而实现调速控制,这就是变频器的工作原理。下面分基频以下与基频以上两种调速情况进行分析。

(1)由基频(电动机额定频率)开始向下变频调速

为了保持电动机的带负载能力,应控制气隙主磁通 Φ_m 保持不变,这就要求频率由额定值 f 向下减小的同时应降低感应电动势,以保持 E/f 为常数,即保持电动势与频率之比为常数。这种控制又称为恒磁通变频调速,属于恒转矩调速方式。

但是,E难以直接检测和直接控制。当E和f的值较高时,定子的漏阻抗电压降相对比较小,如忽略不计,则可以近似地保持定子绕组相电压U和频率f的比值为常数,即认为$U = E$,这就是恒压频比控制方式,是近似的恒磁通控制。

当频率较低时,U和E都变得很小,此时定子电流却基本不变,所以定子的阻抗压降,特别是电阻压降相对此时的U来说是不能忽略的。因此可想办法在低速时人为地提高定子相电压U以补偿定子阻抗压降的影响,使气隙主磁通Φ_m额定值基本保持不变。

(2)由基频(电动机额定频率)开始向上变频调速

频率由额定值f向上增大的同时,如果按照E/f为常数的规律控制,电压也必须由额定值向上增大,但电压受额定电压的限制不能再升高,只能保持不变。根据公式$E = 4.44fN\Phi_m$可知,随着f的升高,即电动机转速升高,主磁通必须相应地随着f的上升而减小才能保持E/f为常数,此时相当于直流电动机弱磁调速的情况,属于近似的恒功率调速方式。也就是说,随着转速的提高(f增大),电压恒定,磁通自然下降,当转子电流不变时,电磁转矩减小,电磁功率却保持恒定不变。

8.1.2 变频器的基本构成与分类

1.变频器的基本构成

变频器有交交变频器、交直交变频器两种类型,其中交直交变频器因结构简单,功率因数高,目前被广泛使用。变频器的基本框图如图8.2所示,其基本结构如图8.3所示。

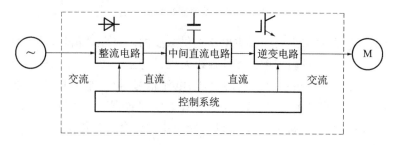

图8.2 交流低压交直交通用变频器系统框图

由图8.2可知,变频器由主电路、控制电路及其他电路构成。

(1)主电路

主电路由整流电路、中间直流电路和逆变电路构成(图8.2)。

①整流电路:将交流电变换成直流的电力电子装置,一般由三相全波整流桥组成。其作用是将工频的外部电源整流,以提供给逆变电路和控制电路所需的直流电源。

②中间直流电路:它是对整流输出的直流电进行平滑。当整流电路是电压源时,中间直流电路主要采用大容量的电解电容;当整流电路是电流源时,中间直流电路主要由大容量的电感组成。另外,中间直流电路还包括制动电阻以及其他辅助电路。

③逆变电路:逆变电路的主要作用是在控制电路的控制下将中间直流电路输出的平滑直流电源转换为频率和电压任意可调的交流电源,提供给异步电动机实现调速。

(2)控制电路

控制电路是变频器的控制核心,它的主要作用是将检测电路得到的各种信号送到运算电

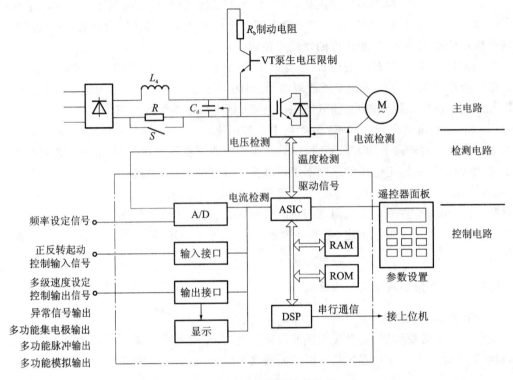

图 8.3 通用变频器基本结构图

路,使运算电路能够根据要求为变频器主电路提供必要的门极驱动信号,并对变频器以及异步电动机提供保护。图 8.2 中高性能微处理器和大规模专业集成电路 ASIC 为控制电路的核心,频率设定信号、电流信号和系统检测的电压、电流信号等经过 A/D 变换器后送入控制电路,经控制电路运算、分析和处理,并将程序及计算的中间数据存入 ROM、RAM 中。另外,具有现场总线接口的控制器,例如 PLC 还可以与变频器进行全数字传输。

(3)其他电路

变频器主电路、控制电路以外的电路为其他电路,如采集变频器输入电压、电流,逆变器输出电压、电流及温升等信号的信号采样电路,欠电压、过流、过载等保护电路及外部接口电路。

2.变频器的分类

(1)按电路结构形式分类

变频器按主电路结构形式不同可分为交交变频器和交直交变频器两大类。主电路中没有中间直流电路的变频器称为交交变频器,有中间直流电路的变频器称为交直交变频器。

①交交变频器可将工频交流电直接转换成频率、电压均可控的交流电,由于没有中间直流电路,因此又称为直接式变压变频器。这类变频器的优点是过载能力强、效率高、输出波形较好,缺点是输出频率只有电源频率的 1/3~1/2,功率因数低,一般只用于低速大功率拖动系统。

②交直交变频器先将工频交流电整流成直流电,再通过逆变器将直流电变成频率和电压均可控的交流电,由于有中间直流电路,因此又称为间接式变压变频器。这类变频器是通用变频器的主要形式,能实现平滑的无级调速,变频范围可达 0~400Hz,效率高,广泛应用于一般

交流异步电动机的变频调速控制。

交直交变频器根据中间直流电路的储能元件是电容性还是电感性,还可分为电压型变频器和电流型变频器两种。

a. 电压型变频器:储能元件为电容器,被控量为电压,动态响应较慢,其特性是输出电压恒定,电压波形为方波,电流波形为正弦波,允许多台电动机并联运行,过电流及短路保护复杂,适宜一台变频器对多台电动机供电的运行方式。

b. 电流型变频器:储能元件为电抗器,被控量为电流,动态响应快,其特性是输出电流恒定,电流波形为方波,电压波形为正弦波,不允许多台电动机并联运行,过电流及短路保护简单,适宜一台变频器对一台电动机供电的单机运行方式。

(2)按电压调制方式分类

变频器按输出电压调制方式不同可分为 PAM 控制方式变频器、PWM 控制方式变频器和 SPWM 控制方式变频器三种。

①脉冲幅值调制(PAM)控制方式变频器:通过改变直流电压的幅值进行调压,在变频器中,逆变器只负责调节输出频率,而输出电压的幅值调节则由相控整流器或直流斩波器通过调节直流电压的幅值实现。此种方式下,系统低速运行时谐波与噪声都比较大,所以当前只有与高速电动机配套的高速变频器中才采用。

②脉冲宽度调制(PWM)控制方式变频器:通过逆变器同时对输出电压的幅值和频率按 PWM 方式进行调节,其特点是变频器在改变输出频率的同时,也改变输出电压的脉冲占空比(幅值不变)。此种方式具有谐波影响少、输出转矩波动小、控制电路简单(与 PAM 相比)、成本低等特点,是目前通用变频器中广泛采用的一种逆变器控制方式。

③正弦波脉宽调制(SPWM)控制方式变频器:通过对 PWM 输出的脉冲系列的占空比宽度按正弦规律来安排,使输出电压(电流)的平均值接近于正弦波。此种方式下,电压的脉冲系列可以使负载电流中的谐波成分大为减小,使电动机在进行调速运行时能够更加平滑。

(3)按逆变器控制方式分类

变频器按逆变器控制方式不同可分为 U/f 控制方式变频器、转差频率控制方式变频器、矢量控制方式变频器和直接转矩控制方式变频器等几种。

①U/f 控制方式是早期变频器采用的控制方式,在这种控制方式中,为了得到比较满意的转矩特性,变频器的输出电压频率 f 和输出电压幅值 U 同时得到控制,并基本保持 U/f 的恒定。

②转差频率控制方式是在基本保持 U/f 恒定,则电动机的转矩基本上与转差率 s 成正比的基础上所建立的控制方式。它通过调节变频器的输出频率就可以使电动机具有所需的某一转差频率,即可得到电动机所需的输出转矩。

③矢量控制方式的基本原理是通过测量和控制电动机定子电流矢量,根据磁场定向原理分别对电动机的励磁电流和转矩电流进行控制,从而达到控制电动机转矩的目的。

④直接转矩控制方式也称为"直接自控制",是建立在精确的电动机模型基础上的控制方式,电动机模型是在电动机参数自动辨识程序运行中建立的。这种控制方式通过简单检测电动机定子电压和电流,借助瞬时空间矢量理论计算电动机的磁链和转矩,并根据与给定值比较所得差值,实现磁链和转矩的直接控制。

（4）按性能和用途分类

变频器根据性能和用途的不同可分为通用型变频器和专用型变频器。通用型变频器是变频器的基本类型，具有变频器的基本特征，它包含节能型变频器和高性能变频器两大类，应用于各种场合；专用型变频器是针对某一种特定的应用场合而设计的变频器，其在某一特定方面具有优良的性能，如风机、水泵、空调专用变频器，注塑机、纺织机械专用变频器，电梯、起重机专用变频器等。

（5）其他分类

变频器按供电电压的不同可分为低压变频器（440V 以下）、中压变频器（600V～1kV、高压变频器（1kV 以上）；按供电电源的相数不同可分为单相输入变频器、三相输入变频器；按输出功率不同可分为小功率变频器（7.5kW 以下）、中大功率变频器（11kW 以上）；按主开关器件不同可分为 IGBT 变频器、GTO 变频器、GTR 变频器等。

8.1.3　西门子 MM420 变频器

西门子 MM420 系列是用于控制三相交流电动机速度的通用变频器，具有运行可靠和功能多样的特点。该系列有多种型号，从单相电源电压额定功率 120W 到三相电源电压额定功率 11kW 可供用户选用。图 8.4 所示为西门子 MM420 订货号 6SE6420-2UD17-5AA1 前面板图。

1.西门子变频器 MM420 的接线

MM420 变频器的接线端子被封装在端盖内，按图 8.5 拆卸变频器端盖后，就可以进行变频器主电路、控制电路的接线。

（1）西门子变频器 MM420 主电路接线端子

变频器的主电路接线端子有 6 个，如图 8.6 所示，其中 L1、L2、L3 接三相交流电源，U、V、W 接交流电动机，MM420 还可接单相交流电源，此时，单相电源接变频器的 L1/L、L2/N 端子，变频器主电路输出端子 U、V、W 接三相交流电动机。特别注意的是，变频器主电路输入输出端子不能接反，否则变频器将被损坏。

图 8.4　西门子 MM420前面板图

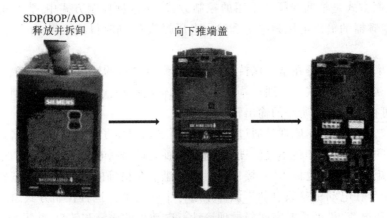

　　　SDP(BOP/AOP)
　　　释放并拆卸　　　　　　向下推端盖

图 8.5　MM420 变频器端盖拆卸图

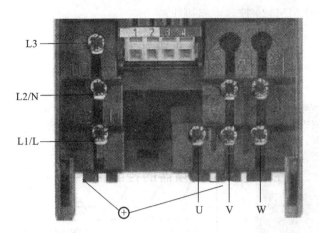

图 8.6 MM420 变频器主电路接线端子

图 8.7 为变频器主电路典型接线图,图中熔断器实现短路保护,可靠保护半导体元器件工作。进线侧滤波器能够降低变频器对电网的干扰,一般为保护变频器免受电源振荡的损坏,并减少变频器的谐波对电网的干扰,还常采用进线电抗器。

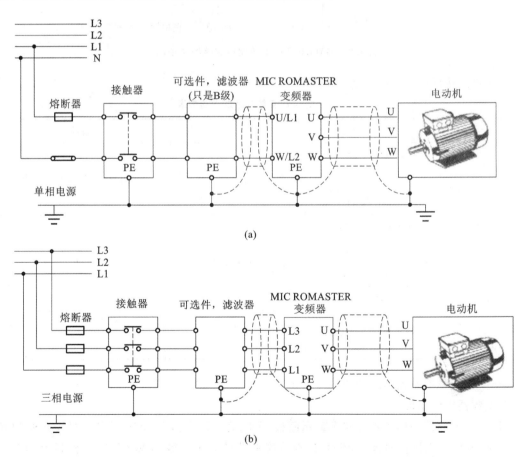

(a)

(b)

图 8.7 MM420 变频器典型电路接线图

(a)小功率接线方式;(b)大功率接线方式

（2）西门子变频器 MM420 控制电路接线端子

图 8.8 所示为变频器控制电路接线端子图。

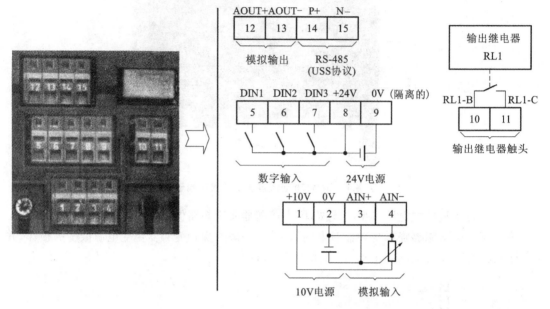

图 8.8　MM420 变频器控制电路接线端子图

控制电路接线端子功能见表 8.1。

表 8.1　变频器控制电路端子功能表

端子	端子作用及接线	分类	备注
端子 5、6、7	DIN1、DIN2、DIN3	变频器的数字输入点	可连接到 PLC 的输出点
端子 8	内部电源＋24V		
端子 9	内部电源 0V		
端子 1	内部电源＋10V	变频器的模拟输入点	
端子 2	内部电源 0V		
端子 3	AIN＋		
端子 4	AIN-		
端子 10 端子 11	输出继电器常开触头		

MM420 变频器系统框图如图 8.9 所示。

2.变频器操作面板

MM420 变频器操作面板有状态显示面板 SDP、高级操作面板 AOP 和基本操作面板 BOP 三种，利用基本操作面板（BOP）可以改变变频器的各个参数。BOP 具有 7 段显示的五位数字、可以显示参数的序号和数值、报警和故障信息，以及设定值和实际值。参数的信息不能用 BOP 存储。MM420 的三种操作面板外形如图 8.10 所示。其按键功能如表 8.2 所示。

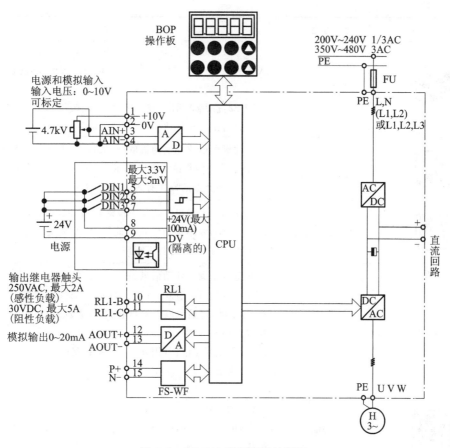

图 8.9 MM420 变频器系统框图

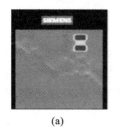
(a)

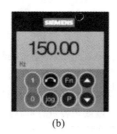
(b)

(c)

图 8.10 MM420 操作面板外形

(a)状态显示板 SDP；(b)基本操作板 BOP；(c)高级操作板 AOP

表 8.2 变频器基本面板按键功能

显示/按钮	功能	功能说明
⌐0000	状态显示	LCD 显示变频器当前的设定值
Ⓘ	启用变频器	按此键起动变频器。缺省值运行时此键是封闭的,为了使此键的操作有效,应设定 p0700=1

续表 8.2

显示/按钮	功能	功能说明
 ⓪	停止变频器	OFF1:按此键,变频器将按选定的斜坡下降速率减速停车。缺省值运行时此键被封锁;为了允许此键操作,应设定 P0700 =1。 OFF2:按此键两次(或一次,但时间较长),电动机将在惯性作用下自由停车。此功能总是"使能"的
 ↻	改变电动机的转动方向	按此键可以改变电动机的转动方向。电动机的反向用负号(-)表示或用闪烁的小数点表示。缺省值运行时此键是被封锁的,为了使此键的操作有效,应设定 P0700=1
 jog	电动机点动	在变频器无输出的情况下按此键,将使电动机起动,并按预设定的点动频率运行。释放此键时,变频器停车。如果电动机正在运行,按此键将不起作用
 Fn	功能	此键用于浏览辅助信息。 变频器运行过程中,在显示任何一个参数时按下此键并保持 2s 不动,将显示以下参数值(在变频器运行中,从任何一个参数开始): (1)直流回路电压(用 d 表示,单位:V); (2)输出电流(A); (3)输出频率(Hz); (4)输出电压(用 o 表示,单位:V); (5)由 P0005 选定的数值(如果 P0005 选择显示上述参数中的任何一个(3,4 或 5),这里将不再显示)。 连续多次按下此键,将轮流显示以上参数。 跳转功能: 在显示任何一个参数(r×××× 或 P××××)时短时间按下此键,将立即跳转到 r0000,如果需要时,可以接着修改其他的参数。跳转到 r0000 后,按此键将返回原来的显示点。 故障确认:在出现故障或报警的情况下,按下此键可以对故障或报警进行确认
 Ⓟ	访问参数	按此键即可访问参数
 ▲	增加数值	按此键即可增加面板上显示的参数数值
 ▼	减小数值	按此键即可减小面板上显示的参数数值

3.西门子 MM420 变频器参数的设置

(1)参数号和参数名称

①参数号。参数号是指该参数的编号。参数号用 0000~9999 的 4 位数字表示。在参数

号的前面冠以一个小写字母"r"时,表示该参数是"只读"的参数,它显示的是特定的参数数值,而且不能用与该参数不同的值来更改它的数值(在有些情况下,"参数说明"标题栏中在"单位""最小值""缺省值"和"最大值"的地方插入一个破折号"——"),其他所有参数号的前面都冠以一个大写字母"P"。这些参数的设定值可以直接在标题栏的"最小值"和"最大值"范围内进行修改。[下标]表示该参数是一个带下标的参数,并且指定了下标的有效序号。

②参数名称。参数名称是指该参数的名称。

(2)参数数值的更改

用 BOP 可以修改和设定系统参数,使变频器具有期望的特性,选择的参数号和设定的参数值在五位数字的 LCD 上显示。更改参数数值的步骤:查找所选定的参数号——进入参数值访问级;修改参数值——确认并存储修改好的参数值。例:假设参数 P0719 设定值为 0,需要把设定值改为 12。改变的步骤如表 8.3 所示。

表 8.3 变频器参数更改步骤

	操作步骤	BOP 显示结果
1	按  [P] 键,访问参数	r0000
2	按  [▲] 键,直到显示 P0719	P0719
3	按  [P] 键,直到显示 in000,即 P1000 的第 0 组值	in000
4	按  [P] 键,当前显示值 0	0
5	按  [▼] 键,达到所要求的值 12	12
6	按  [P] 键,存储当前设置	P0719
7	按  [Fn] 键,显示 r0000	r0000
8	按  [P] 键,返回标准的变频器显示(由用户定义)	

(3)变频器参数恢复为工厂的缺省设定值

用户在参数调试过程中遇到问题,并且希望重新开始调试时,通常采用首先把变频器的全部参数复位为工厂的默认设定值,再重新调试的方法。按照下面的数值设定参数:

①设定 P0010=30;

②设定 P0970=1。

按下 P 键,便开始参数的复位,变频器将自动地把它的所有参数都复位为它们各自的默认设定值。复位为工厂缺省设定值的时间大约为 60s。

4. 西门子 MM420 变频器的常用参数

(1)P0004 根据所选定的一组功能,对参数进行过滤(或筛选),并集中对过滤出的一组参数进行访问,从而可以更方便地进行调试。设定值见表 8.4。

表 8.4　P0004 参数设置说明

设定值	所指定参数组意义	设定值	所指定参数组意义
0	全部参数	12	驱动装置的特征
2	变频器参数	13	电动机的特征
3	电动机参数	20	通信
7	命令,二进制 I/O	21	报警/警告/监控
8	模-数转换和数-模转换	22	工艺参量控制器(例如 PID)
20	设定值通道/RFG(斜坡函数发生器)		

(2)P003。用于定义用户访问参数组的等级,设置范围为 0~4,见表 8.5。

表 8.5　P0003 参数设置说明

设定值	所指定参数的意义
0	用户定义的参数表
1	标准级:可以访问经常使用的一些参数
2	扩展级:允许扩展访问参数的范围,例如变频器的 I/O 功能
3	专家级:只供专家使用
4	维修级:只供授权的维修人员使用,具有密码保护功能

(3)P0700。指定命令源,可能的设定值见表 8.6。

表 8.6　P0700 参数设置说明

设定值	所指定参数的意义	设定值	所指定参数的意义
0	工厂默认值	4	通过 BOP 链路的 USS 设置
1	BOP(键盘)设置	5	通过 COM 链路的 USS 设置
2	由端子排输入	6	通过 COM 链路的通信板(CB)设置

(4)P0010。调试参数过滤器,本设定值对与调试相关的参数进行过滤,只筛选出那些与特定功能组有关的参数。参数设置说明见表 8.7。

表 8.7　P0010 参数设置说明

设定值	所指定参数意义	备注
0	准备	
1	快速调试	
2	变频器	变频器运行前本参数复位为 0
29	下载	
30	工厂的默认设定值	

(5)P1000。选择频率设定值的信号源。常用主设定值信号源的意义见表 8.8。

表 8.8　P1000 参数设置说明

设定值	所指定参数的意义
0	无主设定值
1	MOP(点动电位差计)设定值。取此值时,选择基本操作面板(BOP)的按键指定输出频率
2	模拟设定值:输出频率由 3、4 端子的模拟电源(0~10V)设定
3	固定频率:输出频率由数字端子 DIN1~DIN3 的状态指定,用于多段速控制
5	通过 COM 链路的 USS 设定,即通过按 USS 协议的串行通信线路设定输出频率

(6)多段速控制中参数 P0701、P0702、P0703 的可能设定值见表 8.9。

表 8.9　P0701、P0702、P0703 参数设置说明

设定值	所指定参数的意义	设定值	所指定参数的意义
0	禁止数字输入	14	MOP 降速(减少频率)
1	接通正转/停车命令 1	15	固定频率设定值(直接选择)
2	接通反转/停车命令 1	16	固定频率设定值(直接选择+ON 命令)
3	按惯性自由停车	17	固定频率设定值[二进制编码的十进制数(BCD 码)选择+ON 命令]9
4	按斜坡函数曲线快速降速停车	21	机旁/远程控制
9	故障确认	25	直流注入制动
10	正向点动	29	由外部信号触发跳闸
11	反向点动	33	禁止附加频率设定值
12	反转	99	使能 BICO 参数化
13	MOP 升速(增加频率)		

(7)电动机运行加、减速时间设定参数

P1120:斜坡上升时间,即电动机从静止状态加速到最高频率(P1082)所用的时间。设定范围为 0~650s,缺省值为 10s。

P1121:斜坡下降时间,即电动机从最高频率(P1082)减速到静止停车所用的时间。设定范围为 0~650s,缺省值为 10s。

在设定电动机运行加、减速时间参数时,如果设定的斜坡上升时间太短,有可能导致变频器过电流跳闸;如果设定的斜坡下降时间太短,有可能导致变频器过电流或过电压跳闸。

(8)多段速控制中固定频率数值选择参数见表 8.10。

表 8.10　固定频率的数值选择

		DIN3	DIN2	DIN1
	OFF	不激活	不激活	不激活
P1001	FF1	不激活	不激活	不激活

续表 8.10

		DIN3	DIN2	DIN1
P1002	FF2	不激活	不激活	不激活
P1003	FF3	不激活	激活	激活
P1004	FF4	激活	不激活	不激活
P1005	FF5	激活	不激活	激活
P1006	FF6	激活	激活	不激活
P1007	FF7	激活	激活	激活

（9）电动机相关参数。完成变频器的机械和电器安装后，需设置电动机参数。电动机参数见表 8.11。

表 8.11　电动机参数

参数值	出厂值	设置值	说明
P0003	1	1	设用户访问级为标准级
P0010	0	1	快速调试
P0100	0	0	设置使用地区，＝0，功率以 kW 表示，频率为 50Hz
P0304	230	根据电动机的铭牌配置	电动机额定电压（V）
P0305	3.25	根据电动机的铭牌配置	电动机额定电流（A）
P0307	0.75	根据电动机的铭牌配置	电动机额定功率（kW）
P0310	50	根据电动机的铭牌配置	电动机额定频率（Hz）
P0311	1395	根据电动机的铭牌配置	电动机额定转速（r/min）

8.2　西门子变频器 MM420 的典型应用

8.2.1　变频器在点动控制中的应用

1. 项目描述

由外部数字量端子实现 1 台三相交流电动机的正反转点动运行。电动机参数：额定功率 0.37kW，额定电流 0.95A，额定电压 380V，额定频率 50Hz，额定转速 1400r/min。

要求：

（1）正确设置变频器输出的额定频率、额定电压、额定电流、额定功率、额定转速。

（2）通过外部端子控制电动机起动/停止、正转/反转，按下按钮"SB1"电动机正转起动，松开按钮"SBl"电动机停止；按下按钮"SB2"电动机反转，松开按钮"SB2"电动机停止。

2. 变频器控制电路接线

变频器的正反转点动控制电路如图 8.11 所示，380V 三相交流电源连接至变频器的输入端"L1、L2、L3"，将变频器的输出端"U、V、W"连接至三相电动机，同时还要进行相应的接地保护连接。外部数字量端子选用 DN1(端子 5)、DN2(端子 6),其中端子 5 设为正转点动控制,端子 6 设为反转点动控制所对应的功能通过 P0701、P0702 的参数值设定。检查线路正确后,合上断路器 QF,向变频器送电。

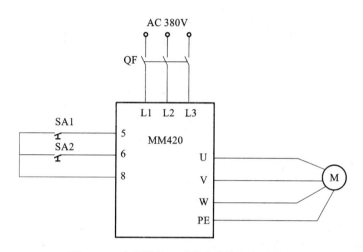

图 8.11 变频器的正反转点动控制电路接线

3.参数设定

(1)变频器参数复位

先在 BOP 上设定 P0010=30,P0970=1,然后按"P"键,将变频器的所有参数复位为出厂时的默认值。复位过程大约 3min 完成。

(2)设定电动机参数

为了使电动机与变频器相匹配获得最优性能,必须输入电动机铭牌上的参数,令变频器识别控制对象,具体参数设定见表 8.12。电动机参数设定完成后,设定 P0010=0,变频器当前处于准备状态,可正常运行。

表 8.12 电动机参数设定表

参数值	出厂值	设置值	说明
P0003	1	1	设用户访问级为标准级
P0010	0	1	快速调试
P0100	0	0	设置使用地区,=0,功率以 kW 表示,频率为 50Hz
P0304	230	380	电动机额定电压(V)
P0305	3.25	0.95	电动机额定电流(A)
P0307	0.75	0.37	电动机额定功率(kW)
P0310	50	50	电动机额定频率(Hz)
P0311	1395	1400	电动机额定转速(r/min)

(3)设定变频器正反转点动控制参数

由外部数字量端子实现变频器正反转点动控制参数的设定见表 8.13。

表 8.13　变频器正反转点动控制参数的设定

参数号	出厂值	设定值	说明
P0003	1	2	设用户访问级为标准级
P0004	0	7	命令,二进制 I/O
P0700	2	2	命令源选择"由端子排输入"
P0701	1	10	正向点动
P0702	12	11	反向点动
P1058	5	30	正向点动频率 30Hz
P1059	5	30	反向点动频率 30Hz
P1060	10	10	点动斜坡上升时间(s)
P1061	10	10	点动斜坡下降时间(s)

4.变频器运行操作

(1)正转点动运行控制。当闭合带锁旋钮开关 SA1 时,变频器的数字端子 5 为 ON,电动机按 P1060 所设定的 10s 点动斜坡上升时间正向起动运行,经过 6s 后,稳定运行在由 P1058 所设定的正转点动 30Hz 频率值对应的转速上。

(2)当断开带锁旋钮开关 SA1 时,变频器的数字端子 5 为 OFF,电动机按 P1061 所设定的 10s 点动斜坡下降时间开始减速,经过 6s 后电动机停止运行。

(3)反转点动运行控制。当闭合带锁旋钮开关 SA2 时,变频器的数字端子 6 为 ON,电动机按 P1060 所设定的 10s 点动斜坡上升时间反向起动运行,经过 6s 后,稳定运行在由 P1059 所设定的反向点动 30Hz 频率值对应的转速上。

(4)当断开带锁旋钮开关 SA2 时,变频器的数字端子 6 为 OFF,电动机按 P1061 所设定的 10s 点动斜坡下降时间开始减速,经过 6s 后电动机停止运行。

(5)电动机的速度调节。分别改变 P1058、P1059 的值,按上述操作过程,就可以改变电动机正反转点动运行速度。

5.操作步骤

(1)检查实训设备中器材是否齐全。

(2)按照变频器外部接线图完成变频器的接线,认真检查,确保正确无误。

(3)打开电源开关,按照参数设定表正确设置变频器参数。

(4)按下按钮"SB1",观察并记录电动机的运转情况。

(5)按下操作面板按钮,增加变频器输出频率。

(6)松开按钮"SB1",待电动机停止运行后,按下按钮"SB2",观察并记录电动机的运转情况。

(7)松开按钮"SB2",观察并记录电动机的运转情况。

8.2.2　变频器在正反转控制中的应用

1.项目描述

由外部数字量端子实现 1 台三相交流电动机的正反转运行。电动机参数:额定功率

1.5kW,额定电流 3.7A,额定电压 380V,额定频率 50Hz,额定转速 1400r/min。

要求:

(1)正确设置变频器输出的额定频率、额定电压、额定电流、额定功率、额定转速。

(2)通过外部端子控制电动机起动/停止、正转/反转,打开"SB1"、"SB3",电动机正转,打开"SB2"电动机反转,关闭"SB2"电动机正转;在正转/反转的同时,关闭"SB3",电动机停止。

2.变频器控制电路接线

变频器的正反转控制电路如图 8.12 所示,380V 三相交流电源连接至变频器的输入端"L1、L2、L3",将变频器的输出端"U、V、W"连接至三相电动机,同时还要进行相应的接地保护连接。外部数字量端子选用 DN1(端子 5)、DN2(端子 6)、DN3(端子 7),其中端子 5 设为正转控制,端子 6 设为反转,端子 7 设为停止。所对应的功能通过 P0701、P0702、P703 的参数值设定。检查线路正确后,合上断路器 QF,向变频器送电。

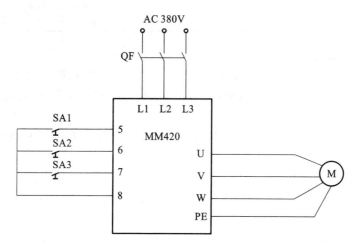

图 8.12　变频器的正反转控制电路接线

3.参数设定

(1)变频器参数复位

先在 BOP 上设定 P0010＝30,P0970＝1,然后按"P"键,将变频器的所有参数复位为出厂时的默认值。复位过程大约 3min 完成。

(2)设定参数

电动机参数设定参见第 8.2.1 节中的相关内容,由外部端子实现电动机正反转控制的变频器参数设定如表 8.14 所示。

表 8.14　电动机正反转控制参数设定表

变频器参数	出厂值	设定值	功能说明
P304	230	380	电动机的额定电压(V)
P305	3.25	3.7	电动机的额定电流(A)
P307	0.75	1.5	电动机的额定功率(kW)
P310	50	50	电动机的额定频率(Hz)
P311	1395	1400	电动机的额定转速(r/min)

续表 8.14

变频器参数	出厂值	设定值	功能说明
P0700	2	2	选择命令源(由端子排控制)
P1000	2	1	操作面板(BOP)控制频率
P1080	0	0.00	电动机的最小频率(0Hz)
P1082	50	50.00	电动机的最大频率(50Hz)
P1120	10	15	斜坡上升时间(15s)
P1121	10	15	斜坡下降时间(15s)
P0701	1	1	ON/OFF(ON 接通正转/OFF 停车)
P0702	12	2	ON/OFF(ON 接通反转/OFF 停车)
P0703	9	4	OFF3(停车命令 3)按斜坡函数曲线快速停车

4.变频器运行操作

(1)变频器正向运行控制。当闭合带锁旋钮开关 SA1 时,变频器的数字端子 5 为 ON,电动机按 P1120 所设定的 15s 斜坡上升时间正向起动运行,经过 15s 后,稳定运行在 1400r/min 的转速上。

(2)当断开带锁旋钮开关 SA1 时,变频器的数字端子 5 为 OFF,电动机按 P1121 所设定的 15s 斜坡下降时间开始减速,经过 15s 后电动机停止运行。

(3)变频器反向运行控制。当闭合带锁旋钮开关 SA2 时,变频器的数字端子 6 为 ON,电动机按 P1120 所设定的 15s 斜坡上升时间反向起动运行,经过 15s 后,稳定运行在 1400r/min 的转速上。

(4)当断开带锁旋钮开关 SA2 时,变频器的数字端子 6 为 OFF,电动机按 P1121 所设定的 15s 斜坡下降时间开始减速,经过 15s 后电动机停止运行。

5.操作步骤

(1)检查实训设备中器材是否齐全。

(2)按照变频器外部接线图完成变频器的接线,认真检查,确保正确无误。

(3)打开电源开关,按照参数设定表正确设置变频器参数。

(4)打开开关"SB1"、"SB3",观察并记录电动机的运转情况。

(5)按下操作面板按钮,增加变频器输出频率。

(6)打开开关"SB1"、"SB2"、"SB3",观察并记录电动机的运转情况。

(7)关闭开关"SB3",观察并记录电动机的运转情况。

8.2.3　变频器在 3 段速控制中的应用

1.项目描述

变频器固定频率设定采用二进制编码选择＋ON 命令设定方法,实现 1 台三相交流电动机的 3 段速固定频率正向运行。电动机参数:额定功率 1.5kW,额定电流 3.7A,额定电压 380V,额定频率 50Hz,额定转速 2800r/min。

第 1 段频率:输出频率为 10Hz,电动机转速为 560r/min,正向运行。

第 2 段频率:输出频率为 30Hz,电动机转速为 1680r/min,正向运行。

第 3 段频率:输出频率为 50Hz,电动机转速为 2800r/min,正向运行。

要求:

(1)正确设置变频器输出的额定频率、额定电压、额定电流、额定功率、额定转速。

(2)通过外部端子控制电动机多段速运行,开关"SB1"、"SB2"、"SB3"按不同的方式组合,可选择 3 种不同的输出频率。

2.变频器控制电路接线

变频器的 3 段速控制电路同图 8.12 所示电路,380V 三相交流电源连接至变频器的输入端"L1、L2、L3",将变频器的输出端"U、V、W"连接至三相电动机,同时还要进行相应的接地保护连接。变频器的 3 段速控制至少需要 3 个数字输入端口,现选用 DN1(端子 5)、DN2(端子6)、DN3(端子 7)。端子 5、端子 6 设为 3 段速控制,由带锁开关 SA1 和 SA2 组合成不同的状态控制,其二进制码为"01、10、11",所对应的频率通过 P1001、P1002、P1003 的参数设定,端子7 设为电动机起动、停止控制端,所对应的功能通过 P703 的参数值设定。检查线路正确后,合上断路器 QF,向变频器送电。

3.参数设定

(1)变频器参数复位

变频器参数复位参见第 8.2.1 节中的相关内容。

(2)设定参数

电动机参数设定参见第 8.2.1 节中的相关内容,多段速选择变频器调速参数设定见表8.15。

表 8.15 电动机 3 段速控制参数设定表

变频器参数	出厂值	设定值	功能说明
P304	230	380	电动机的额定电压(V)
P305	3.25	3.7	电动机的额定电流(A)
P307	0.75	1.5	电动机的额定功率(kW)
P310	50	50	电动机的额定频率(Hz)
P311	1395	2800	电动机的额定转速(r/min)
P1000	2	3	固定频率设定
P1080	0	10	电动机的最小频率(0Hz)
P1082	50	50.00	电动机的最大频率(50Hz)
P1120	10	3	斜坡上升时间(10s)
P1121	10	3	斜坡下降时间(10s)
P0700	2	2	选择命令源(由端子排控制)
P0701	1	17	固定频率设置(二进制编码选择+ON 命令)
P0702	12	17	固定频率设置(二进制编码选择+ON 命令)
P0703	9	1	ON/OFF(ON 接通正转/OFF 停车)

续表 8.15

变频器参数	出厂值	设定值	功能说明
P1001	0	10.00	固定频率 1
P1002	5	30.00	固定频率 2
P1003	10	50.00	固定频率 3

4. 变频器运行操作

(1)电动机起动运行。当闭合带锁按钮开关 SA3 时,数字输入端子 7 为 ON,允许电动机起动运行。

(2)第 1 频段控制。当闭合带锁按钮开关 SA1、断开带锁按钮开关 SA2 时,二进制编码为"01",其数字输入端子 5 为 ON、数字输入端子 6 为 OFF,此时变频器稳定运行在由参数 1001 所设定的第 1 频段 10Hz 频率值对应的 560r/min 转速上(正向运行)。

(3)第 2 频段控制。当闭合带锁按钮开关 SA2、断开带锁按钮开关 SA1 时,二进制编码为"10",其数字输入端子 6 为 ON、数字输入端子 5 为 OFF,此时变频器稳定运行在由参数 1002 所设定的第 2 频段 30Hz 频率值对应的 1680r/min 转速上(正向运行)。

(4)第 3 频段控制。当同时闭合带锁按钮开关 SA1 和 SA2 时,二进制编码为"1",其数字输入端子 5、6 均为 ON,此时变频器稳定运行在由参数 P1003 所设定的第 3 频段 50Hz 频率值对应的 2800r/min 转速上(正向运行)。

(5)电动机停止运行(0 频段)

操作方法 1:当断开带锁按钮开关 SA1 和 SA2 时,二进编码为"00",其数字输入端子 5、6 均为 OFF,电动机停止运行(0 频段)。

操作方法 2:在电动机正常运行的任何频段,将 SA3 断开,使数字输入端子 7 为 OFF,电动机停止运行。

5. 操作步骤

(1)检查实训设备中器材是否齐全。

(2)按照变频器外部接线图完成变频器的接线,认真检查,确保正确无误。

(3)打开电源开关,按照参数设定表正确设置变频器参数。

(4)切换开关"SB1"、"SB2"、"SB3"的通断,观察并记录变频器的输出频率。

8.3　西门子变频器与 PLC 的联机应用

8.3.1　变频器与 PLC 的联机

变频器和 PLC 联机应用时,由于二者涉及用弱电控制强电,因此应该注意联机时出现的干扰,避免由于干扰造成变频器的误动作,或者由于联机不当导致 PLC 或变频器的损坏。

1. 变频器与 PLC 的联机方法

(1)开关量方式

开关量方式是将 PLC 的开关量输出信号直接连接到变频器的开关量输入端子上,用开关量信号控制变频器的起动、停止、正转、反转、调速(多段速)等。该方式运行可靠、接线简单、抗干扰能力强、调试容易、维护方便,能实现较为复杂的控制要求,但只能有级调速。西门子 MM440 变频器与 S7-200PLC 的开关量方式联机如图 8.13 所示。

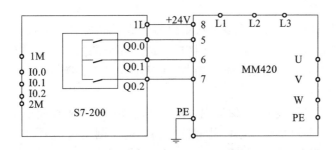

图 8.13　西门子 MM420 变频器与 S7-200PLC 的开关量方式联机

（2）模拟量方式

模拟量方式是将 PLC 的模拟量输出信号（0～10V 或 4～20mA）直接连接到变频器的模拟量输入端子上,用模拟量信号控制变频器的输出频率。该方式接线简单,能实现无级调速,但需要选择与变频器输入阻抗匹配的 PLC 模量输出模块。此外,在连线时注意将布线分开并做好屏蔽接地,保证主电路一侧的噪声无法传递至控制电路。

（3）通信方式

大部分变频器都有通信串行接口（大多是 R-485 接口）,因此可以在 PLC 的 RS-485 接口（RS-232 需要加转换器）与变频器之间接通信线缆,用通信方式控制变频器的起动、停止、正转、反转、调速等。该方式布线数量少,无须重新布线即可更改控制功能,还可以通过串行接口的设置对变频器的参数进行修改及连续对变频器的特性进行监测和控制,但运行可靠性相对较差,维护也不方便。

变频器与 PLC 之间的通信需要遵循通用的串行接口协议,按照串行总线的主、从通信原理来确定访问的方法,其设计标准适用于工业环境的应用对象。单一的 RS-485 链路最多可以连接 30 台变频器,而且根据各变频器的地址或采用广播信息,都可以找到需要通信的变频器。

2.变频器开关型信号的输入

变频器通常利用继电器触头或具有继电触头特性的开关电子元器件得到运行状态指令,如运行、停止、正转、反转、点动等,这些都属于开关型信号。在使用继电器触头的场合,为了防止出现因触头接触不良而带来的误动作,需要使用可靠性高的控制继电器。当使用晶体管集电极开路形式进行连接时,也同样需要考虑晶体管本身的耐压容量和额定电流等因素,使所构成的接口电路具有一定的裕量,以达到提高系统可靠性的目的。

3.变频器数值型信号的输入

变频器中也存在一些数值型信号,如频率、电压等,它的输入可分为数字输入和模拟输入两种。数字输入多采用变频器面板上的键盘操作和串行接口来给定,模拟输入则通过接线端子由外部给定,通常通过 0～10V(5V) 的电压信号或 0(4)～20mA 的电流信号输入。

由于接口电路因输入信号而异,因此必须根据变频器的输入阻抗选择 PLC 的输出模块。当变频器和 PLC 的电压信号范围不同时,如变频器的输入信号电压范围为 0～10V,而 PLC 的输出信号电压范围为 0～5V 时,或 PLC 一侧的输出信号电压范围为 0～10V,而变频器的输入电压信号范围为 0～5V 时,需用串联的方式接入限流电阻及分压方式,以保证在通断时不超过 PLC 和变频器相应的电压允许值。

4. 变频器信号的输出

在变频器的工作过程中,经常需要通过继电器触头或晶体管集电极开路的形式将变频器的内部状态(运行状态)传递给外部。在连接这些送给外部的信号时,也必须考虑继电器和晶体管的允许电压、允许电流等因素。此外,在连线时还应该考虑噪声。

5. 联机的注意事项

(1)连线时应注意将导线分开,保证主电路一侧的噪声不传到控制电路。

(2)通常变频器也通过接线端子向外部输出相应的监测模拟信号,应注意 PLC 一侧输入阻抗的大小要保证电路中电压和电流不超过电路的允许值,以保证系统的可靠性和减少误差。

(3)因为变频器在运行中会产生较强的电磁干扰,为保证 PLC 不因为变频器主电路断路器及开关器件等产生的噪声而出现故障,应按规定的接线标准和接地条件进行接地,而且应注意避免与变频器使用共同的接地线。

(4)当电源条件不太好时,应在 PLC 的电源模块及 I/O 模块的电源线上接入噪声滤波器和降低噪声用的变压器等。另外,若有必要,在变频器一侧也应采取相应的措施。

(5)当变频器和 PLC 安装于同一操作柜时,应尽可能使两者的接线分开敷设,并通过使用屏蔽线或双绞线达到提高抗噪声干扰能力的目的。

8.3.2 联机在正反转中的应用

1. 电动机正反转控制电路项目描述

通过变频器与 PLC 联机,实现用 PLC 控制变频器对电动机进行正反转的控制,控制要求如下:

(1)按下正转起动按钮 SB1,变频器控制电动机正向运转,正向起动时间为 6s,变频器的输出频率为 30Hz。

(2)按下反转按钮 SB2,变频器控制电动机反向运转,反向起动时间为 6s,变频器输出频率为 30Hz。

(3)按下停止按钮 SB3,变频器控制电动机在 6s 内停止运转。

2. PLC 的 I/O 点数及分配

正转起动按钮 SB1、反转起动按钮 SB2、停止按钮 SB3 这 3 个外部器件需接在 PLC 的 3 个输入端子上,可分配为 I0.0、I0.1、I0.2 输入点;输出端子 2 个,可分配为 Q0.0、Q0.1 输出点。由此可知,为了实现联机控制电动机正、反转,PLC 共需要 I/O 点数为 3 个输入点、2 个输出点。

3. 设定变频器的参数

先在 BOP 上设定 P0010=30,P0970=1,然后按下"P"键,将变频器的所有参数复位为出厂时的默认设定值,复位过程大约需 3min 才能完成。为了使电动机与变频器相匹配以获得最优性能,必须输入电动机铭牌上的参数,令变频器识别控制对象。电动机参数设定完成后,设 P0010=0,变频器当前处于准备状态,可正常运行。最后设定变频器的参数,见表 8.16。

表 8.16 联机控制电动机正反转的变频器参数

参数号	出厂值	设定值	说明
P0003	1	1	设用户访问级为标准级
P0004	0	7	命令,二进制 I/O
P0700	2	2	命令源选择"由端子排输入"
P0003	1	2	设用户访问级为扩展级
P0004	0	7	命令,二进制 I/O
P0701	1	1	ON 接通为正转,OFF 停止
P0702	1	2	ON 接通为反转,OFF 停止
P0003	1	1	设用户访问级为标准级
P0004	0	10	设定值通道和斜坡发生器
P1000	2	1	频率设定值由键盘(MOP)输入
P1080	0	0	电动机运行的最低频率(Hz)
P1082	50	50	电动机运行的最高频率(Hz)
P1040	5	30	频率设定值
P1120	10	10	斜坡上升时间(s)
P1121	10	10	斜坡下降时间(s)

4. 变频器与 PLC 联机接线采用硬接线方式,如图 8.14 所示。

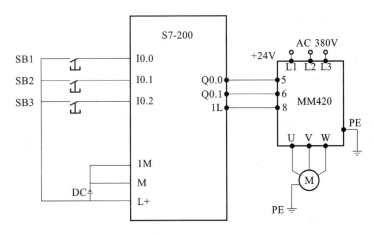

图 8.14 联机控制电动机正反转的接线图

5. 编制梯形图

联机控制电动机正反转的 PLC 梯形图如图 8.15 所示。

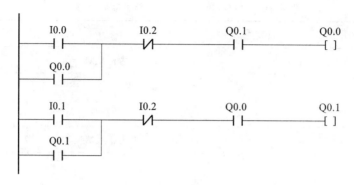

图 8.15　联机控制电动机正反转的 PLC 梯形图

8.3.3　联机在 3 段速控制中的应用

1. 项目描述

通过变频器与 PLC 联机,实现用 PLC 控制变频器对电动机进行 3 段速的控制,控制要求如下:

(1)按下起动按钮 SB1 和第 1 段速按钮 SB3,电动机起动并运行在频率为 20Hz 的第 1 段速。

(2)按下第 2 段速按钮 SB4,电动机运行在频率为 30Hz 的第 2 段速。

(3)按下第 3 段速按钮 SB5,电动机运行在频率为 50Hz 的第 3 段速。

(4)按下停止按钮 SB2,电动机停机。

2. PLC 的 I/O 点数及分配

起动按钮 SB1、停止按钮 SB2、第 1 段速按钮 SB3、第 2 段速按钮 SB4、第 3 段速按钮 SB5 这 5 个外部器件需接在 PLC 的 5 个输入端子上,可分配为 I0.0、I0.1、I10.2、I0.3、I0.4 输入点;输出端子 3 个,可分配为 Q0.0、Q0.1、Q0.2 输出点。由此可知,为了实现联机控制电动机 3 段速 PLC 共需要 I/O 点数为 5 个输入点、3 个输出点。

3. 设定变频器的参数

先在 BOP 上设定 P0010＝30,P0970＝1,然后按下“P”键,将变频器的所有参数复位为出厂时的默认设定值,复位过程大约需 3min 才能完成。为了使电动机与变频器相匹配以获得最优性能,必须输入电动机铭牌上的参数,令变频器识别控制对象。电动机参数设定完成后,设 P0010＝0,变频器当前处于准备状态,可正常运行。最后设定变频器的参数,见表 8.17。

表 8.17　联机控制电动机 3 段速控制的变频器参数

参数号	出厂值	设定值	说明
P0003	1	1	设用户访问级为标准级
P0004	0	7	命令和数字 I/O
P0700	2	2	命令源选择“由端子排输入”
P0003	1	2	设用户访问级为扩展级
P0004	0	7	命令和数字 I/O

参数号	出厂值	设定值	说明
P0701	9	1	ON 接通正转,OFF 停止
P0702	1	17	二进制编码选择＋ON 命令 P0702
P0703	1	17	二进制编码选择＋ON 命令 P0703
P0003	1	1	设用户访问级为标准级
P0004	2	10	设定值通道和斜坡函数发生器
P1000	2	3	选择固定频率设定值
P0003	1	2	设用户访问级为扩展级
P0004	0	10	设定值通道和斜坡函数发生器
P1001	0	20	选择固定频率1(20Hz)
P1002	5	30	选择固定频率2(30Hz)
P1003	10	50	选择固定频率3(50Hz)

4. 变频器与 PLC 联机接线

变频器与 PLC 联机接线采用硬接线方式,如图 8.16 所示。

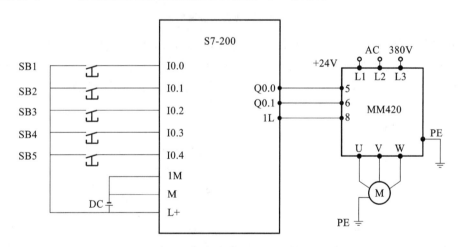

图 8.16 联机控制电动机 3 段速控制接线图

5. 编制梯形图

联机控制电动机 3 段速的 PLC 梯形图如图 8.17 所示。

6. 联机控制过程

(1)按下起动按钮 SB1 和第 1 段速按钮 SB,PLC 输入继电器 I0.0、I0.2 接通,其动合触头 I0.0、I0.2 闭合,使输出继电器 Q0.0、Q0.1 线圈接通并自锁。由此,变频器的数字端子 5、6 为 ON,故数字端子 7、6 的二进制编码为"01",电动机起动并运行在频率为 20Hz 的第 1 段速所对应的转速上。

(2)按下第 2 段速按钮 SB4,PLC 输入继电器 I0.3 接通,其动合触头 I0.3 闭合,使输出继电器 Q0.2 线圈接通并自锁。由此,变频器的数字端子 7 为 ON,故数字端子 7、6 的二进制编码为"10",电动机运行在频率为 30Hz 的第 2 段速所对应的转速上。

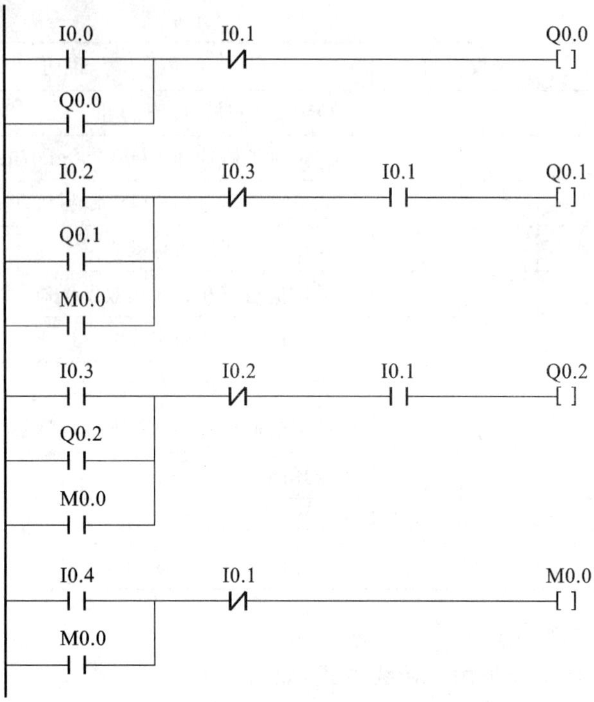

图 8.17 联机控制电动机 3 段速的 PLC 梯形图

(3)按下第 3 段速按钮 SB5，PLC 输入继电器 I0.4 接通，其动合触头 I0.4 闭合，使辅助继电器 M0.0 线圈接通并自锁。两个动合触头 M0.0 闭合，使输出继电器 Q0.1、Q0.2 线圈接通。由此，变频器的数字端子 7、6 为 ON，故数字端子 7、6 的二进制编码为"11"，电动机运行在频率为 50Hz 的第 3 段速所对应的转速上。

(4)按下停止按钮 SB2，PLC 输入继电器 I0.1 接通，其常闭触点 I0.1 断开，使输出继电器 Q0.0、Q0.1、Q0.2、M0.0 线圈断开，变频器的数字端子 5、6、7 为 OFF，电动机停止运行。

小　结

本课题以西门子 MM420 变频器为例，介绍了变频器的工作原理与基本结构，变频器的外部接线及参数设置。介绍了点动控制、正反转控制和 3 段速控制的变频器接线及参数设置，并通过正反转控制和 3 段速控制实例，介绍了变频器与 PLC 的综合应用。

思考题与习题

8.1 简述变频器的基本工作原理，由基频向上调速与向下调速的不同点。

8.2 MM420 变频器 BOP 面板的操作方法中，参数如何恢复出厂设置，已修改的参数如何保存？

8.3 由外部端子实现 1 台三相交流电动机的正反转及正反转点动运行，与由外部端子实现 1 台三相交流电动机的正反转控制，参数设置有什么不同？

8.4 如何实现 PLC 与变频器联机控制电动机的 3 段速控制？

参 考 文 献

1　郭汀.新旧电气简图用图形符号对照手册.北京:中国电力出版社,2001

2　中国建筑工程公司.建筑电气工程施工工艺标准.北京:中国建筑工业出版社,2003

3　孙景芝.楼宇电气控制.北京:中国建筑工业出版社,2002

4　机械设备维修丛书编委会.机床电气设备维修问答.北京:机械工业出版社,2004

5　赵宏家.建筑电气控制.重庆:重庆大学出版社,2002

6　方大千.实用电动机控制线路 326 例.北京:金盾出版社,2003

7　赵德申.供配电技术.北京:高等教育出版社,2004

8　刘复欣.建筑供电与照明.北京:中国建筑工业出版社,2004

9　李仁.电气控制.北京:机械工业出版社,1990

10　何焕山.工厂电气控制设备.北京:高等教育出版社,1992

11　齐占山.机床电气控制技术.北京:机械工业出版社,1993

12　胡晓元.建筑电气控制技术.北京:中国建筑工业出版社,2005

13　张万忠.可编程控制器应用技术.北京:化学工业出版社,2002

14　李俊秀,赵黎明.可编程控制器应用技术实训指导.北京:化学工业出版社,2002

15　齐从谦,等.PLC 技术及应用.北京:机械工业出版社,2002

16　住房和城乡建设部.建筑电气工程施工质量验收规范.北京:中国计划出版社,2015.

17　丁文华,鲍东杰.建筑供配电与照明.3 版.武汉:武汉理工大学出版社,2017.